"十二五"职业教育国家规划教材
经全国职业教育教材审定委员会审定

畜牧场规划与设计

XUMUCHANG
GUIHUA YU SHEJI

第二版

俞美子　赵希彦　主编

U0205537

化学工业出版社
·北京·

畜牧场规划与设计是畜禽生产的前置性工作及必备条件，也是整个畜禽生产的一个基本环节。本书根据畜牧场规划与设计的工作过程，将全书内容分为畜牧场场址选择、畜牧场总平面规划、畜禽舍设计、畜禽舍配套设备选择与维护、畜牧场环境监测与保护等五大任务。再根据工作细节，将五大任务分解成 17 个子任务。子任务均具有较强实践操作性的特点，每个环节都设计有学习目标、任务要求、参考流程和资讯等，系统而全面地将畜禽生产的各环节紧密相连，构成了工作过程的完整体系。书后更以附录的形式，列明了畜禽养殖及畜禽场的各项技术指标规范和标准，并将学生实践技能训练汇总成一本工作手册，更方便了学生的学习。

教学课件等数字资源可从 www.cipedu.com.cn 免费下载。

本书适合作为高等职业院校畜牧兽医、畜牧等专业的教材，也可供企业技术人员参考。

图书在版编目（CIP）数据

畜牧场规划与设计/俞美子，赵希彦主编. —2 版.
北京：化学工业出版社，2016.10（2023.6 重印）
"十二五"职业教育国家规划教材　经全国职业教育教材审定委员会审定
ISBN 978-7-122-27860-9

Ⅰ. ①畜…　Ⅱ. ①俞…②赵…　Ⅲ. ①畜牧场-建筑规划-高等职业教育-教材②畜牧场-建筑设计-高等职业教育-教材　Ⅳ. ①TU264

中国版本图书馆 CIP 数据核字（2016）第 193026 号

责任编辑：李植峰　迟　蕾　　　　　　　装帧设计：史利平
责任校对：宋　玮

出版发行：化学工业出版社（北京市东城区青年湖南街 13 号　邮政编码 100011）
印　　装：涿州市般润文化传播有限公司
787mm×1092mm　1/16　印张 18¾　字数 307 千字　　2023 年 6 月北京第 2 版第 6 次印刷

购书咨询：010-64518888　　　　　　　售后服务：010-64518899
网　　址：http://www.cip.com.cn
凡购买本书，如有缺损质量问题，本社销售中心负责调换。

定　　价：38.00 元

《畜牧场规划与设计》（第二版）编审人员

主　　编　俞美子　赵希彦

副 主 编　周丽荣　吕丹娜　王德武　王景春

参编人员　（按姓名汉语拼音排序）

薄　涛（辽宁职业学院）

丁国志（辽宁农业职业技术学院）

范　强（辽宁农业职业技术学院）

范　颖（辽宁农业职业技术学院）

高金英（黑龙江生物科技职业学院）

李桂伶（沈阳农业大学高等职业技术学院）

吕丹娜（辽宁农业职业技术学院）

孙淑琴（辽宁农业职业技术学院）

王德武（辽宁农业职业技术学院）

王景春（辽宁农业职业技术学院）

王喜庆［大成食品（大连）有限公司种鸡场］

俞美子（辽宁农业职业技术学院）

张贺儒（辽宁省凌海市职业教育中心）

赵希彦（辽宁农业职业技术学院）

周丽荣（辽宁农业职业技术学院）

邹德华（阜新原种猪场）

庄　岩（辽宁农业职业技术学院）

主　　审　温　萍（辽宁农业职业技术学院）

顾洪娟（辽宁农业职业技术学院）

前言

　　《畜牧场规划与设计》第一版作为国家示范性高职院校优质核心课程系列教材，自 2011 年出版至今，经过近六年的应用实践，一方面编者自身积累了宝贵经验，另一方面受到兄弟院校师生的广泛关注并给予很多可行性建议，再者随着畜牧生产技术的发展，国家又出台了新的标准，提出了新的畜牧生产要求，为了更好地满足教学需要，必须对教材进行修订与补充。

　　这次修订补充，在保留原教材精华与特色的基础上，从教学实际出发，修改了原来的一些文字表述，力求使之更为准确，增补了一些重要的教学资料如畜牧场规划与设计虚拟仿真实训系统的介绍，完善了《学生实践技能训练工作手册》；还增加了一些新知识、新技术、国家颁布的新标准如畜禽规模养殖污染防治条例等，以使该书与目前畜牧场规划与设计的生产实际相符，与高等职业教育教学改革相结合。为了方便教学和学生自学，本次修订还配套建设了丰富的立体化数字资源，读者可从 www.cipedu.com.cn 免费下载。

　　由于编者水平所限，这次修订补充仍难免有不妥、不周、不够完善之处，书中疏漏、缺点在所难免，敬请广大读者批评指正。希望读者在使用本书的过程中，进一步提出宝贵意见，使本书更臻完善。

编者
2016 年 3 月

　　本教材是根据《国家中长期教育改革和发展规划纲要（2010—2020 年)》、《教育部关于加强高职高专教育人才培养工作的意见》、《教育部关于以就业为导向深化高等职业教育改革的若干意见》、《关于全面提高高等职业教育教学质量的若干意见》（教高 16 号文件）及《关于加强高职高专教育教材建设的若干意见》的精神和要求进行编写的。

　　畜牧场规划与设计是畜牧兽医专业的专业基础课程，是为了完成畜牧场规划设计及畜禽舍环境控制与保护典型工作任务，主要面向畜禽养殖场，培养学生畜禽场规划设计及环境监测的职业能力和综合能力而开设的以生产工艺流程为主线的一门课程。畜牧场规划与设计是畜禽生产的前提及必备条件，该课程与畜禽生产的各环节紧密相连，构成了工作过程的完整体系。

　　本教材在设计理念上，遵循教高 16 号文件精神，体现"节能、环保"意识。在专业调研和岗位分析的基础上，按照"基于工作过程系统化"的思路，进行整体设计。以畜禽生产中的实际案例或模拟案例为任务完成分项教学；以学习成果（图纸、模型、方案等）作为考核评价依据。"以学生为本"，使学生在获得适应岗位的职业素养和职业能力的同时，获得自主学习能力、创新的方法能力、协作沟通的社会能力和可持续发展能力。

　　在内容安排上，根据"提出任务→资讯→决策→计划→实施→检查→评价"七步教学法，强调"学与做相融合、学习和考核相同步"，充分体现"理实一体化"教改思路。

　　教材内容的选取力求针对岗位需求，解决生产中的具体问题，保证学生的可持续发展能力（下图）。通过行业调研分析，并参照家畜饲养工和家禽饲养工等工种中对畜禽生产前准备（场址选择、场地规划、畜舍设计）、畜禽舍环境控制和畜禽场环境保护等岗位工作能力的要求来组织教学内容。

教材内容与畜禽生产关系图

本教材编写过程中，参阅了大量的国内外有关文献，对所涉及的专家学者表示衷心感谢！同时，本教材的编写和出版工作，也得到了辽宁农业职业技术学院和化学工业出版社的大力支持和各参编单位的热心帮助，在此一并表示诚挚的谢意。

由于编写时间较紧，加之编者业务水平和经验有限，书稿中难免存有不尽完善之处，敬请大家批评指正。

编者

2011 年 1 月

目录

导学		1
任务1	畜牧场场址选择	3

❖ **子任务 1-1　确定畜牧场规模和性质** ················ 3
　➢ 任务要求 ··· 3
　➢ 参考流程 ··· 4
　➢ 资讯 ·· 4
　　一、畜牧场的性质与任务 ···························· 4
　　二、畜牧场的生产规模 ····························· 4
　　三、畜禽饲养方式 ································· 5
　　四、畜禽生产技术指标 ···························· 13
❖ **子任务 1-2　确定畜牧场生产工艺流程** ·············· 16
　➢ 任务要求 ·· 16
　➢ 参考流程 ·· 16
　➢ 资讯 ··· 16
　　一、畜牧场生产工艺设计基本原则 ···················· 16
　　二、畜牧场生产工艺流程 ·························· 17
❖ **子任务 1-3　选择畜牧场场址** ····················· 21
　➢ 任务要求 ·· 21
　➢ 参考流程 ·· 22
　➢ 资讯 ··· 22
　　一、自然条件 ···································· 22
　　二、社会条件 ···································· 24

| 任务2 | 畜牧场总平面规划 | 27 |

❖ **子任务 2-1　畜牧场规划布局** ····················· 27
　➢ 任务要求 ·· 27
　➢ 参考流程 ·· 28

➤ 资讯 ……………………………………………………………… 28
一、畜牧场功能区的分区规划 ……………………………… 28
二、畜牧场平面总体布局 …………………………………… 29
三、畜牧场建筑设施布局 …………………………………… 30
四、畜牧场的公共卫生设施 ………………………………… 34
五、总结 ……………………………………………………… 37

❖ 子任务 2-2 畜牧场总平面图绘制 …………………………… 38
➤ 任务要求 …………………………………………………… 38
➤ 参考流程 …………………………………………………… 38
➤ 资讯 ………………………………………………………… 38
一、建筑图纸种类和用途 …………………………………… 38
二、畜牧场总平面图的绘制 ………………………………… 39

❖ 子任务 2-3 畜牧场仿真设计 ………………………………… 43
➤ 任务要求 …………………………………………………… 43
➤ 参考流程 …………………………………………………… 43
➤ 资讯 ………………………………………………………… 43
一、畜牧场规划与设计仿真软件 …………………………… 43
二、畜牧场规划与设计虚拟仿真实训系统 ………………… 46

任务 3　畜禽舍设计　　　　　　　　　　　　　　　　51

❖ 子任务 3-1 畜禽舍初步设计 ………………………………… 51
➤ 任务要求 …………………………………………………… 51
➤ 参考流程 …………………………………………………… 52
➤ 资讯 ………………………………………………………… 52
一、畜舍设计概述 …………………………………………… 52
二、猪舍设计 ………………………………………………… 55
三、鸡舍设计 ………………………………………………… 57
四、牛舍设计 ………………………………………………… 59

❖ 子任务 3-2 畜禽舍基本结构设计 …………………………… 62
➤ 任务要求 …………………………………………………… 62
➤ 参考流程 …………………………………………………… 62
➤ 资讯 ………………………………………………………… 62
一、畜舍建筑材料的主要特性 ……………………………… 62
二、畜禽舍基本结构组成 …………………………………… 64

❖ 子任务 3-3 畜禽舍效果图制作 ……………………………… 70
➤ 任务要求 …………………………………………………… 70
➤ 参考流程 …………………………………………………… 70
➤ 资讯 ………………………………………………………… 70
一、制图软件简介 …………………………………………… 70
二、畜禽舍效果图制作 ……………………………………… 72

❖ **子任务 4-1　采光设计** ………………………………………………… 74
➤ 任务要求 ……………………………………………………………… 74
➤ 参考流程 ……………………………………………………………… 74
➤ 资讯 …………………………………………………………………… 74
一、光照概述 ……………………………………………………… 74
二、自然采光设计 ………………………………………………… 76
三、人工照明设计 ………………………………………………… 77
➤ 照度测定及采光设计技能训练 ……………………………………… 80

❖ **子任务 4-2　通风系统设计** …………………………………………… 81
➤ 任务要求 ……………………………………………………………… 81
➤ 参考流程 ……………………………………………………………… 82
➤ 资讯 …………………………………………………………………… 82
一、畜舍通风方式 ………………………………………………… 82
二、通风换气量的计算 …………………………………………… 84
三、畜舍通风设计应注意的问题 ………………………………… 86
四、机械通风系统的控制 ………………………………………… 87

❖ **子任务 4-3　保温隔热设计** …………………………………………… 89
➤ 任务要求 ……………………………………………………………… 89
➤ 参考流程 ……………………………………………………………… 89
➤ 资讯 …………………………………………………………………… 89
一、环境温度对畜禽的影响 ……………………………………… 89
二、畜舍防暑降温 ………………………………………………… 92
三、畜舍防寒与采暖 ……………………………………………… 99

❖ **子任务 4-4　自动控制系统设计** ……………………………………… 102
➤ 任务要求 ……………………………………………………………… 102
➤ 参考流程 ……………………………………………………………… 102
➤ 资讯 …………………………………………………………………… 102
一、综合式畜舍环境自动控制器 ………………………………… 102
二、单一功能环境自动控制器 …………………………………… 103

❖ **子任务 4-5　畜禽舍配套设备维护** …………………………………… 105
➤ 任务要求 ……………………………………………………………… 105
➤ 参考流程 ……………………………………………………………… 105
➤ 资讯 …………………………………………………………………… 105
一、环境控制设备 ………………………………………………… 105
二、饲喂设备 ……………………………………………………… 107
三、饮水设备 ……………………………………………………… 107
四、清粪设备 ……………………………………………………… 108
五、其他设备 ……………………………………………………… 108

❖ **子任务 5-1　畜牧场环境监测** ……………………………………… 110

➤ 任务要求 …………………………………………………………… 110

➤ 参考流程 …………………………………………………………… 110

➤ 资讯 ………………………………………………………………… 110

一、畜牧场环境监测概况 ……………………………………… 110

二、气象指标监测 ……………………………………………… 113

三、畜舍有害气体的监测 ……………………………………… 125

四、畜牧场水质监测 …………………………………………… 132

❖ **子任务 5-2　畜牧场总体评价** ……………………………………… 144

➤ 任务要求 …………………………………………………………… 144

➤ 参考流程 …………………………………………………………… 144

➤ 实践活动——畜牧场环境卫生调查与评价 …………………… 144

一、调查与评价内容 …………………………………………… 144

二、调查与评价方法 …………………………………………… 144

三、卫生评价报告 ……………………………………………… 145

❖ **子任务 5-3　畜牧场环境保护** ……………………………………… 146

➤ 任务要求 …………………………………………………………… 146

➤ 参考流程 …………………………………………………………… 146

➤ 资讯 ………………………………………………………………… 146

一、畜牧场环境消毒 …………………………………………… 147

二、畜牧场水源保护 …………………………………………… 151

三、畜牧场废弃物的处理与利用 ……………………………… 155

四、畜牧场其他环境管理 ……………………………………… 162

五、生态养殖模式的推广 ……………………………………… 167

附录　　170

❖ 附录一　畜禽场环境污染控制技术规范 ……………………… 170

❖ 附录二　畜禽场环境质量及卫生控制规范 …………………… 173

❖ 附录三　无公害食品　畜禽饮用水水质（节选） …………… 177

❖ 附录四　全国部分地区建筑朝向表 …………………………… 178

❖ 附录五　畜禽规模养殖污染防治条例 ………………………… 179

参考文献　　183

导　学

通过近年来对畜牧兽医类企业人才需求情况的调研和分析，高职畜牧兽医类专业的主要就业领域集中在养殖场、饲料企业、兽药企业和兽医诊疗机构等，并形成了良好的产业关系，其核心为养殖企业，具体如图导-1所示。

图导-1　畜牧兽医专业核心工作领域关系图

从图导-1中可以看出，畜禽舍的规划与建造是畜禽生产过程中的基础环节，畜牧场的规划与设计是畜禽生产的前置性工作及必备条件。

同时，现阶段大规模、高密度、高水平的集约化、自动化畜牧生产对养殖环境提出越来越高的要求，而畜牧场的科学设计是实现高效益养殖目标的前提和保障。所以，可以说，畜牧场规划与设计课程就是为了完成畜牧场规划与设计及畜禽舍环境控制与保护典型工作任务，主要面向畜禽养殖场，培养学生畜禽场规划设计及环境监测与保护等职业能力和综合能力而开设的以生产工艺流程为主线的一门任务化课程。

经过调研与分析，围绕关键工作岗位的知识和技能，结合生产实际，并根据畜牧场规划与设计工作过程，将课程分为畜牧场场址选择、畜牧场总平面规划、畜禽舍设计、畜禽舍配套设备选择与维护、畜牧场环境监测与保护五个具体任务。

❖ 课程学习目标

1. 专业能力培养目标

① 能选择畜牧场场址并进行规划布局。

② 能初步设计畜禽场总平面图；能绘制建筑物布局平面图。

③ 具备根据畜禽生产工艺流程初步设计畜禽舍的能力；能进行设备选用及饲养规模计算。

④ 具备调查、评价并改善畜牧场环境状况的能力。

⑤ 能参考畜禽舍适宜小气候卫生标准设计控制畜禽舍小气候的基本方案。

⑥ 能选择畜禽舍配套设备，并能进行简单维护。

⑦ 能够制定畜牧场废弃物无害化处理方案，科学地资源化利用畜禽粪便。

⑧ 能进行畜牧场生产计划及成本预算。

2. 方法能力培养目标

① 能自主学习新知识和新技术，在此基础上，能应用新知识解决实际问题。

② 能独立制定工作计划并实施。

③ 能够在积累畜牧场设计经验的基础上，不断提高畜牧场设计能力和改进完善能力。

3. 社会能力培养目标

① 具有良好的吃苦耐劳精神。

② 具有良好的团队协作精神。

③ 具有良好的心理素质。

④ 具有良好的责任心和乐于奉献的精神。

⑤ 具有良好的卫生防疫意识和动物福利观念。

❖ 课程主要学习内容

学 习 情 境		学 习 单 元
名　称	情 境 描 述	
任务 1： 畜牧场场址选择	根据畜牧场规模和性质确定畜牧场生产工艺流程，再选择畜牧场场址	子任务 1-1：确定畜牧场规模和性质 子任务 1-2：确定畜牧场生产工艺流程 子任务 1-3：选择畜牧场场址
任务 2： 畜牧场总平面规划	根据自然情况，进行畜牧场分区规划和布局；绘制畜牧场总平面图	子任务 2-1：畜牧场规划布局 子任务 2-2：畜牧场总平面图绘制 子任务 2-3：畜牧场仿真设计
任务 3： 畜禽舍设计	根据性质和规模确定饲养密度；初步设计畜禽舍平面布局并制作畜禽舍效果图；选择畜禽舍基本结构的材料和样式，解决设计过程中存在的问题	子任务 3-1：畜禽舍初步设计 子任务 3-2：畜禽舍基本结构设计 子任务 3-3：畜禽舍效果图制作（选学）
任务 4： 畜禽舍配套设备选择与维护	在设计畜禽舍基本结构的基础上，给畜禽舍安装窗户和风机，制定畜禽舍温度控制措施；参观鸡场的自动控制系统，能对自动控制系统进行简单设计；对畜禽舍设备进行基本维护	子任务 4-1：采光设计 子任务 4-2：通风系统设计 子任务 4-3：保温隔热设计 子任务 4-4：自动控制系统设计 子任务 4-5：畜禽舍配套设备维护
任务 5： 畜牧场环境监测与保护	设计畜牧场环境监测方案；现场环境监测，解决存在问题；提出环境保护方案或环评报告	子任务 5-1：畜牧场环境监测 子任务 5-2：畜牧场总体评价 子任务 5-3：畜牧场环境保护

任务 1

畜牧场场址选择

❖ 学习目标

■ 能根据畜牧场规模和性质，考虑自然条件和社会条件，选择畜牧场场址。
■ 会分析现有畜牧场场址选择方面的优点和缺点，并能提出改进措施。

❖ 任务说明

■ 任务概述
根据畜牧场的规模和性质确定某畜牧场生产工艺流程，同时考虑当地自然条件及社会条件，确定畜牧场场址。
■ 任务载体
畜牧场规划与设计仿真软件，畜牧场规划与设计仿真实验室，规模化养殖场。
■ 技术流程

■ 任务开展的依据

子 任 务	工作依据及资讯	资讯单	记录单	考核单
1-1 确定畜牧场规模和性质	不同畜牧场的性质与任务、生产规模与饲养方式	1-1	1-1	1-1
1-2 确定畜牧场生产工艺流程	不同畜牧场生产工艺流程与特点	1-2	1-2	1-2
1-3 选择畜牧场场址	当地自然条件与社会条件	1-3	1-3	1-3

❖ 学习建议

■ 老师提出任务，学生分组讨论提出方案。师生共同分析方案可行性，强化知识点、解决疑难问题。到已有养殖现场分析其生产工艺流程和场址的优缺点。

❖ 子任务 1-1　确定畜牧场规模和性质

➢ 任务要求

1. 今年鸡蛋价格稳步上升，张某想建设一个年饲养 20 万只商品蛋鸡的鸡场，请你设计出其规模、性质及饲养方式。

2. 养猪生产在畜牧业生产中占有重要地位，请结合市场行情和地区特点，设计出年上市 8000 头肉猪的综合性商品猪场的规模、性质及饲养方式。

➤ 参考流程

确定畜牧场性质 ➡ 确定畜牧场生产规模 ➡ 确定饲养方式 ➡ 确定生产技术指标

➤ 资讯

一、畜牧场的性质与任务

（一）畜牧场的性质

一般按繁育体系分为原种场（曾祖代场）、祖代场、父母代场和商品场。不同性质的牧场，不仅畜群组成和周转方式不同，对饲养管理和环境条件的要求不同，所采取的畜牧兽医技术措施也不同。

（二）畜牧场的任务

1. 原种场

原种场的任务是生产配套的品系，向外提供祖代种畜、种蛋、精液、胚胎等。原种场由于育种工作的严格要求，必须单独建场，不允许进行纯系繁育以外的任何生产活动，一般由专门的育种机构承担。

2. 祖代场

祖代场的任务是改良品种，运用从原种场获得的祖代产品，用科学的方法繁殖培育下级场所需的优良品种。通常培育一个品种，需要有大量的资金和较长的时间，并且要有一定数量的畜牧技术人员，现代家畜品种的祖代场一般饲养四个品系。

3. 父母代场

父母代场的任务是利用从祖代场获得的品种，生产商品场所需的种源。

4. 商品代场

商品代场则是利用从父母代场获得的种源专门从事商品代畜产品的生产。

通常，祖代场、父母代场和商品场往往以一业为主，兼营其他性质的生产活动。如祖代鸡场在生产父母代种蛋、种鸡的同时，也可生产一些商品代蛋鸡或鸡蛋供应市场。商品代猪场为了解决本场所需的种源，往往也饲养相当数量的父母代种猪。

奶牛场一般区分不明显，因为在选育中一定会产生商品奶。故表现出同时向外供应鲜奶和良种牛的双重任务，但各场的侧重点不同，有的以供奶为主，有的则着重于选育良种。

二、畜牧场的生产规模

畜牧场的规模尚无规范的描述方法。有的按存栏头（只）数计，有的则按年出栏商品畜禽数计。如商品猪场和肉鸡、肉牛场按年出栏量计，种猪场亦可按基础母猪数计，种鸡场则多按种鸡套数计，奶牛场则按成年乳牛头数计（表 1-1、表 1-2）。

畜牧场性质和规模的确定，必须根据市场需求，并考虑技术水平、投资能力和各方面条件。种畜禽场应尽可能纳入国家或地区的繁育体系，其性质和规模应与国家或地区的需求相适应，建场时应慎重考虑。盲目追求高层次、大规模很易导致失败。

表 1-1 养猪场种类及规模划分（以年出栏商品猪头数定类型）　　　　　　头

类型	年出栏商品猪头数	年饲养种母猪头数
小型场	≤5000	≤300
中型场	5000～10000	300～600
大型场	>10000	>600

表 1-2 养鸡场种类及规模划分　　　　　　万鸡位

类　别	小型场	中型场	大型场
祖代鸡场	<0.5	0.5～1.0	≥1.0
父母代蛋鸡场	<1.0	1.0～3.0	≥3.0
父母代肉鸡场	<1.0	1.0～5.0	≥5.0
商品蛋鸡场	<5.0	5.0～20.0	≥20.0
商品肉鸡场	<50.0	50.0～100.0	≥100.0

注：肉鸡规模为年出栏数，其余鸡场规模系成年母鸡鸡位。

三、畜禽饲养方式

（一）放牧与散养

放牧与散养是自古以来就被采用的管理方式（图 1-1、图 1-2），该方式给家畜以自由运动的机会最多，一般认为可以获取太阳光、沐浴新鲜空气，最有可能实现动物行为的自然表达，并且投资少，节省饲料。其缺点是无法使动物免于环境的冷、热和野生食肉动物的影响，而且喂饲给水都不方便。此外，自由放牧与环境保护的目标相冲突，大规模的动物群体会增加土壤中的氮与磷的富集，并污染水体。因此，健康、安全和环保是放牧管理的要点。

图 1-1 林下养鸡　　　　　　　　　　　　　　图 1-2 草坡养鸡

（二）集约化饲养

1. 鸡的饲养方式

（1）蛋鸡的饲养方式

① 蛋鸡笼养：蛋鸡饲养在产蛋鸡笼中，鸡笼主要有阶梯式（图 1-3）与重叠式（图 1-4）两种，阶梯式通常为三层，重叠式多数为四层。

② 蛋鸡平养：主要分垫料地面平养、网上平养等方式。垫料地面平养是指蛋鸡养在地面垫料上，每 5 只鸡配备一个产蛋箱；饮水设备采用大型吊塔式饮水器或安装在鸡舍内两侧的水槽；喂料设备采用吊式料桶或料槽，机械喂料可用链式料槽、弹簧式料盘和塞索管式料盘等。网上平养是指蛋鸡养在离地面约 60cm 的金属网、塑料网、铅丝网或竹（木）板条

图 1-3 蛋鸡笼养（三层阶梯式）　　　　图 1-4 蛋鸡笼养（四层重叠式）

上，其饮水及喂料设备与地面平养方式相同，也要设产蛋箱。

（2）肉用种鸡的饲养方式

① 漏缝地板饲养：指鸡养在由木条、硬塑料网或金属网等材料做成的漏缝地板上，漏缝地板距地面的高度约为 60cm。

② 混合地面饲养：指鸡饲养在由漏缝地板和实体地面混合组成的鸡舍内，漏缝地板可由金属网、塑料网、木板条等制成，实体地面上多铺垫料。漏缝结构地面与垫料地面之比通常为 6∶4 或 2∶1（图 1-5）。舍内布局常是在中央部位铺放垫料，靠墙两侧安装漏缝地板，产蛋箱在漏缝地板的外缘，排列方向与畜舍长轴垂直，一端架在漏缝地板的边缘，一端悬吊在垫料地面的上方，便于鸡进入产蛋箱，也减少占地面积。

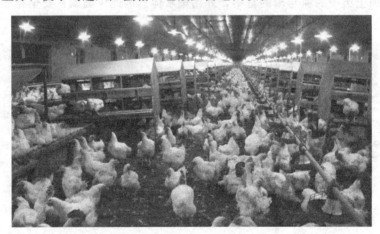

图 1-5 肉种鸡混合地面饲养

③ 笼养：采用每笼养两只种母鸡的单笼饲养，人工授精。

（3）肉用仔鸡的饲养方式

① 厚垫料平养（图 1-6）：在舍内地面上铺设 10cm 左右厚的垫料，幼雏入舍后直到出售前都生活在垫料上面。

② 网上平养：将鸡养在网床上（图 1-7）。网床由床架、底网和围网构成。网眼大小以鸡爪不能进入而又能落下鸡粪为宜，底网离地 50~60cm，网床大小视鸡舍面积和操作方便确定。底网的种类很多，有金属网、塑料网等。

③ 笼养与散养相结合：在育雏阶段采用笼养，然后转群改为地面厚垫料散养。

图 1-6　肉仔鸡厚垫料平养　　　　　　　　　图 1-7　网上平养肉仔鸡舍

2. 猪的饲养方式

规模化猪场均采用舍饲，因采用的栏圈形式不同，又可分为地面平养（图 1-8）和网床饲养，按每圈饲养头数则可分为群养和单养。地面平养分实体地面、全部漏缝地板或部分实体地面部分漏缝地板（图 1-9），漏缝地板可用钢筋混凝土、塑料或铸铁等制作。网床饲养多用于产房和保育仔猪舍（图 1-10、图 1-11）。网床床面可为金属纺织网或塑料、铸铁等缝隙地板。

图 1-8　猪的实体地面平养　　　　　　　　　图 1-9　猪的漏缝地板平养

图 1-10　网床产仔栏　　　　　　　　　　　图 1-11　仔猪保育栏

3. 牛的饲养方式

（1）拴系式饲养　拴系式饲养是传统的奶牛饲养方法，目前国内外仍然普遍应用。拴系式饲养的特点是需要修建比较完善的奶牛舍。牛舍内，每头奶牛都有固定的牛床，床前设食槽和饮水设备，用颈枷或其他设备将奶牛固定在牛舍内；奶牛采食、休息、挤奶都在同一牛床上进行。这种饲养方式一般采用管道式挤奶或集中台式挤奶。典型的拴系式饲养是不设运动场的，为了改善牛群健康，我国一般增设舍外运动场。

这种饲养方式的优点是管理细致，能做到个别饲养、区别对待；有效地减少奶牛的竞争，淡化奶牛位次，能为奶牛提供较好的休息和采食位置，能获得较高的单产。其缺点是必须辅以相当的手工操作，劳动生产率较低。

（2）散栏式饲养　散栏式饲养（图 1-12）是将奶牛的采食区域和休息区域完全分离，每头奶牛有足够的采食位和单独的卧栏。将挤奶厅和牛舍完全分离，整个牛场设立专门的挤奶厅，牛群定时到挤奶厅进行集中挤奶。这种饲养方式，符合奶牛的行为和生理需要，奶牛能够自由饮食与活动，很少受到人为约束，相对扩大了奶牛的活动空间，增强了牛的体质，提高了机体的抵抗力。奶牛定点采食、躺卧、排粪，集中挤奶，便于实现机械化、程序化管理，极大地提高了劳动生产率。但是，这种牛舍不易做到个别饲养，而且由于共同使用饲草和饮水设备，传染疾病的机会多，粪尿排泄地点分散，造成潜在的环境污染。此外，散栏式卧栏和挤奶厅的投资较高。

图 1-12　奶牛散栏式饲养

（3）散放式饲养　散放式饲养（图 1-13）牛舍设备简单，只供奶牛休息、遮阳和避雨雪使用。牛舍与运动场相连，舍内不设固定的卧栏和颈枷，奶牛可以自由地进出牛舍和运动场。通常牛舍内铺有较多的垫草，平时不清粪，只添加些新垫草，定时用铲车机械清粪。运动场上设有饲槽和饮水槽，奶牛可自由采食和饮水。舍外设有专门的挤奶厅，奶牛定时分批

图 1-13　奶牛散放式饲养

到挤奶厅集中挤奶。这种饲养方式能有效地提高劳动效率，降低设施设备的投资，并能生产出清洁、卫生、优质的牛奶。但是散放式饲养也具有明显的缺点，例如饲养员对奶牛的管理不够细致，奶牛采食时容易发生强夺弱食现象，导致奶牛采食不均，影响奶牛的健康和产奶量。

（三）畜禽饲养与动物福利

1. 动物福利的提出

动物福利萌生于20世纪60年代初，正是集约化生产模式在世界各地刚刚开始流行的时代。可以说，动物福利就是针对集约化生产中存在的诸多问题而提出的。比如蛋鸡的笼养方式，对蛋鸡自身来说其行动和自由受到了极大的限制，蛋鸡在笼内不能正常地伸展或拍打翅膀，不能转身，不能啄理自己的羽毛，加上长期缺乏运动，导致蛋鸡的骨骼十分脆弱。又如目前规模化养猪主要采用圈栏饲养和定位饲养工艺模式，这种工艺模式，多采用限位、拴系、圈栏以及漏缝地板等设施，猪的饲养环境相对贫瘠甚至恶劣，活动自由受到限制，使猪只缺乏修饰、散步、嬉戏、炫耀以及同附近动物进行社交等各种活动的场合和机会，从而导致猪只极大的心理压抑，而以一些异常的行为方式（如咬尾、咬栅栏、空嚼、一些不变的重复运动、自我摧残等）加以宣泄，致使猪生产力、繁殖力降低，增重变慢，料肉比下降，机体对疾病的抵抗力减弱，肉品质下降等，甚至导致猪只死亡。

对这些问题进行综合分析、判断，可以得出结论，既不是品种问题，也不是营养问题，更不是繁殖问题，而是集约化生产方式本身的问题。人们意识到家畜对生产环境和生产工艺的不适应是引发各种问题的直接原因，因为家畜对环境的不适应会导致机体免疫力下降，动物对病原菌极为敏感，因而导致各种疾病多发、流行、难以控制。由于是适应性问题，它不仅仅表现在某一个方面，如营养、遗传或抵抗力等，而是多元的、多症状的，不是现代动物科学领域中哪一学科所能单独解决的。因此，科学家们对现行的动物生产提出了动物福利一词，旨在通过改善饲养环境和改进生产工艺，使生产更趋于合理，减少诸多问题的出现，提高整体生产力水平。

2. 动物福利的重要性

"动物福利"是指维持动物生理与心理的健康与正常生长所需的一切事物。通俗地讲，就是在动物饲养、运输、宰杀过程中要尽可能地减少其痛苦，不得虐待。

动物福利由以下五个基本要素组成。

（1）生理福利　享有不受饥渴的自由。保证提供动物维持良好健康和精力所需要的食物和饮水，主要目的是满足动物的生命需要，即无饥渴之忧虑。

（2）环境福利　享有生活舒适的自由。提供适当的房舍或栖息场所，让动物能够得到舒适的休息和睡眠，也就是要让动物能充分自由地活动和休息。

（3）卫生福利　享有不受痛苦、伤害和疾病困扰的自由。保证动物不受额外的疼痛，预防疾病和对患病动物及时治疗，也就是降低家畜的发病率。

（4）行为福利　享有表达天性的自由。提供足够的空间、适应的设施以及与同类动物伙伴在一起，也就是能保证动物天性行为的表达。

（5）心理福利　享有生活无恐惧和悲伤的自由。保证避免动物遭受精神痛苦的各种条件和处置，即减少动物恐惧和焦虑的心情。

现代动物福利的理念是追求动物与自然的和谐，使动物维持其身体和心理与环境协调状态，最大限度地满足动物的需要，包括维持生命需要、维持健康需要和维持舒适需要，让动物在健康、快乐的状态下生活。

动物福利没有保障的动物，不仅其生产性能下降、生产成本增加，而且不科学的饲养方式、长途运输、粗暴的屠宰方式等造成动物恐惧和应激，使动物分泌大量肾上腺素，引起肉质下降，对食用者的健康造成伤害，并直接影响了我国畜产品的出口。

现代畜牧业由于过于追求生产效率和投资效益，从而忽视了动物的福利问题。大量的生产实践表明，商品肉仔鸡个体的生长性能和胴体质量随饲养密度的增加而降低，说明了高密度饲养的不良反应；在另一方面，在畜禽育种中人们对生长速度、饲料转化率等的片面追求，使现今品种的畜禽对环境的反应越来越敏感，例如，20 世纪 80 年代以前很少有猪的应激现象发生，20 世纪 80 年代中后期，随着选种技术的发展和选种强度的提高，猪生产速度和产肉率有了大幅度提高，猪的应激发生率也越来越高。所以我们在组织畜牧生产时必须重视家畜的应激反应及其引发的福利问题，才能促进人和动物的友好共处、和谐发展，提供优质的畜产品，减少畜产公害。

3. 舍饲畜禽的福利问题

饲养环境是影响畜禽健康的重要因素。在我国，由于养殖业管理者缺乏动物福利意识，不注重家畜生产环境的改善，造成家畜的环境应激，使家畜的健康和畜产品的质量都受到不良的影响。

（1）饲养密度与畜禽福利　在炎热的夏季过高的饲养密度，使畜舍容易形成高温高湿的环境，加剧了高温对家畜的不利影响，增加了防暑降温的难度；冬季则潮湿污浊，病原微生物增多，使家畜的发病率极高。高密度的饲养不仅影响到畜舍的温度、湿度，而且由于通风效果受到影响，加之家畜的呼吸量和排粪量都比较大，使畜舍中有害气体和尘埃、微生物的含量增多，使家畜呼吸道疾病的发病率大大提高。

高密度的饲养，家畜在采食和饮水时，由于采食空间不够，容易发生争抢和争斗，位次较低的畜禽就有被挤开的危险，因而这些畜禽的采食时间就要比其他的少，导致采食不均，强者吃料多，使饲料利用率下降，弱者吃料不足，生产力下降。

高密度的饲养，限制了家畜自然行为的表达，影响家畜的排便、活动、休息、咬斗等行为，从而影响到家畜的健康和生产力。由于饲养密度过高，导致家畜无法按自然天性进行生活和生产，自然状态下生活的家畜能很自然地将生存空间划分为采食区、躺卧区和排泄区等不同的功能区，从来不会在其采食和躺卧的区域进行排泄。然而高密度的饲养模式，再加上圈栏较小，使处于该饲养环境中家畜的定点排粪行为发生紊乱，导致圈栏内卫生条件较差，增加了家畜与粪尿接触的机会，从而影响家畜的生产性能和身体健康。

（2）环境丰富度与畜禽福利　目前，国内外广泛采用的圈栏饲养或笼养模式，虽然有利于管理，但造成家畜生产生活环境十分单调，出现了许多散养很少发生的问题。

圈笼内除必要的饲养设施设备，如料槽、饮水器等，其他饲养环境贫瘠、单调，畜禽表现天性行为的福利性设施设备一概没有，使家畜的自然天性行为诸如啃咬、拱土、觅食等大大受到抑制，因而对家畜的行为需要产生了不利影响。

由于可得到的环境刺激单一，使畜禽心理上需要以一些异常的行为方式加以宣泄，将探究行为转向同伴，出现诸如对同伴进行咬尾、咬耳、拱腹、啄肛和啄羽等有害的异常行为，并对畜禽的生产性能和身体健康造成不良的影响。

饲养在贫瘠环境中的畜禽比饲养在丰富环境中的畜禽对应激刺激的反应要强烈，对人的害怕程度也高。如突然的声音、陌生人员和动物都能使畜禽产生应激反应而使其生产力下降，因为没有任何事物能分散这种单调环境下的畜禽对周围环境的注意力。因此对饲养环境和饲养人员都要求更高。

（3）地板与畜禽福利　为了清粪方便和尽量保持畜舍的卫生状况，漏缝地板常被采用。漏缝地板可在一定程度上避免畜体与粪便的接触，减少通过粪便感染病原菌和寄生虫的机会，同时减轻清粪工作强度，但漏缝地板对动物的健康和福利的影响较大。

由于漏缝地板材料和设计的不合理，使畜禽腿及关节炎病的发病率明显增高，导致繁殖母猪不能交配而遭淘汰，对妊娠母猪、母牛危害更大，易导致摔伤和流产。金属漏缝地板会导致母猪蹄及肘部损伤；水泥漏缝地板与畜床之间的倾斜易引起家畜起立、趴卧时的滑坡、跌倒，造成脱臼或流产。

缝隙地板导致肢蹄的损伤，在肉牛中也很常见，多发生在肥育后期，体重 500kg 以上的个体。乳牛也常见肢蹄伤害，牛被爬跨时，若牛的长轴与缝隙的长缝成直角，或者只有单蹄搭在缝隙上，因受力不均易导致骨折。在挤乳厅移动过道上，牛体长轴与缝隙长缝成直角会妨碍行进。因此，缝隙地板的铺设方向与缝隙地板的材料、形状、尺寸和强度同样重要。

鸡笼是一种特殊的漏缝地面，如果底网加两根横丝且注重笼的安定性就不会造成应激，这有助于维护鸡的安心和正常行为的表达。如果粪便的硬糊挂在笼底，摩擦雏鸡或肉仔鸡的胸部就会导致水肿，为此提倡使用不沾网。

由于漏缝地板上面的粪便需使用大量的水来冲刷，往往导致舍内湿度增大，又因漏缝地板没法保温，导致地面既冷又湿，在北方寒冷地区，对畜禽健康影响很大，发病率增高。

（4）畜栏与畜禽福利　畜栏用来限制家畜在畜舍内一定范围活动，方便管理，减少社会因素对动物福利的影响，但不能满足家畜的行为福利。

畜栏控制了猪的优势序列，妊娠猪隔着栅栏依然会向邻圈发起攻击，与群饲相比仅仅是难以击败对手，难以决出优势序列，但是可以断定此时的猪正处于强烈的欲望不满状态。

畜栏使家畜的母、仔分开，使母性行为受到抑制。以母猪分娩栏为例，由于其设计上故意阻碍母猪的坐、躺行为，因此使母猪不能接近仔猪。然而，也必须从仔猪的角度来设想，因为在人为的育种下家猪的体型比野猪大很多，动作也比野猪笨重，人工的地面又硬，如果没有分娩栏的设计来保护仔猪，很可能大部分的仔猪都会被迅速躺下的母猪压死，这又违反了仔猪的福利。故母猪与仔猪兼顾才是真正的动物福利。

畜栏限制了家畜的活动空间，家畜只能通过视觉、听觉和嗅觉感觉社会环境。如妊娠牛被关入单间，脱离原本的群居生活，因孤独感整晚骚乱不安会诱发难产，也可产生单饲牛会跃出圈栏奔向同伴的现象。

（5）饲槽与畜禽福利　饲槽与家畜行为关系密切，用自然的姿势便利采食是最基本的福利原则，应保证头可自由活动的空间范围。如果空间过大，头则前伸，前蹄进入饲槽，这属于不自然姿势，加之地面较滑，也可能摔倒。例如拴系成牛舍，头的活动范围向前 90～100cm，左右宽 55～60cm，后下方高出地面 10～15cm 为宜。另外还要考虑饲槽的形状来减少饲料抛散以及可承受家畜损坏的强度。

牛和猪等家畜的攻击行为是用头部进行的，在饲槽和拴系框上添加栅栏则可以控制其运动范围，节制其攻击行为。例如使用单口饲槽时，优势序列明显，且社会优势序列与增重显著相关；使用多口饲槽时，则优势序列不明显，且社会优势序列与增重相关不显著。若把饲料撒在地面上或使用长形饲槽自由采食或饲槽用高隔板分开，则饲料就不能成为争夺的资源，从而减少争斗。若饲槽上设置隔板将猪从头到肩隔开，则完全消除采食时的争斗行为，即便在禁食 24h 的条件下也可使争斗行为减少 60%。

个体识别的单饲槽已应用于散养乳牛、群饲母猪，优点是可按产量和体重进行个体喂饲，即便群居也可消除其他个体的影响，利用率和优势序列没有明显关系。

4. 提高舍饲畜禽福利的措施与设施配套

针对目前舍饲条件下畜禽所存在的动物福利问题，国内外畜牧工作者和饲养人员主要是采取以下方法和措施来提高舍饲条件下的畜禽福利。

图1-14　栖架式养鸡

（1）改进饲养模式

① 猪饲养模式：使用仔猪舍饲散养饲养工艺模式时，能较好地满足仔猪行为习性表达的需要，没有咬尾、咬耳现象，仔猪福利性好。

② 鸡饲养模式：选择替代笼养鸡模式，有自由散养、地面平养和栖架式饲养等。自由散养，指规模化的舍外自由散放饲养模式。这种方式的优点是蛋鸡福利水平大大提高，蛋鸡活动空间加大，能够自由表现其基本行为。地面平养，指采用厚褥草或半厚褥草作为垫料养鸡，一般指舍内，并且房舍内添置有产蛋箱或具有部分高床地面。这种方式的缺点是啄羽和同类自残的恶癖

发生率较高，因为鸡群之间的争斗较多。栖架式饲养，指在舍内提供分层的栖架（图1-14），就像鸡笼一样排列以供蛋鸡栖息和活动，另外也安装产蛋箱等。蛋鸡可以在栖架之间自由活动，活动面积要远大于笼养方式，同时也符合鸡喜欢栖架休息的自然本性。

③ 牛的散栏式饲养：散栏式饲养是按照奶牛生态学和奶牛生物学特性，进一步完善了奶牛场的建筑和生产工艺，使奶牛场生产由传统的手工生产方式转变为机械化工厂生产方式，结合了拴系和散放饲养的优点，是实现工厂化生产的重要途径。

（2）增大饲养空间　家畜的空间需求，分为身体空间需求和社会空间需求。自身活动（如躺卧、站立和伸展等）所需要的空间为身体空间需求。社会空间需求则是指家畜和同伴之间所要保持的最小距离空间。如果这种最小的空间范围受到了侵犯，家畜会试图逃跑或对"敌对势力"进行攻击。因此应满足畜禽的空间福利。

① 猪的空间需求：欧盟协议规定了每类猪群的最小空间要求，每头妊娠母猪不能少于1.3m²，初配猪至少有0.95m²的实心地板面积；对于群养母猪，当饲养头数在6～40头时，配种后的每头青年母猪和成年母猪分别占有的无障碍面积至少平均为1.64m²和2.25m²，且分别要求至少有0.95m²和1.3m²的连续固体地板面积。

② 鸡的空间需求：美国的一个测算研究表明，如果纯粹从经济观点考虑，每只蛋鸡空间为350～400cm²时，蛋鸡饲养者会获得最高的效益。但从动物福利的角度来说，蛋鸡需要一定的空间面积才能表现其基本的生理行为，如转身、梳理羽毛等。美国全美养鸡生产者协会建议，生产者要为笼养产蛋母鸡提供较大的地面面积，具体地说要为每只产蛋母鸡提供432～555cm²的可用地面面积，鸡笼高度应当在41～43cm，使白来航鸡能垂直站立，鸡笼的地面倾斜角度也不超过8°。

可利用立体空间，如设置台阶、添设栖木等。平养鸡每只母鸡最少使用18cm栖木，栖木宽度在4cm以上，栖木之间至少间隔30cm，栖木下面应为缝隙地面。

③ 牛的空间需求：对漏缝地板饲养的青年牛和小公牛的研究表明，增大饲养密度，其攻击性和不良行为（如卷舌、对其他物体和牛只的舔舐活动）就会相应增加，如将小公牛的饲养密度由2.3m²/头提高到1.5m²/头，其不良行为的频率将上升2.5～3.0倍。舍饲散栏饲养下，将走道宽度由2.0m减小到1.6m时，奶牛的攻击性行为将会大大增加；如果奶牛不能在身体相互不接触的条件下通过走道，就会将休息牛床作为"通行空间"和"转弯空间"来加以利用。因而在牛场设计时，考虑牛的空间需求是很有必要的。

（3）增加环境的丰富度　为了保障游戏行为，最好提供一些道具，例如吊起的旧轮胎、链条、橡皮管和泥土类似物（泥炭、锯屑、沙子和用过的蘑菇培养基）供家畜操作。床面上

放置硬球，可满足猪鼻尖的环绕运动，提供可动的横棒可以满足猪鼻尖的上举运动（图1-15），这些措施在肥育猪舍得到了广泛应用。额外的刺激使其安静和减少易怒性，故有助于防止混群时的进攻，防止对单调环境的厌倦，减少恶习。对小猪可提供绳（图1-16）、布条和橡皮软管等玩具。猪对玩具有严格的选择性，如果球滚进猪粪它们将不再玩它，这也是为什么常常将玩具吊起的理由。

图 1-15　猪舍中的棒形玩具　　　　　　　　图 1-16　猪舍内的绳索式玩具

　　(4) 饲养管理的改进　强调对畜禽实施"人性化"的饲养和管理，尤其是在采取一些特殊的措施如断喙、断尾、去爪时需要谨慎。对蛋鸡断喙应该有选择地加以应用，最好是把断喙作为一种治疗手段，在蛋鸡已经发生自相啄食的现象时再采用，以避免和减少对大群蛋鸡造成不适和伤害。生产中去除母鸡的中趾是为了减少蛋壳的破损率，这种方式实际上可以通过改善鸡笼的设计来替代。奶牛的"福利"亦成为近二三十年欧美等发达国家畜牧界、动物界普遍关心的问题。满足奶牛的生理需要并提供与其生物学特性相宜的饲养管理条件，将有利于奶牛生产潜力的发挥和健康。基于保证奶牛的"福利"的目的，散栏饲养奶牛舍应运而生。奶牛的散栏饲养——自由牛床，使牛根据生理需要想吃就吃，想喝就喝，牛自由自在，没有什么应激。

　　(5) 加强舍内环境控制，稳定畜舍小气候　畜禽患病通常是由于它们难以适应其生活环境，因此与健康动物的福利相比病畜的福利往往较低。因此应根据季节气候的变化，加强通风，使舍内空气新鲜，保持温度适宜、稳定，减少冷热刺激，保持适宜的环境条件，使畜禽生活在一个稳定的小气候环境之中，以降低家畜的发病率。这样可以大大减少药物和抗生素的用量，提高畜产品的质量。

　　(6) 加强动物福利法的建设　动物福利必将成为一个不容回避的国际趋势，为发展我国的畜牧业，顺利地进行国际贸易，从根本上提高国内的动物保护水平是长远之计。要在全社会范围内更新观念，提高动物保护意识，并逐步提高决策部门对动物福利工作的重视程度。

　　应加强动物福利法律体系建设，确定动物福利标准。经过近200年的发展，西方国家基本形成了比较健全的动物福利法律法规体系和严格的动物保护标准体系，这也为其利用动物福利标准制造贸易壁垒提供了法律依据。而我国的动物福利立法工作还应该进一步深化。从政府到企业特别是出口企业，应该加大对动物福利的投入力度，譬如饲料、药品、仪器、设备等，另外，动物福利工作还涉及人员素质培训等多个方面。

四、畜禽生产技术指标

　　畜牧场生产工艺参数的制定，对准确计算畜群结构如存栏数、所需栏位数、饲料用量和产品数量等有很大影响，必须根据畜禽的品种、生产力水平、技术水平、经营管理水平和环境设施等实事求是地加以确定。

（一）猪场生产技术指标

猪场的工艺参数及饲养密度指标参见表 1-3、表 1-4。

表 1-3　猪场工艺参数参考值

（引自：王燕丽，李军. 猪生产. 北京：化学工业出版社，2009）

项　目	参　数	项　目	参　数
妊娠期	114d	哺乳仔猪成活率	90%
哺乳期	30d	断奶仔猪成活率	95%
保育期	35d	生长期、育肥期成活率	99%
生长（育成）期	56d	每头母猪年产活仔数	20头
肥育期	56d	公、母猪年更新率	33%
空怀期	14d	母猪情期受胎率	85%
繁殖周期	163d	公母比例	1∶25
母猪年产胎次	2.31胎	圈舍冲洗消毒时间	7d
母猪窝产仔数	10头	繁殖节律	7d
窝产活仔数	9头	母猪临产前进产房时间	7d
		母猪配种后原圈观察时间	21d

表 1-4　各种猪群饲养密度指标

猪群类别	每头占栏面积/m²	猪群类别	每头占栏面积/m²
种公猪	5.5~7.5	培育仔猪	0.3~0.4
空怀、妊娠母猪	1.8~2.5	育成猪	0.5~0.7
后备母猪	1.0~1.5	育肥猪	0.7~1.0
哺乳母猪	3.7~4.2	配种猪	5.5~7.5

注：参见 GB/T 17824.1—2008。

（二）鸡场生产技术指标

种鸡场生产技术指标包括配种方式，公母比例，种鸡选留率、死淘率、产蛋率，平均每只鸡年产蛋数及蛋重，种蛋合格率、破损率、受精率、孵化率、出雏率，育雏期成活率、标准体重，育成期死淘率、标准体重等。

商品蛋鸡生产技术指标除有关种蛋、孵化和公鸡的指标外，其他指标与种鸡相同。

商品肉仔鸡的生产技术指标主要关注成活率、日增重、上市体重、屠宰率和商品鸡合格率等。

不同鸡群的主要工艺参数参见表 1-5~表 1-7。

表 1-5　商品蛋鸡群生产性能标准

周龄	饲养日产蛋率/%	累计死亡率/%	累计饲养日产蛋数/枚	日均耗料/(g/d)	周末体重/kg
1	—	—		11	0.065
6	—	—		38	0.45
12	—	—		65	1.02
18	—	—		78	1.42
24	93	0.3	30.2	99	1.66
30	95	0.6	70.2	108	1.76
36	93	0.9	109.8	114	1.76
42	92	1.2	148.6	117	1.77

周龄	饲养日产蛋率/%	累计死亡率/%	累计饲养日产蛋数/枚	日均耗料/(g/d)	周末体重/kg
48	90	1.5	186.7	118	1.77
54	88	1.9	224.1	118	1.78
60	86	2.3	260.7	118	1.79
66	83	2.9	296	118	1.8
72	78	3.5	329.7	118	1.8

注：数据来自北京峪口禽业"京粉1号"商品蛋鸡品种标准。

表1-6 父母代种鸡体重及耗料标准

周龄	父母代后备鸡群(公)		父母代后备鸡群(母)	
	周末体重/g	喂料量/[g/(只·日)]	周末体重/g	喂料量/[g/(只·日)]
1	70	13	66	9
6	590	39	400	37
12	1530	72	880	62
18	2380	78	1260	75

注：数据来自北京峪口禽业"京粉1号"父母代种鸡品种标准。

表1-7 父母代种鸡生产性能标准

周龄	饲养日产蛋率/%	饲养日产蛋数/枚	饲养日产蛋数累计/枚	种蛋合格率/%	合格种蛋数/枚	合格种蛋数累计/枚	种蛋受精率/%	入舍鸡健母雏数/只	健母雏数累计/只	日耗料/(g/d)	体重/g	累计死淘率/%
24	91	6.4	23.7	91	5.8	5.8	88	2.2	2.2	112	1500	0.4
30	96	6.7	63.3	98	6.6	43.9	98	2.8	17.9	114	1540	0.8
36	93	6.5	102.8	97	6.3	82.4	97	2.7	34.4	115	1560	1.2
42	90	6.3	141	96	6	119.3	96	2.5	50	115	1570	1.8
48	87	6.1	178.2	95	5.8	154.8	94	2.4	64.8	115	1580	2.4
54	84	5.9	231.9	94	5.5	188.6	94	2.1	78	114	1600	3.3
60	81	5.7	248.4	93	5.3	220.7	92	2	90.2	113	1620	4.2
66	77	5.4	281.5	91	4.9	251	90	1.8	101.4	113	1620	5.3

注：数据来自北京峪口禽业"京粉1号"父母代种鸡品种标准。

(三) 奶牛场生产技术指标

1. 繁殖指标

后备奶牛一般6～12月龄进入初情期，体成熟在8～14月龄，但这个阶段不宜配种。通常在奶牛13～16月龄、体重达到350kg以上（一般北方为380kg，南方为360kg）时才进行初次配种。

成年母牛产后第一次发情一般在产后20～70d内，发情周期平均为21d（18～23d）。

奶牛的平均妊娠期为280d左右，一般为275～285d。理论上，若分娩后90d内配种成功，则可达到一年一胎，但实际生产中一般做不到。我国大型奶牛场的产犊间隔一般为380～410d。

2. 生产性能指标

目前我国集约化奶牛场，奶牛的平均产奶量为5000～9000kg/年，乳脂率为3.6%～3.7%。犊牛一般饲养到3月龄时断奶，即哺乳天数为90d，犊牛全期平均哺乳量可按300kg/头计算。管理良好的奶牛场，一般要求奶牛的年产奶量大于6000kg，犊牛成活率达到90%以上，育成牛和青年牛成活率高于98%，成年母牛的利用年限以3～5年为好。

> 工作页

子任务 1-1　确定畜牧场规模和性质资讯单　见《学生实践技能训练工作手册》。

子任务 1-1　确定畜牧场规模和性质记录单　见《学生实践技能训练工作手册》。

子任务 1-1　确定畜牧场规模和性质考核单　见《学生实践技能训练工作手册》。

❖ 子任务 1-2　确定畜牧场生产工艺流程

> 任务要求

1. 李某想建设一个年饲养 20 万只商品蛋鸡的综合养鸡场，请你帮他设计鸡群组成和周转情况。假设 9 月 1 日开始饲养第一批雏鸡，请你推算出每栋舍的转群日期和消毒空置时间。

2. 王某想建设一个年上市 8000 头肉猪的综合性商品猪场，请你帮他设计出猪群组成和周转情况。

> 参考流程

> 资讯

畜牧生产与一般工业生产不同（产品为活物），有独特的工艺流程。畜牧场的工艺设计应根据饲养品种、经济条件、技术力量和社会需求，并结合环境保护对生产工艺进行合理设计。

畜牧场工艺设计包括生产工艺设计和工程工艺设计两个部分。生产工艺设计主要根据场区所在地的自然和社会经济条件，对畜牧场的性质和规模、畜群组成、生产工艺流程、饲养管理方式、水电和饲料等消耗定额、劳动定额、生产设备的选型配套、牧场所在区域的气候和社会经济条件等加以确定，进而提出恰当的生产指标、耗料标准等工艺参数。工程工艺设计是根据畜牧生产所要求的环境条件和生产工艺设计所提出的方案，利用工程技术手段，按照安全和经济的原则，提出畜舍的基本尺寸、环境控制措施、场区布局方案、工程防疫设施等，为畜牧场工程设计提供必要的依据。

一、畜牧场生产工艺设计基本原则

畜牧生产工艺涉及整体、长远利益，其正确与否，对建成后的正常运转、生产管理和经济效益都将产生极大的影响。良好的畜牧生产工艺设计可很好地解决各个生产环节的衔接关系，以充分发挥其品种的生产潜力、促进品种改良。现代畜牧生产工艺设计在满足畜禽生命活动和生产对环境的要求，以及实施畜牧生产技术和兽医卫生防疫要求的前提下，还应符合以下原则。

① 必须是现代化的、科学的畜牧生产企业。

② 通过环境调控措施，消除不同季节的气候差异，实现全年均衡生产；采用工程技术手段，保证做到环境自净，确保安全生产。

③ 建立专业场、专业车间，实行专业化生产，以便管理和更好地发挥技术专长。

④ 畜舍设置符合畜禽生产工艺流程和饲养规模，各阶段畜禽数量、栏位数、设备应按比例配套，尽可能使畜舍得到充分的利用。

⑤ 全场或小区或整舍采用全进全出的运转方式，以切断病原微生物的繁殖途径。

⑥ 分工明确，责任到人，落实定额，与畜舍分栋配套，以群划分，以人定责，以舍定岗。

二、畜牧场生产工艺流程

畜牧场生产工艺方案的确定，应满足以下原则：①符合畜牧生产技术要求；②有利于畜牧场防疫卫生要求；③达到减少粪污排放量及无害化处理的技术要求；④节水、节能；⑤提高劳动生产效率。

（一）猪场生产工艺流程

现代化养猪场普遍采用分段式饲养、全进全出的生产工艺（图1-17），它是适应集约养猪生产要求、提高养猪生产效率的保证。同样它也需要根据当地的经济、气候、能源交通等综合条件因地制宜地确定饲养模式。

图1-17　以场为单位全进全出的饲养工艺

需要指出，生产工艺流程中，饲养阶段的划分不是固定不变的，须根据猪场的性质、规模，以提高生产力水平为前提加以确定。

实战演习　某猪场欲饲养600头基础母猪，请规划猪场的猪舍设置和猪群周转流程。

步骤如下。

1. 确定繁殖节律

繁殖节律以7d为宜。

2. 确定主要工艺参数

应根据种猪群的遗传基础、生产力水平、技术水平、经营管理水平、物质保障条件、已有的历年生产记录和各项信息资料等，实事求是地确定各参数（表1-8）。

3. 计算猪群结构

（1）公猪群组成

公猪数：600×1/25＝24（头）

表 1-8　600 头基础母猪场工艺参数

项　目	参　数	项　目	参　数
妊娠期	114d	生长期、肥育期	56d、49d
哺乳期	28d(21d)	生长期、肥育期成活率	98%、99%
断奶至受胎	14d	空栏消毒期	7d
受胎率	85%	公、母比例	1：25
分娩率	90%	公、母猪年更新率	33%、30%
窝产活仔数	10 头	繁殖节律	7d
哺乳期成活率	90%	提前进产房天数	7d
保育期	35d(42d)	确定妊娠天数	21d
保育期成活率	95%	后备母猪饲养日	35d
繁殖周期	156d	周产窝数	27 窝
年产胎次	2.34 胎	日产窝数	3.86 窝
年总产窝数	1404 窝	窝上市商品猪数	8.38 头

后备公猪数：$24×1/3=8$（头）

（2）母猪群组成

计算方法：基础母猪数×年产胎次×饲养日/365

空怀母猪：$600×2.34×(14+21)/365=135$(头)

妊娠母猪：$600×2.34×86/365=331$(头)

泌乳母猪：$600×2.34×(7+28)/365=135$(头)

后备母猪：$600×30\%×35/365=18$(头)

（3）仔猪群组成

计算方法：日产仔头数×成活率×饲养日

哺乳仔猪：$3.86×10×28=1081$（头）

保育仔猪：$3.86×10×0.9×35=1216$（头）

（4）生长肥育猪群组成

计算方法：日产仔头数×成活率×饲养日

生长猪：$3.86×10×0.9×0.95×56=1848$（头）

肥育猪：$3.86×10×0.9×0.95×0.98×49=1585$（头）

4. 计算占栏头数和圈栏数

要考虑猪群周转时进行空栏消毒、维修而确定的虚拟存栏数。

计算方法：占栏头数＝存栏猪数×（饲养日＋消毒维修日）/饲养日

（1）母猪圈栏数

空怀母猪：占栏头数$=135×(35+7)/35=162$，每栏养 4 头猪，则需 $162/4=41$ 个圈栏；

妊娠母猪：占栏头数$=331×(86+7)/86=358$，每栏养 4 头猪，则需 $358/4=90$ 个圈栏；

泌乳母猪：占栏头数$=135×(35+7)/35=162$，需 162 个产床；

后备母猪：占栏头数$=18×(7+35)/35=22$，每栏养 4 头猪，则需 $22/4=6$ 个圈栏。

（2）公猪　种公猪加后备公猪共 25 头，需 25 个单体栏。

（3）保育、生长、育肥猪

保育猪：占栏头数$=1216×(35+7)/35=1460$，原窝保育，需 162 个保育床；

生长猪：占栏头数＝1848×(56+7)/56＝2079，原窝生长，平均每窝成活保育猪 8.6 头 (10×0.9×0.95)，则需 2079/8.6＝242 个圈栏；

育肥猪：占栏头数＝1585×(49+7)/49＝1812，原窝育肥，平均每窝成活生长猪 8.4 头 (8.6×0.98)，则需 1812/8.4＝216 个圈栏。

综上，600 头基础母猪场猪群组成及猪舍和圈栏设置如表 1-9 所示，猪群周转流程如图 1-18 所示。

表 1-9　600 头基础母猪场猪群组成及猪舍和圈栏设置

猪群及猪舍	存栏头数/头	占栏头数/头	每栏头数/头	所需圈栏/个	单元数/个	每单元圈数/个
空怀母猪舍						
空怀母猪	135	162	4	41	6	9～10
后备母猪	18	22	4	6	6	9～10
公猪舍						
种公猪	24	24	1	24	—	—
后备公猪	1	1	1	1	—	—
妊娠母猪舍	331	358	1	358	12	30
产房	135	169	1	162	6	28
保育猪舍	1216	1460	原窝 9	162	6	28
生长猪舍	1848	2079	原窝 8.6	242	9	28
育肥猪舍	1585	1812	原窝 8.4	216	8	27
总计	5293	—		1212	—	—

图 1-18　600 头基础母猪场猪舍设置和猪群周转流程

同理，我们可以设计出 300 头及 1 万头基础母猪场的猪舍设置和猪群周转流程（图 1-19、图 1-20）。

图 1-19　300 头基础母猪场猪舍设置和猪群周转流程

图 1-20　1 万头基础母猪场猪舍设置和猪群周转流程

（二）鸡场生产工艺流程

在现代化养鸡场中首先要确定饲养模式，通常商品蛋鸡的饲养周期分育雏、育成和成年鸡三个阶段，即 0～6 周龄为育雏期，7～19 周龄为育成期，20～74 周龄为产蛋期。商品肉鸡场由于肉鸡上市时间在 6～8 周龄，一般采用地面或网上平养。各种鸡场的生产工艺流程如图 1-21 所示。

图 1-21　各种鸡场的生产工艺流程

由图 1-21 可以看出，工艺流程确定之后，需要建什么样的鸡舍也就随之确定下来了。例如，图中凡标明日龄的就是要建立的相应鸡舍，如种鸡场，要建育雏舍，该舍饲养 1～49日龄鸡雏；要建育成舍，该舍接受由育雏舍转来的 50 日龄雏鸡，从 50～154 日龄在育成舍饲养；还需建种鸡舍，饲养从 155～490 日龄的种鸡。

（三）牛场生产工艺流程

奶牛生产工艺流程中，将牛的一生划分为犊牛期（0～6 月龄）、青年牛期（7～15 月龄）、后备牛期（16 月龄至第 1 胎产犊前）及成年牛期（第 1 胎至淘汰）。成年牛期又可根据繁殖阶段进一步划分为妊娠期、泌乳期、干乳期。其牛群结构包括犊牛、生长牛、后备牛、成年母牛。整个生产基本按如下工艺流程进行：初生犊牛(2～6 月龄断奶)→1.5 岁左右性成熟→2～3 岁体成熟(18～24 月龄第 1 次配种或采精)→妊娠(10 个月)→第 1 次分娩、泌乳→分娩后 2 个月，发情、第 2 次配种→分娩前 2 个月干奶→第 2 次分娩、泌乳→……→

淘汰。

肉牛生产工艺一般按初生犊牛（2～6月龄断奶）→幼牛→生长牛（架子牛）→育肥牛→上市进行划分。8～10月龄时，须对公牛进行去势。

（四）畜群结构和畜群周转

任何一个畜牧场，在明确了生产性质、规模、生产工艺以及相应的各种参数后，即可确定各类畜群及其饲养天数，将畜群划分成若干阶段，然后对每个阶段的存栏数量进行计算，确定畜群结构组成。然后根据畜禽组成以及各类畜禽之间的功能关系，可制定出相应的生产计划和周转流程。为更形象地表达畜群组成和周转过程，可按照规定的工艺流程和繁殖节律，结合场地情况、管理定额、设备规格等，确定畜舍种类和数量，并绘制成周转流程。

一个10万只笼位的商品蛋鸡场，每隔1.5个月淘汰1批蛋鸡。假定育雏、育成、成鸡的饲养天数加消毒天数分别为52d、104d、416d，则饲养一批成鸡所占用成鸡舍的时间恰好是育雏鸡舍饲养8批育雏鸡、育成鸡舍饲养4批育成鸡的时间。因此，可设8栋成鸡舍、2栋育成舍、1栋育雏鸡舍（图1-22）。

图1-22　10万只商品蛋鸡场鸡群组成和周转流程

➤ 工作页

子任务1-2　确定畜牧场生产工艺流程资讯单　见《学生实践技能训练工作手册》。

子任务1-2　确定畜牧场生产工艺流程记录单　见《学生实践技能训练工作手册》。

子任务1-2　确定畜牧场生产工艺流程考核单　见《学生实践技能训练工作手册》。

❖ 子任务1-3　选择畜牧场场址

➤ 任务要求

1. 李某想建设一个年饲养20万只商品蛋鸡的综合养鸡场，请根据鸡群组成情况确定鸡舍栋数后，估计整个养鸡场的占地面积。并结合自己家乡的自然条件和社会环境条件，选出适合该鸡场的场址。

2. 王某想建设一个年上市8000头肉猪的综合性商品猪场，请你根据猪群组成和周转情况确定猪舍栋数后，估计整个猪场占地面积，并选出适合该猪场的场址。

> **参考流程**

> **资讯**

安全的防疫卫生条件和减少对周围环境的污染是现代集约化畜牧场规划建设与生产经营面临的最严峻的问题，同时现代化的畜牧生产必须考虑占地规模、场区内外环境、市场与交通运输条件、生产与饲养管理水平等因素。场址选择不当，不但可能导致整个畜牧场在运营过程中得不到理想的经济效益，还有可能因为对周围的大气、水、土壤等环境的污染而遭到周边企业或居民的反对，甚至被诉诸法律。因此场址选择是畜牧场建设必须面对的首要问题，无论是新建畜牧场，还是在现有设施的基础上进行改建或扩建，选址时必须综合考虑自然环境、社会经济状况、畜群的生理和行为需求、卫生防疫条件、生产流通及组织管理等各种因素，科学和因地制宜地处理好各种关系。

一、自然条件

（一）地形、地势

1. 地形

地形指场地形状、大小和地物（场地上的房屋、树木、河流、沟坎等）情况。

作为牧场场地，要求地形整齐、开阔、有足够的面积。地形整齐便于合理布置牧场建筑和各种设施，并有利于充分利用场地。地形狭长影响建筑物合理布局，拉长了生产作业线，并给场内运输和管理造成不便。地形不规则或边角太多，使建筑物布局凌乱，增加生产组织和卫生防疫的困难，且边角部分无法利用。

2. 地势

地势指场地的高低起伏状况。畜牧场的场地应选在地势较高、干燥平坦、排水良好和向阳背风的地方。

平原地区一般场地比较平坦、开阔，场地应注意选择在较周围地段稍高的地方，以利排水。地下水位要低，距地表 2m 以上。

靠近河流、湖泊的地区，场地要选择在较高的地方，应比当地水文资料中最高水位高 1～2m，以防涨水时受水淹没。

山区建场应选择在稍平缓的坡上，坡面向阳，总坡度不超过 25%，建筑区坡度应在 2.5% 以内。坡度过大，不但在施工中需要大量填挖土方，增加工程投资，而且在建成投产后也会给场内运输和管理工作造成不便。山区建场还要注意地质构造情况，避开断层、滑坡、塌方的地段，也要避开坡底和谷地以及风口，以免受山洪和暴风雪的袭击。

（二）水源

畜牧场家畜需要大量的水，水质好坏直接影响畜牧场人、畜健康及畜产品质量。因此，必须有一个可靠的水源。

畜牧场的水源要求水量充足，满足场内各项用水。要了解水源水量情况，如地面水（河流、湖泊）的流量，汛期水位，地下水的初见水位和最高水位，含水层的层次、厚度和流向。了解水源水量状况是为了便于计算拟建场地地段范围内的水资源的供水能力能否满足畜牧场生产、生活、消防用水的要求，在干燥或冻结期也要满足场内全部用水需要。在仅有地下水源的地区建场，第一步应先打一眼井，如果打井时出现任何意外，如流速慢、泥沙或水质问题，最好是另选场址，这样可减少损失。对畜牧场而言，建立自己的水源，确保供水是十分必要的。

畜牧场的水源要求水质良好，应符合生活用饮用水水质标准，要便于防护，不易受污染，应取用方便，处理技术简单易行。了解水质情况时需了解酸碱度、硬度、透明度、有无污染源和有害化学物质等。并应提取水样做水质的物理、化学、细菌学、毒理学等方面的化验分析。水质要清洁，不含细菌、寄生虫卵及矿物毒物。国家农业部在 NY 5027—2008《无公害食品　畜禽饮用水水质》、NY 5028—2008《无公害食品　畜禽产品加工用水水质》中明确规定了无公害畜牧生产中的水质要求。水源不符合饮用水卫生标准时，必须经净化消毒处理，达到标准后方能饮用。

（三）土壤地质

适合于建立畜牧场的土壤，应该是透气透水性强、毛细管作用弱、吸湿性和导热性小、质地均匀、抗压性强的土壤。在砂土、黏土和砂壤土三种类型的土壤中，以砂壤土最为理想。

1. 黏土类

黏土透气性和透水性不良，吸湿性大，毛细管作用强，降水后易潮湿、泥泞，受粪尿等有机物污染以后，往往在厌氧条件下进行分解，产生氨和硫化氢等有害气体，使场区空气受到污染。此外，土壤中的污染物还易于通过土壤孔隙或毛细管被带到浅层地下水中，或被降水冲刷到地面水源里，从而使水源受到污染。

潮湿的土壤是微生物得以存生的条件，也是病原微生物、寄生虫卵以及蝇蛆等存活和孳生的良好场所。吸湿性强、含水量大的土壤，因抗压性低，易使建筑物的基础变形，缩短建筑物的使用寿命，同时也会降低畜舍的保温隔热性能。

2. 砂土类

砂土及砂石土的透气、透水性好，易干燥，受有机物污染后自净能力强，场区空气卫生状况好，抗压能力一般较强，不易冻胀；但其热容量小，场区昼夜温差大。

3. 砂壤土

砂壤土由于砂粒和黏粒的比例比较适宜，兼具砂土和黏土的优点。既克服了砂土导热性强、热容量小的缺点，又弥补了黏土透气透水性差、吸湿性强的不足。砂壤土抗压性较好，膨胀性小，适于作畜舍地基。尽管砂壤土是建立畜牧场较为理想的土壤，但在一定地区内，由于客观条件的限制，选择最理想的土壤是不容易的。这就需要在畜舍的设计、施工、使用和其他日常管理上，设法弥补当地土壤缺陷。

对施工地段工程地质状况的了解，主要是收集工地附近的地质勘察资料，掌握地层的构造状况，如断层、陷落、塌方及地下泥沼地层。对土层土壤的了解也很重要，如土层土壤的承载力，是否是膨胀土或回填土。膨胀土遇水后膨胀，导致基础破坏，不能直接作为建筑物基础的受力层;回填土土质松紧不均,会造成建筑物基础的不均匀沉降,使建筑物倾斜或遭破坏。遇到这样的土层,需要做好加固处理,严重的、不便处理的或投资过大的则应放弃选用。此外,了解拟建地段附近土质情况,对施工用材也有意义,如砂层可以作为砂浆、垫层的骨料,可以就地取材节省投资。

二、社会条件

(一)城乡建设规划

目前及在今后很长的一段时间内,城乡建设呈现和保持迅猛的发展态势。因此,畜牧场选址应考虑城镇和乡村居民点的长远发展,不要在城镇建设发展方向上选址,以免造成频繁的搬迁和重建。在城镇郊区建场,距离大城市 20 公里,小城镇 10 公里。

(二)畜牧场与居民点的关系

畜牧场场址的选择,必须遵循社会公共卫生准则,使畜牧场不致成为周围社会的污染源,同时也应注意不受周围环境的污染。因此,畜牧场的位置应选择在居民点的下风处,地势低于居民点,但要离开居民点污水排出口,更不应选在化工厂、屠宰场、制药厂等容易造成环境污染企业的下风处或附近。畜牧场与居民点之间应保持适当的卫生间距,一般小场 200m 以上;鸡、兔和羊场 500m 以上;大型牛场 500m 以上;大型猪、鸡场 1500m 以上。与其他畜牧场之间也应有一定的卫生间距,一般牧场应不小于 150～300m(禽、兔等小家畜之间的距离宜大些),大型牧场之间应不小于 1000～1500m(图 1-23)。

图 1-23　畜牧场与居民点间及畜牧场之间卫生间距要求

(三)交通运输条件

畜牧场要求交通便利,特别是大型集约化的商品牧场,饲料、产品、粪污废弃物运输量很大,应保证交通方便。交通干线又往往是疫病传播的途径,因此选择场址时既要考虑交通方便,又要使牧场与交通干线保持适当的距离(图 1-24)。按照畜牧场建设标准,要求距离国道、省际公路 500m;距离省道、区际公路 300m;距一般道路 100m。畜牧场要修建专用道路与主要公路相连。

(四)畜牧场供电条件的选择

选择场址时,还应重视供电条件。特别是集约化程度较高的畜牧场,必须具备可靠的电力供应。因此,需了解供电源的位置,与畜牧场的距离,最大供电允许量,是否经常停电,

图 1-24　畜牧场场址与交通运输条件的关系

有无可能双路供电等。通常建设畜牧场要求有Ⅱ级供电电源。Ⅲ级以下电源供电时，则需自备发电机，以保证场内供电的稳定可靠。为了减少供电投资，应靠近输电线路，尽量缩短新线的铺设距离。

（五）土地征用需要

场址选择必须符合本地区农牧业生产发展总体规划、土地利用发展规划和城乡建设发展规划的用地要求；必须遵守十分珍惜和合理利用土地的原则，不得占用基本农田，尽量利用荒地和劣地建场。大型畜牧企业分期建设时，场址选择应一次完成，分期征地。近期工程应集中布置，征用土地满足本期工程所需面积（表 1-10）。确定场地面积应本着节约用地的原则。我国牧场建筑物一般采取密集型布置方式，建筑系数一般为 20%～35%。建筑系数是指畜牧场总建筑面积占场地面积的百分数。远期工程可预留用地，随建随征。征用土地可按场区总平面设计图计算实际占地面积。以下地区或地段的土地不宜征用：①规定的自然保护区、生活饮用水水源保护区、风景旅游区；②受洪水或山洪威胁及泥石流、滑坡等自然灾害多发地带；③自然环境污染严重的地区。

表 1-10　土地征用面积估算表

（引自：李如治. 家畜环境卫生学. 北京：中国农业出版社，2003）

场别	饲养规模	占地面积/(m²/头)	场别	饲养规模	占地面积/(m²/头)
奶牛场	100～400 头成乳牛	160～180	奶山羊场	200 只母羊	15～20
肉牛场	年出栏育肥牛 1 万头	16～20	种鸡场	1 万～5 万只种鸡	0.6～1.0
种猪场	200～600 头基础母猪	75～100	蛋鸡场	10 万～20 万只产蛋鸡	0.5～0.8
商品猪场	600～3000 头基础母猪	5～6	肉鸡场	年出栏肉鸡 100 万只	0.2～0.3
绵羊场	200～500 只母羊	10～15			

（六）畜牧场饲料供应条件的选择

饲料是畜牧生产的物质基础，饲料费一般可占饲养成本的 75% 左右。因此，选择场址时还应考虑饲料的就近供应，草食家畜的青饲料应尽量由当地供应，或本场计划出饲料地自行种植，以避免因大量粗饲料长途运输而提高成本。

（七）协调的周边环境

选择和利用树林或自然山丘作建筑背景，外加修整良好的草坪和车道，给人一种美化环境的感觉。在畜舍建筑周围嵌上一些碎石，既能接住屋顶流下的水（比建屋顶水槽更为经济和简便），又能防止啮齿类动物的侵入。

畜牧场的辅助设施，特别是蓄粪池，应尽可能远离周围住宅区，并要采取防范措施，建立良好的邻里关系。可能的话，利用树木等将其遮挡起来，建设安全护栏，防止儿童进入，并为蓄粪池配备永久性的盖罩。多风地区的夏秋季节，良好的通风有利于畜牧场及周围难闻气味的扩散，但也易对大气环境造成不良影响。应仔细核算粪便和污水的排放量，以准确计算粪便的储存能力，并在粪便最易向环境扩散的季节里，储存好所产生的所有粪便，防止深秋至来年春天因积雪、冻土或涝地使粪便发生流失和扩散。建场的同时，最好规划一个粪便综合处理利用厂，化害为益。

（八）其他社会条件的选择

场址选择还应考虑产品的就近销售，以缩短距离、降低成本和减少产品损耗。禁止在旅游区、病畜区建场。不同畜牧场，尤其是畜种可感染共患传染病的畜牧场，两场间必须保持安全距离。

➢ 工作页

子任务 1-3　选择畜牧场场址资讯单　见《学生实践技能训练工作手册》。
子任务 1-3　选择畜牧场场址记录单　见《学生实践技能训练工作手册》。
子任务 1-3　选择畜牧场场址考核单　见《学生实践技能训练工作手册》。

❖ 学习目标

- 能对畜牧场进行分区。
- 能绘制建筑物布局平面图。
- 能绘制畜牧场总平面图并利用沙盘模型或仿真软件进行畜牧场的仿真设计。

❖ 任务说明

■ 任务概述

根据当地自然社会情况及拟建畜牧场的性质与规模，结合初选场址条件，进行畜牧场分区规划和布局，绘制畜牧场总平面图并利用沙盘模型或仿真软件进行畜牧场仿真设计。

■ 任务载体

畜牧场规划与设计仿真实验室沙盘模型，畜牧场规划与设计仿真软件，设计图。

■ 技术流程

分区规划 ➡ 建筑物布局 ➡ 总平面图绘制 ➡ 仿真设计

■ 任务开展的依据

子　任　务	工作依据及资讯	资讯单	记录单	考核单
2-1 畜牧场规划布局	畜牧场功能分区,畜牧场平面布局要求,畜牧场建筑设施布局方式方法	2-1	2-1	2-1
2-2 畜牧场总平面图绘制	平面图种类及绘制方法	2-2	2-2	2-2
2-3 畜牧场仿真设计	仿真模型与仿真软件使用方法	2-3	2-3	2-3

❖ 学习建议

- 案例教学,仿真模拟操作,反复练习,小组确定最后方案。

❖ 子任务 2-1　畜牧场规划布局

➤ 任务要求

1. 有一养鸡场,经调查成年鸡舍和育成鸡舍相邻且鸡舍间距为 3m,请分析该舍间距是否合理。如果该场新建孵化室，规划其位置应该考虑哪些因素？

2. 绘制出年上市 8000 头肉猪的综合性商品猪场的布局示意图。

➤ 参考流程

规划畜牧场功能区 ➡ 合理布局建筑物 ➡ 设置公共卫生设施

➤ 资讯

一、畜牧场功能区的分区规划

畜牧场场地规划是指将畜牧场内划分成几个区，合理安排其相互间的关系。规划畜牧场的目的在于合理利用场地，便于卫生防疫、便于组织生产、提高劳动生产率。

畜牧场的功能分区是指将功能相同或相似的建筑物集中在场地的一定范围内。畜牧场的功能分区是否合理，各区建筑物布局是否恰当，不仅影响基建投资、经营管理、组织生产、劳动生产率和经济效益，而且影响场区的环境状况和防疫卫生。因此，认真做好畜牧场的分区规划，确定场区各种建筑物的合理布局，十分重要。

（一）分区规划应遵循的原则

① 在体现建场方针、任务的前提下，做到节约用地。

② 应全面考虑家畜粪尿、污水的处理利用。

③ 合理利用地形地物，有效利用原有道路、供水线路、供电线路及原有建筑物等，以减少投资，降低成本。

④ 为场区今后的发展留有余地。

（二）畜牧场建筑设施组成

畜牧场建筑与设施因家畜不同而异，大体归纳成表 2-1～表 2-3。

表 2-1　鸡场建筑设施

鸡场分类	生产建筑设施	辅助生产建筑设施	生活管理建筑设施
种鸡场	育雏舍、育成舍、种鸡舍、孵化厅	消毒门廊、消毒沐浴室、兽医化验室、急宰间和焚烧间、饲料加工间、饲料库、蛋库、汽车库、修理间、变配电室、发电机房、水塔、蓄水池和压力罐、水泵房、物料库、污水及粪便处理设施	办公用房、食堂、宿舍、文化娱乐用房、围墙、大门、门卫、厕所、场区其他工程
蛋鸡场	育雏舍、育成舍、蛋鸡舍		
肉鸡场	育雏舍、肉鸡舍		

表 2-2　猪场建筑设施

生产建筑设施	辅助生产建筑设施	生活与管理建筑设施
配种、妊娠舍，分娩哺乳舍，仔猪培育舍，育肥猪舍，病猪隔离舍，病死猪无害化处理设施，装卸猪台	消毒沐浴室、兽医化验室、急宰间和焚烧间、饲料加工间、饲料库、汽车库、修理间、变配电室、发电机房、水塔、蓄水池和压力罐、水泵房、物料库、污水及粪便处理设施	办公用房、食堂、宿舍、文化娱乐用房、围墙、大门、门卫、厕所、场区其他工程

表 2-3　牛场建筑设施

牛场分类	生产建筑设施	辅助生产建筑设施	生活与管理建筑设施
奶牛场	成乳牛舍、青年牛舍、育成牛舍、犊牛舍或犊牛岛、产房、挤奶厅	消毒沐浴室、兽医化验室、急宰间和焚烧间、饲料加工间、饲料库、青贮窖、干草房、汽车库、修理间、变配电室、发电机房、水塔、蓄水池和压力罐、水泵房、物料库、污水及粪便处理设施	办公用房、食堂、宿舍、文化娱乐用房、围墙、大门、门卫、厕所、场区其他工程
肉牛场	母牛舍、后备牛舍、育肥牛舍、犊牛舍		

（三）畜牧场功能分区

根据生产功能，畜牧场通常分为生产区、辅助生产区、生活管理区和隔离区。

1. 生产区

生产区主要布置不同类型的畜禽舍及蛋库、孵化厅、挤奶厅、乳品处理间、羊剪毛间、家畜采精室、人工授精室、家畜装车台、销售展示厅等建筑，是畜禽场的核心。规模较小的畜牧场，可根据不同畜群的特点，统一安排各种畜舍。大型的畜牧场，则可划分为种畜、幼畜、育成畜、商品畜等小区，以方便管理和有利于防疫。孵化厅是一个主要的污染源，而挤奶厅需要洁净，因此这两类建筑也应与畜禽舍保持一定距离或有明显分区。

以鸡场为例，鸡舍的布局根据主风向应当按下列顺序配置，即孵化室、幼雏舍、中雏舍、后备鸡舍、成鸡舍。即孵化室在上风向，成鸡舍在下风向，这样能使雏鸡舍得到新鲜空气，从而减少发病机会，同时，也能避免由成鸡舍排出的污浊空气造成疫病传播。

不同畜群间，彼此应有较大的卫生间距。有些场可达200m之远。

2. 辅助生产区

辅助生产区主要由饲料库、饲料加工车间和供水、供电、供热、维修、仓库等建筑设施组成。

3. 生活管理区

畜牧场生活管理区主要包括办公室、接待室、会议室、技术资料室、化验室、食堂餐厅、职工值班宿舍、厕所、传达室、警卫值班室、围墙和大门，以及外来人员第一次更衣消毒室和车辆消毒设施等办公管理用房和生活用房（图2-1）。有家属宿舍时，应单设生活区。

图2-1　管理区基本组成

4. 隔离区

隔离区应设在场区的最下风向和地势最低处，并与畜舍保持300m以上的卫生间距。隔离区包括兽医诊疗室、病畜隔离舍、尸体解剖室、病尸高压灭菌或焚烧处理设备及粪便和污水储存与处理设施。

该区应尽可能与外界隔绝，四周应有隔离屏障，如防疫沟、围墙、栅栏或浓密的乔灌木混合林带，并设单独的通道和出入口。处理病死家畜的尸坑或焚尸炉更应严密隔离。此外，在规划时还应考虑严格控制该区的污水和废弃物，防止防疫蔓延和污染环境。

二、畜牧场平面总体布局

进行畜牧场平面总体布局时，首先应考虑人的工作条件和生活环境，其次是保证畜（禽）群不受污染源的影响。

生活管理区和辅助生产区应位于场区常年主导风向的上风处和地势较高处，隔离区位于场区常年主导风向的下风处和地势较低处（图2-2）。地势与主导风向不是同一个方向，而按防疫要求又不好处理时，则应以风向为主，地势的矛盾可以通过挖沟设障等工程设施和利用偏角（与主导风向垂直的两个偏角）等措施来解决。

生产区与生活管理区、辅助生产区之间应设置围墙或树篱严格分开，在生产区入口处设置第二次更衣消毒室和车辆消毒设施。这些设施一端的出入口开在生活管理区内，另一端的出入口开在生产区内。生产区内与场外运输、物品交流较为频繁的有关设施，如蛋库、孵化厅出雏间、挤奶厅乳品处理间、羊的剪毛间、家畜采精室、人工授精室、家畜装车台、销售展示厅等，必须布置在靠近场外道路的地方。

任务2　畜牧场总平面规划

图 2-2　按地势、风向的分区规划图

辅助生产区的设施要紧靠生产区布置。对于饲料仓库，则要求卸料口开在辅助生产区内，取料口开在生产区内，杜绝外来车辆进入生产区，保证生产区内外运料车互不交叉使用。青贮、干草、块根等多汁饲料及垫草等大宗物料的储存场地，应按照储用合一的原则，布置在靠近畜禽舍的边缘地带，并且要求储存场地排水良好，便于机械化装卸、粉碎加工和运输。干草常堆于最大风向的下风处，与周围建筑物的距离符合国家现行的防火规范要求。

生活管理区应在靠近场区大门内侧集中布置。

隔离区与生产区之间应设置适当的卫生间距和绿化隔离带。区内的粪污处理设施也应与其他设施保持适当的卫生间距，与生产区有专用道路相连，与场区外有专用大门和道路相通。

三、畜牧场建筑设施布局

畜牧场建筑设施的规划布局，就是合理设计各种房舍建筑物及设施的排列方式和次序，确定每栋建筑物和每种设施的位置、朝向和相互之间的间距。布局合理与否，不仅关系到牧场生产联系和管理工作、劳动强度和生产效率，也关系到场区和畜舍小气候以及卫生防疫、防火等。

（一）根据生产环节确定建筑物之间的最佳生产联系

1. 建筑物的排列

畜牧场建筑物一般横向成排（东西），竖向成列（南北）。排列的合理与否，关系到场区小气候、畜舍的光照、通风、道路和管线铺设的长短、场地的利用率等。应根据当地气候、场地地形、地势、建筑物种类和数量，尽量做到合理、整齐、紧凑、美观。

畜牧场畜舍布置主要有单列式、双列式和多列式等形式（图 2-3）。

图 2-3　单列布置式鸡舍、双列布置式畜禽舍、多列布置式畜禽舍

（1）单列式　单列式布置使场区的净污道路分工明确，但道路和工程管线线路过长。适用于小规模和场地狭长的畜牧场。

（2）双列式　双列式布置是各种畜牧场最经济实用的布置方式，其优点是既能保证场区净污道路分工明确，又能缩短道路和工程管线的长度。

（3）多列式　多列式布置在一些大型畜牧场使用，但应避免因线路交叉而引起互相污染。

如果场地允许，应尽量避免将生产区建筑物布置成横向狭长或竖向狭长，因为狭长形布置势必造成饲料、粪污运输距离加大，管理和工作联系不便，道路、管线加长，建筑物投资增加，如将生产区按方形或近似方形布置，则可避免上述缺点。因此，要根据场地形状、畜舍的数量和每栋畜舍的长度酌情布置为单列（图2-4）、双列或多列式（图2-5）。

图 2-4　单列式牛舍

图 2-5　多列式牛舍

2. 建筑物的位置

（1）功能关系　功能关系是指房舍建筑物及设施之间，在畜牧生产中的相互关系。畜牧生产过程由许多生产环节组成，这些生产环节在不同的建筑物中进行。畜牧场建筑物的布局应按彼此间的功能联系统筹安排，将联系密切的建筑物和设施相互靠近安置，以便生产，否则将影响生产的顺利进行，甚至造成无法克服的后果。例如，商品猪场的工艺流程是：种猪配种→妊娠→分娩哺乳→育肥→上市，因此，应将种公猪舍、空怀母猪舍、产房、断奶仔猪舍、肥猪舍、装猪台等建筑物和设施，按顺序靠近安排。饲料库、储粪场等与每栋猪舍都发生联系，应尽量使其至各栋猪舍的线路最短，距离相差不大，净道（运送饲料）与污道（运送粪污）分开布置，互不交叉。又如，商品鸡场工艺流程是：孵化→育雏→育成→产蛋→淘汰，鸡蛋由鸡舍到蛋库，再到运输车。

（2）卫生防疫　为便于卫生防疫，场地地势与当地主风向恰好一致时较易安排，管理区和生产区内的建筑物在上风口和地势高处，病畜管理区内的建筑物在下风口和地势低处。这种情况并不多见，往往出现地势高处正是下风向的情况，此时，可利用与主风向垂直的对角线上的两"安全角"，来安置防疫要求较高的建筑。例如，主风向为西北而地势南高北低时，场地的西南角和东北角均为安全角。养禽场的孵化室和育雏舍，对卫生防疫要求较高，因为孵化箱的温湿度较高，是微生物的最佳培养环境，且孵化室排出的绒毛蛋壳、死雏常污染周围环境。因此，对于孵化室的位置应主要考虑防疫，不能强调其与种鸡、育雏的功能关系。大型养禽场最好单设孵化场，小型养禽场也应将孵化室安置在防疫较好又不污染全场的地方，并设围墙或隔离绿化带。

（二）为减轻劳动强度、提高劳动效率创造条件

为减轻劳动强度、提高劳动效率创造条件，应当在遵守兽医卫生和防火要求的基础上，按建筑物之间的功能联系，尽量使建筑物配置紧凑，以保证最短的运输、供电和供水线路，并为实现生产过程机械化、减少基建投资、管理费用和生产成本创造条件。例如，饲料库、

青贮建筑物、饲料加工调制间等，不仅可以集中一地，且相距各畜舍的总距离应最小或靠近消耗饲料最多的畜舍。畜舍应与饲料调制间保持最近的联系，当畜舍呈两行布局时，应位于两行畜舍端墙间的运料主干线上。贮粪场的设置在遵守兽医卫生要求的前提下，当畜舍呈一行布局时，可只设一个，位于与饲料调制间相反的一侧；当畜舍呈两行布局时，应设两个，分别位于畜舍远端一侧，应靠近各行畜舍中部，以保证最短的运输距离，并避免与饲料道交叉。

（三）畜舍朝向选择

畜舍朝向的选择与当地的地理纬度、地段环境、局部气候特征及建筑用地条件等因素有关。适宜的朝向一方面可以合理地利用太阳辐射能，避免夏季过多的热量进入舍内，而冬季则最大限度地允许太阳辐射能进入舍内提高舍温；另一方面，可以合理利用主风向，改善通风条件，以获得良好的畜舍环境。

1. 朝向与光照

光照是促进家畜正常生长、发育、繁殖等不可缺少的环境因子。自然光照的合理利用，不仅可以改善舍内光温条件，还可起到很好的杀菌作用，利于舍内小气候环境的净化。我国地处北纬 20°～50°之间，太阳高度角冬季小、夏季大，为确保冬季舍内获得较多的太阳辐射热，防止夏季太阳过分照射，畜舍采用东西走向或南偏东或西 15°左右朝向较为合适。

2. 朝向与通风及冷风渗透

畜禽舍布置与场区所处地区的主导风向关系密切，主导风向直接影响冬季畜禽舍的热量损耗和夏季畜禽舍的舍内和场区的通风，特别是在采用自然通风系统时。如果畜舍纵墙与冬季主风向垂直，则通过门窗缝隙和孔洞进入舍内的冷风量（冷风渗透量）很大，对保温不利；如纵墙与冬季主风向平行或形成 0°～45°角，则冷风渗透量大为减少，有利于保温。如果畜舍纵墙与夏季主风向垂直，则舍内通风不均匀，窗间墙造成的涡风区较大；如果纵墙与主风向形成 30°～45°角，则涡风区减小，通风均匀，有利于防暑，排除污浊空气效果也好。因此，畜禽舍朝向要求综合考虑当地的气象、地形等特点，抓住主要矛盾，兼顾次要矛盾和其他因素来合理确定（图 2-6、图 2-7）。

(a) 主风向与畜舍长轴垂直，舍内涡风区大　　　　(b) 主风向与畜舍长轴呈 30°～45°角，舍内窝风区小

图 2-6　畜舍朝向与夏季舍内通风效果的关系

（引自：李震钟. 家畜环境卫生学附牧场设计. 北京：中国农业出版社，1994）

(a) 主风向与纵墙垂直，冷风渗透量大　　　　(b) 主风向与纵墙成 0°～45°角，冷风渗透量小

图 2-7　畜舍朝向与冬季冷风渗透量的关系

（引自：李震钟. 家畜环境卫生学附牧场设计. 北京：中国农业出版社，1994）

全国部分地区适宜建筑朝向可参考附录四。

（四）畜舍间距的确定

具有一定规模的畜牧场，除个别采用连栋形式的畜舍外，生产区内都有一定数量不同用途的畜舍。排列时畜舍与畜舍之间均有一定的距离要求。若距离过大，则会造成占地太多、浪费土地，而且会增加道路、管线等基础设施的长度，增加投资，管理也不方便。但若距离过小，会加大各舍间的干扰，对畜舍采光、通风防疫、防火等不利。适宜的畜舍间距应根据采光、通风、防火和防疫几点综合考虑。

在我国采光间距 L 应根据当地的纬度、日照要求以及畜舍檐口高度 H 求得，采光间距一般以 $L=(1.5\sim2)H$ 计算即可满足要求。纬度高的地区，系数取大值。

畜禽舍经常排放有害气体，这些气体会随着通风气流影响相邻畜禽舍。通风与防疫间距要求一般取 $(3\sim5)H$（图 2-8），可避免前栋排出的有害气体对后栋的影响，减少互相感染的机会。

图 2-8　风向垂直于纵墙时畜舍高度与涡风区的关系
（引自：冯春霞. 家畜环境卫生. 北京：中国农业出版社，2001）

为防止火势蔓延，畜舍与畜舍之间需保持的最短距离，称为防火间距。防火间距要求设有专门针对农业建筑的防火规范，但现代畜禽舍的建筑大多采用砖混结构、钢筋混凝土结构和新型建材围护结构，其耐火等级在二级至三级，所以可参照民用建筑的标准设置。一般规定防火间距为 $15\sim20$m。

为保证防疫安全，畜舍与畜舍之间需保持的最短距离称为防疫卫生间距，各种畜舍的防疫卫生间距为 $30\sim50$m。畜禽舍的间距主要由防疫间距来决定。间距的设计可按表 2-4、表2-5 参考选用。

表 2-4　鸡舍防疫间距　　　　　　　　　　　　　　　　　　　m

类　　别		同类鸡舍	不同类鸡舍	距孵化场
祖代鸡场	种鸡舍	30～40	40～50	100
	育雏、育成舍	20～30	40～50	50 以上
父母代鸡场	种鸡舍	15～20	30～40	100
	育雏、育成舍	15～20	30～40	50 以上
商品场	蛋鸡舍	10～15	15～20	300 以上
	肉鸡舍	10～15	15～20	300 以上

表 2-5　猪、牛舍防疫间距　　　　　　　　　　　　　　　　　m

类别	同类畜舍	不同类畜舍
猪场	10～15	15～20
牛场	12～15	15～20

随着畜牧生产集约化程度的提高，由于采用全封闭畜舍、人工控制环境，加上地价不断上涨，大型畜牧场的畜舍卫生间距大大缩小，但畜舍合理的卫生间距应不小于 20m。

四、畜牧场的公共卫生设施

（一）防护设施

为保证畜牧场防疫安全，避免一切可能的污染和干扰，畜牧场四周应建较高的围墙或较深的防疫沟，以防止场外人员及其他动物进入场区。

在场内各区域间，也可设较小的防疫沟或围墙，或种植隔离林带。不同年龄的畜群，最好不要集中在一个区域内，并应使它们之间留有足够的卫生防疫距离（100~200m）。

在畜牧场大门及各区域入口处，应设消毒设施，如车辆消毒池、人的脚踏消毒槽或喷雾消毒室、更衣换鞋间等。车辆消毒池池深0.3~0.5m；宽度根据进出车辆的宽度确定，一般为3~5m；长度为可使车辆轮子在池内的药液内滚过至少一周，通常5~9m。池边应高出消毒液0.05~0.1m。消毒池的上方最好建顶棚。北方冬季应有防冻措施。通常用2%~3%的氢氧化钠或5%的甲酚皂溶液，3~4天换一次。更衣换鞋间装设紫外线灭菌灯，应强调照射时间（3~5min）。

畜牧场大门的大小、形式取决于人流、物流的需求，设计时应力求适用、经济、大方。大门的宽度一般是4~5m，应保证车辆进出和大门开启方便。为便于生产管理，可在大门旁边设置边门，或在大门上留人行小门。

（二）运动场

1. 运动场的位置

舍外运动场应选在背风向阳的地方，一般利用畜舍间距（图2-9），也可在畜舍两侧分别设置。如受地形限制，也可在场内比较开阔的地方单设运动场。

图2-9 畜舍间距运动场　　　　　　　图2-10 牛舍外运动场（带遮阳棚）

2. 运动场的面积及要求

运动场的面积，应能保证家畜自由活动，又要节约用地，一般家畜运动场的面积按每头家畜所占舍内平均面积的3~5倍计算，家畜的舍外运动场面积可参考下列数据：成年乳牛20m²/头，青年牛15m²/头，带仔母猪12~15m²/头，种公猪30m²/头，2~6月龄仔猪4~7m²/头，后备猪5m²/头，羊4m²/只。

3. 运动场地势

运动场要平坦，稍有坡度，便于排水和保持干燥。四周应该设围墙或围栏，其高度为：马1.6m，牛1.2m，羊1.1m，猪1.1m，鸡1.2m，各种公畜运动场的围栏高度，可再增加20~30cm，也可用电围栏。

在运动场的一侧应设遮阳棚或种植树木（图2-10），以遮挡夏季烈日。运动场围栏外应设排水沟。

（三）道路

畜牧场道路包括与外部交通道路联系的场外干道和场区内部道路。场外干道担负着全场货物和人员的运输任务，其路面最小宽度应能保证两辆中型运输车辆的顺利错车，约为6.0～7.0m。场内道路的功能不仅是运输，同时也具有卫生防疫作用，因此道路规划设计要满足分流与分工、联系简洁、路面质量、路面宽度、绿化防疫等要求。

1. 道路分类

按功能分为人员出入、运输饲料用的清洁道（净道）和运输粪污、病死畜禽的污物道（污道），有些场还设供畜禽转群和装车外运的专用通道。按道路担负的作用分为主要道路、次要道路和支道。

2. 道路设计标准

清洁道一般是场区的主干道，路面最小宽度要保证饲料运输车辆的通行，单车道宽度3.5m，双车道6.0m，宜用水泥混凝土路面，也可选用整齐石块或条石路面，路面横坡（路面横断方向的坡度，即高度与水平距离之比）为1.0%～1.5%，纵坡（路面纵向的坡度）为0.3%～8.0%。污道宽度3.0～3.5m，路面宜用水泥混凝土路面，也可用碎石、砾石、石灰渣土路面，但这类路面横坡为2.0%～4.0%，纵坡0.3%～8.0%。与畜舍、饲料库、产品库、兽医建筑物、贮粪场等连接的次要干道与支道，宽度一般为2.0～3.5m。

3. 道路规划设计要求

首先要求净污分开与分流明确，尽可能互不交叉，兽医建筑物须有单独的道路；其次要求路线简洁，以保证畜牧场各生产环节联系最方便；三是路面质量好，要求坚实、排水良好，以沙石路面和混凝土路面为佳，保证晴雨通车和防尘；四是道路的设置应不妨碍场内排水，路两侧也应有排水沟，并应植树；五是道路一般与建筑物长轴平行或垂直布置，在无出入口时，道路与建筑物外墙应保持1.5m的最小距离，有出入口时，则为3.0m（图2-11、图2-12）。

图2-11　畜牧场外道路　　　　　　　　图2-12　畜舍间道路

（四）给水与排水设施

1. 给水系统

给水系统由取水、净水、输配水三部分组成，包括水源、水处理设施与设备、输水管道、配水管道。大部分畜牧场的建设位置均远离城镇，不能利用城镇给水系统，所以都需要独立的水源，一般是自己打井和建设水泵房、水处理车间、水塔、输配水管道等。

畜牧场用水量主要包括生活用水、生产用水及消防和灌溉等其他用水。生活用水量因生活水平、卫生设备、季节与气候等而不同，一般可按每人每日40～60L计算。生产用水量包括畜禽饮用、饲料调制、畜体清洁、饲槽与用具刷洗、畜舍清扫等所消耗的水。各种畜禽需水量参见表 2-6、表 2-7。采用水冲清粪系统时清粪耗水量大，一般按生产用水 120％计算。其他用水包括消防、灌溉、不可预见等用水。消防用水可利用畜牧场内外的江河湖塘等水面，也可停止其他用水，保证消防。绿地灌溉用水可以利用经过处理后的污水，在管道计算时也可不考虑。不可预见用水包括给水系统损失、新建项目用水等，可按总用水量的 10％～15％考虑。

表 2-6　各种畜禽的每日需水量　　　　　　　　　　　　　　L/（d·头）

畜禽类别	需水量	畜禽类别	需水量	畜禽类别	需水量
泌乳牛	80～100	哺乳母猪	30～60	种公马	70
公牛及后备牛	40～60	断奶仔猪	5	1.5 岁以下马驹	45
犊牛	20～30	育成育肥猪	10～15	鸡、火鸡①	1
肉牛	45	成年绵羊	10	鸭、鹅①	1.25
公猪、空怀及妊娠母猪	20～30	羔羊	3	兔	3
		成年母马	45～60		

① 雏禽用水量减半。

表 2-7　放牧家畜需水量　　　　　　　　　　　　　　L/（d·头）

家畜种类	在场旁草地放牧	在草原上放牧	
		夏季	冬季
牛	30～60	30～60	25～35
羊	3～8	2.5～6	1～3
马	30～60	25～50	20～35
驼	60～80	50	40

畜牧场总用水量为上述用水量总和，但用水量并非是均衡的，在每个季度、每天的各个时间内都有变化。夏季用水量远比冬季多；上班后清洁畜舍与畜体时用水量骤增，夜间用水量很少。因此，为了充分地保证用水，在计算畜牧场用水量及设计给水设施时，必须按单位时间内最大用水量来计算。

畜牧场管网布置可以采用树枝状管网。干管布置方向应与给水的主要方向一致，以最短距离向用水量最大的畜禽舍供水；管线长度尽量短，减少造价；管线布置时充分利用地形，利用重力自流；管网尽量沿道路布置。

2. 排水系统

畜牧场排水系统由排水管网、污水处理站、出水口组成。

畜牧场排水包括雨（雪）水、生活污水、生产污水（畜禽粪污和清洗废水）。雨水量估算根据当地降雨强度、汇水面积、径流系数计算，具体参见城乡规划中的排水工程估算法。生活污水主要是来自职工的食堂和浴厕，其流量不大，一般不需计算，管道可采用最小管径 150～200mm。畜牧场最大的污水量是畜禽生产过程中的生产污水，生产污水量因饲养畜禽种类、饲养工艺与模式、生产管理水平、地区气候条件等差异而不同，其估算是以在不同饲养工艺模式下，单位规模的畜禽饲养量在一个生长生产周期内所产生的各种生产污水量为基础定额，乘以饲养规模和生产批数，再考虑地区气候因素加以调整。

畜牧场排水方式应采用雨污分流。粪污需要专门的设施、设备与工艺来处理与利用，投资大、负担重，因此应尽量减少粪污的产生与排放。在源头上主要采用干清粪等工艺，而在排放过程中应采用分流排放方式，即雨水和生产、生活污水分别采用两个独立系统。生产与生活污水采用暗埋管渠，将污水集中排到场区的粪污处理站；专设雨水排水管渠，不要将雨水排入需要专门处理的粪污系统中。

场内排水系统，多设置在各种道路的两旁及家畜运动场的周边。采用斜坡式排水管沟，以尽量减少污物积存及被人畜损坏。为了整个场区的环境卫生和防疫需要，生产污水一般应采用暗埋管沟排放。暗埋管沟排水系统如果超过 200m，中间应增设沉淀井，以免污物淤塞，影响排水。沉淀井不应设在运动场中或交通频繁的干道附近，沉淀井与供水水源之间至少应有 200m 以上的间距。暗埋管沟应埋在冻土层以下，以免因受冻而阻塞。雨水中也有些场地中的零星粪污，有条件的也宜采用暗埋管沟，如采用方形明沟，其最深处不应超过 30cm，沟底应有 1‰～2‰的坡度，上口宽 30～60cm。

（五）贮粪池的设置

贮粪池应设在生产区的下风向，与畜舍至少保持 100m 的卫生间距（有围墙及防护设施的，可缩小为 50m），并便于运往农田。

贮粪池一般深为 1m，宽 9～10m，长 30～50m。底部用黏土夯实或做成水泥池底。各种家畜所需贮粪池的面积，可参考下列数据：牛 $2.5m^2$/头，羊 $0.4m^2$/只，猪 $0.4m^2$/头。

（六）畜牧场的绿化

畜牧场植树、种草绿化，对改善场区小气候、防疫、防火具有重要意义，在进行场地规划时必须规划出绿化地，场区绿化率（指绿化占地面积与总占地面积的百分比）不低于 20%，其中包括防风林、隔离林、行道绿化、遮阳绿化、绿地等。

1. 防风林

防风林应设在冬季上风向，沿围墙种植。最好是落叶树和常绿树搭配，高矮树种搭配，植树密度可稍大些，乔木行株距约 2～3m，灌木绿篱行距约 1～2m，乔木应棋盘式种植，一般种植 3～5 行。

2. 隔离林

隔离林主要设在各场区之间及围墙内外，夏季上风向的隔离林，应选择树干高、树冠大的乔木，如杨树、柳树或榆树等，行株距应稍大些，一般植树 1～3 行。

3. 行道绿化

行道绿化指道路两旁和排水沟边的绿化，起到路面遮阳和排水沟护坡作用。路面两侧可种植柏、冬青及其他矮科树种，达到绿化、美化效果。

4. 遮阳绿化

遮阳绿化一般设于畜舍南侧和西侧，或设于运动场周围和中央，起到为畜舍墙、屋顶、门窗或运动场遮阳的作用。遮阳绿化一般应选择树干高而树冠大的落叶乔木，如杨树、槐、枫等树种，遮阳绿化也可以搭架种植藤蔓植物。

5. 场地绿化

场地绿化是指牧场内裸露地面的绿化，可植树、种花、种草，也可种植有饲用价值或经济价值的植物，如苜蓿、草坪、果树等。

五、总结

任何畜牧场的规划布局只能根据现场具体条件，遵循基本原则，因地制宜制定，不能生搬硬套现成的模式。总体要求：

① 凡功能相同的建筑物应尽量靠近，饲料库布置在消费饲料最多的畜舍附近。

② 供水、供电、供热设施应设在生产区中心。

③ 道路应取直线。

④ 畜舍应平行整齐排列，四栋以内时呈一行排列，超过四栋时呈两行排列配置。

⑤ 两行畜舍端墙之间应有 15m 的距离。

⑥ 贮粪场的设置在遵守兽医卫生要求的前提下，位于与饲料调制间相反的一侧。参考布局如图 2-13 所示。

图 2-13　畜牧场规划布局参考

➤ 工作页

子任务 2-1　畜牧场总平面规划资讯单　见《学生实践技能训练工作手册》。

子任务 2-1　畜牧场总平面规划记录单　见《学生实践技能训练工作手册》。

子任务 2-1　畜牧场总平面规划考核单　见《学生实践技能训练工作手册》。

❖ 子任务 2-2　畜牧场总平面图绘制

➤ 任务要求

1. 根据前面任务中设计出的年饲养 20 万商品蛋鸡场的具体布局情况，绘制出该场的总平面图。

2. 绘制出年上市 8000 头肉猪的综合性商品猪场的总平面图。

➤ 参考流程

➤ 资讯

一、建筑图纸种类和用途

（一）总平面图

总平面图表明一个工程的总体布局，主要表示原有和新建畜舍的位置、标高、道路布置、建筑物、地形、地貌等。作为新建畜舍定位、施工放线、土方施工等的依据。

总平面图的基本内容包括下列各项。

① 表明新建筑区的总体布局，如批准地号范围，各建筑物及构筑物的位置、道路、管网的布置等。

② 确定建筑物的平面位置。

③ 表明建筑物首层地面的绝对标高，室外地坪、道路的绝对标高，说明土方填挖情况、地面坡度及排水方向。

④ 用指北针表示房屋的朝向，用风向玫瑰图表示常年风向频率和速度。

⑤ 根据工程的需要，有时还有水暖电等管线总平面图、各种管线综合布置图、竖向设计图、道路纵剖面图以及绿化布置图等。

（二）平面图

畜舍建筑的平面图，就是一栋畜舍的水平剖视图，主要表示畜舍占地大小，内部的分割，房间的大小，走道、门、窗、台阶等局部位置和大小，墙的厚度等。一般施工放线、砌砖、安装门窗等都用平面图。基本内容包括以下几方面。

① 表明建筑物形状、内部的布置及朝向。

② 表明建筑物的尺寸和建筑地面标高。

③ 表明建筑物结构形式及主要建筑材料。

④ 表明门窗及其过梁的编号、门的开启方向。

⑤ 表明剖面图、详图和标准配件的位置及其编号。

⑥ 综合反映工艺、水、暖、电对土建的要求。

⑦ 表明舍内装修、做法，包括舍内地面、墙面、天棚等处的材料及做法。

⑧ 文字说明。

（三）立面图

立面图表示畜舍建筑物的外观形式、装修及使用材料等。一般有正、背、侧三种立面图。

（四）剖面图

剖面图主要表明建筑物内部在高度方面的情况，如房顶的坡度、房间的门窗各部分的高度，同时也可表示出建筑物所采用的形式。剖面图的剖面位置，一般选择建筑内部做法有代表性、空间变化比较复杂的位置。

在畜舍平面图中被切到部分的轮廓线一般用粗实线表示，而未被切到但可见的部分，其轮廓线用细实线表示。为了表明建筑物平面图或剖面图作切面的位置，一般在其另一张图纸上面有切面位置线，即表明剖面是由这里作切面而绘制的。

（五）详图

某些建筑物的主要构筑部分或细致结构，用上述各图不能明确表示出来者，需要另绘尺寸放大的各类详细图纸，使其清晰详明，便于施工，称为详图，也叫大样。

二、畜牧场总平面图的绘制

本技能是畜牧兽医专业学生必会的专项技能，学生应初步了解建筑图的基本知识，掌握养殖场建筑施工图审查的内容和方法，并能设计拟建牧场及畜舍的图纸。

（一）教学资源准备

仪器：纸、铅笔、橡皮、刀、绘图仪等。

牧场的总平面图、畜舍的平面图、立面图、剖面图。

畜牧场规模、饲养方式、饲养密度、畜舍的跨度要求等资料。

（二）建筑图制图标准

1. 图幅

图幅即图纸的大小。为便于装订、保管及合理使用，建筑图图幅的图框格式、尺寸大小都有统一规定，见图 2-14、表 2-8。

图 2-14　幅面及图框格式

(引自：刘继军，贾永全. 畜牧场规划设计. 北京：中国农业出版社，2008)

表 2-8　幅面及图框尺寸

(引自：刘继军，贾永全. 畜牧场规划设计. 北京：中国农业出版社，2008)　　　　　　　　mm

尺寸代号	幅 面 代 号				
	A_0	A_1	A_2	A_3	A_4
$b \times l$	841×1189	594×841	420×594	297×420	210×297
c	10			5	
a	25				

每张图纸右下角要绘出标题栏（表 2-9），标题栏宽度 180mm，高度 50mm。标题栏一方面可以说明工程名称和本张图纸的内容，便于图纸的查找，另一方面其签字栏也是为保证工程质量而规定的一种技术岗位责任制。图纸左上角要绘出会签栏，会签栏是各工程负责人签字用的表格，一般宽度 75mm，高度 20mm。

表 2-9　标题栏内容

制　图		设计单位名称			
设　计					
校　对		工程名称			
审　核					
专业负责人					
工程负责人		比例		设计阶段	
审　定		日期		图号	

2. 图线

为了表示不同的意思，并达到图形的主次分明，必须采用不同的线型和不同宽度的图线来表达。

图线线型可分为实线、虚线、点划线、折断线、波浪线等。前三种线型又分粗、中粗和细三种（实线有时还用到特粗线），后两种均为细线。

以粗实线的线宽为基本单位，用 b 表示。首先确定粗实线的宽度，再选定中实线和细实线的宽度，使它们构成一个线宽组。它们的线宽比可以为 $b：0.5b：0.35b$（$b：b/2：b/4$），

粗线的宽度 b 约为 0.35～1.0mm。通常在一个图样中所用的线宽不宜超过三种。

图线不同，其用途也不同。粗实线一般用于主可见轮廓线，被剖到部分的轮廓线，结构中的钢筋线，建筑物的外轮廓线、剖切位置线、图框线等。中实线一般用于可见轮廓线、剖面图中未被剖到但仍能看到而需要画出的轮廓线、尺寸标注线起止符号（45°短划线）等。细实线一般用于尺寸线、图例线、索引标志的圆圈、引出线、标高符号线等。中虚线一般用于不可见轮廓线、平面图中的高窗、顶棚布置图（天花图）中的门洞等。细虚线一般用于不可见轮廓线、图例线等。细点划线一般用于中心线、对称轴线、定位轴线等。折断线一般用于断开界线。

3. 制图比例

因建筑物形体很大，需按一定比例缩绘。制图比例可按表 2-10 选用。

表 2-10　制图比例

图　名	常　用　比　例
总平面图	1：500,1：1000,1：2000
平面图	1：50,1：100
立面图	1：100
剖面图	1：200
详图	1：1,1：2,1：5,1：10,1：20

4. 字体

建筑图的文字均应从左到右横向书写，所有字体的高度一般以不小于 4mm 为宜。所有字体必须书写端正，排列整齐，笔画清晰。中文书写应用仿宋字，数字用阿拉伯数字，字母用汉语拼音字母。

5. 指北针

在总平面图右上角绘制直径为 25mm 的圆，指北针的下端宽度为圆圈直径的 1/8。

（三）认知图纸方法

1. 确认图纸的名称

图纸的名称通常载于右下角的图标框中，根据注释可知该图属于何种类型及属于整套图中的哪一部分。

2. 查看图的比例尺、方位、主风向及风向频率

某一地区在一定时间内某风向出现的次数占该时间刮风总次数的百分比称为风向频率。将某一地区某一时期内全部风向频率按一定比例绘制在表示风向的直线上，然后把各点用直线连接起来得到的几何图形就是风向频率图，也称风向玫瑰图（图 2-15）。

图 2-15　风向玫瑰图

3. 按下列顺序和方法看图

① 由大到小：如先看地形图，其次为总平面图、平面图、立面图、剖面图及大样等。

② 由表及里：审查建筑物时，先看建筑物的周围环境，再审查建筑物的内部。

③ 由下而上：审查多层畜舍时，应从第一层开始，依次逐层审查。

④ 辨认图纸上所有的符号及标记。

⑤ 查认地形图上的山丘、河流、森林、铁路、公路及工业区和住宅区所在地，并测量

其相互间的距离。

⑥ 确认剖面图所剖视的部位。

⑦ 确定建筑物各部的尺寸：长宽和高度，可分别在平面图和立面图或剖面图上查知或测得。

按照上述方法和步骤，对所审查的图纸，由粗而细，再由细而粗，反复研究，加以综合分析，并做卫生评价。

（四）绘制图纸的方法

1. 确定数量

确定绘制图样的数量，应对各栋房舍统筹考虑，防止重复和遗漏，在保证需要的前提下，图样数量应尽量少。

2. 绘制草图

根据工艺设计要求和实际情况条件，把酝酿成熟的设计思路徒手绘成草图。绘制草图虽不按比例，不使用绘图工具，但图样内容和尺寸应力求详尽，细到可画至局部（如一间、一栏）。根据草图再绘成正式图纸。

3. 确定适当比例

考虑图样的复杂程度及其作用，并以能清晰表达其主要内容为原则来决定所用比例。

4. 图纸布局

每张图纸都要根据需要确定绘制的内容、实际尺寸和所选用的比例，并考虑图名、尺寸线、文字说明、图标等，有计划地安排这些内容所占图纸的大小及在图纸上的位置。要做到每张图纸上的内容主次分明，排列均匀、紧凑、整齐；同时，在图幅大小许可的情况下，应尽量保持各图样之间的投影关系，并尽量把同类型、内容关系密切的图样，集中在一张图纸上或顺序相连的几张图纸上，以便对照查阅。一般应把比例相同的一栋房舍的平、立、剖面图绘在同一张图纸上，房舍尺寸较大时，也可在顺序相连的几张图纸上分别绘制。按上述内容计划布局之后，即可确定所需图幅大小。

5. 绘制图样

绘制图样的顺序：先绘制平面图；其次绘出剖面图；再根据投影关系，由平面图引线确定正、背立面图纵向各部位的位置，然后按剖面图的高度尺寸，绘出正、背立面图；最后由正、背立面图引线确定侧立面图各部位的高度，并按平、剖面图上的跨度方向尺寸，绘出侧立面图。

6. 说明书

说明书主要说明建筑物性质、施工方法、建筑材料的使用等，以补充图中文字说明的不足。分一般说明书及特殊说明书两种。有些建筑设计图纸，以图纸上的扼要文字说明来代替文字说明书。

7. 比例尺的使用及保护

为避免视觉误差，在测量图纸上的尺寸时，常使用比例尺。测量时比例尺与眼睛视线应保持水平位置；为减少推算麻烦，取比例尺上的比例与图纸上的比例一致；测量两点或两线之间的距离时，应沿水平线测量，两点之间距离应取其最短的直线为宜。作图画线应使用米尺。

➢ 工作页

子任务 2-2　畜牧场总平面图绘制资讯单　见《学生实践技能训练工作手册》。

子任务 2-2　畜牧场总平面图绘制记录单　见《学生实践技能训练工作手册》。
子任务 2-2　畜牧场总平面图绘制考核单　见《学生实践技能训练工作手册》。

❖ 子任务 2-3　畜牧场仿真设计

➤ 任务要求

1. 请用畜牧场规划与设计仿真软件或沙盘模型设计出规模化养猪场的总体布局效果图。

2. 请用畜牧场规划与设计仿真软件或沙盘模型设计出规模为 20 万只成年蛋鸡的综合养鸡场的总体布局效果图。

➤ 参考流程

➤ 资讯

一、畜牧场规划与设计仿真软件

（一）畜牧场规划与设计仿真软件简介

畜牧场规划与设计仿真软件（xmcsj1.1）是由辽宁农业职业技术学院与沈阳捷诚科技有限公司共同研发的一款适用于畜牧场规划与设计的仿真软件，具有操作方便、直观形象、方便教学的特点。

（二）畜牧场规划与设计仿真软件操作流程

1. 软件的安装

打开软件文件夹（图 2-16），双击 setup1.exe 文件，单击 同意协议 ，再单击 下一步 ，确定 安装 。

图 2-16　软件安装图示

如果安装有问题，需要修复时，双击 setup1.exe 文件，选择 修复 后单击 完成 即可。若不再使用该软件，可双击 setup1.exe 文件，选择 移除 后单击 完成 。

2. 软件的登录

在桌面双击 [图标] 快捷方式图标，会出现登录界面（图 2-17），输入相关信息，单击

图 2-17　登录界面

图 2-18　软件界面

确定，即可进入畜牧场仿真设计界面。

3. 软件界面简介

软件界面分为功能区、工作区、图像区和菜单栏（图 2-18）。

菜单栏的图标依次为新建、打开、保存、导出图片、用户信息、打印、帮助、选择、关闭等（图 2-19）。

图 2-19　软件界面菜单栏

新建畜牧场规划与设计图时，单击新建。

对原有的设计图进行修改时，单击打开后找出文件路径单击确定即可。

设计好的图需要保存时，单击保存后，选择保存路径，输入文件名，单击确定即可。保存文件类型默认为 top 文件。如不保存单击取消。

导出需要的图片时，单击导出图片并确定。选择文件路径，输入文件名，单击保存。

单击用户信息，输入图像名称和创意说明，并单击保存。已存的创意说明需要修改时，也单击用户信息，修改完成后单击保存。

打印分打印和打印预览。单击打印预览，可以预览打印前的图像，确定完成或没有问题时可以打印。打印预览的模式可以选择五种，一页、双页、三页、四页、六页。也可以利用放大镜放大看图。取消预览时，可单击关闭。

4. 仿真畜牧场设计流程

以对畜牧场的规划为例。

（1）选择场址　软件提供若干个周边环境不同的场址，单击选择场址右边的下拉菜单，选择需要的场址。在设计过程中也可以随意更改场址。设计中不需要的场址可单击右侧的删除键（图 2-20）。

图 2-20　仿真畜牧场场址选择

（2）设置围墙　在左边的功能区，单击 围墙 左边的 ＋ ，单击 围墙 。到工作区单击空白界面，单击功能区 选择 ，再单击 工作区的围墙 ，利用上下箭头调整围墙的位置（图 2-21）。

图 2-21　仿真畜牧场围墙的设置

（3）设置建筑物　在软件界面左边的功能区，单击房子左边的 ＋ ，选择要设置的建筑物如 办公室 ，再单击 办公室 左边的 ＋ ，单击办公室选择 90 度 。到工作区单击空白界面，单击功能区 选择 ，再单击 工作区的办公室 ，利用上下箭头调整其位置（图 2-22）。各类猪舍等建筑物的设置方法与办公室相同。

功能区的草坪、大门、地砖、花景、树和消毒池的设计操作基本上与建筑物的设置操作相同。

（4）其他说明

① 坐标　菜单栏右侧的 X 坐标 和 Y 坐标 主要用于估计建筑物之间的间距。工作区的左上角为（0，0）坐标。鼠标移动到工作区的任何一个角落都会伴有坐标数据。假设 X 坐标和 Y 坐标为（100，200）时说明鼠标的位置离西线 100、离北线 200。

② 隐藏导航　如果需要隐藏导航，单击左上角的 隐藏导航 即可。

③ 有关软件的详细使用情况可参见辽宁农业职业技术学院畜牧场规划与设计精品课程，网址：http://jpk.lnnzy.ln.cn/xmcgh/。

图 2-22　仿真畜牧场建筑物的设置

二、畜牧场规划与设计虚拟仿真实训系统

（一）畜牧场规划与设计仿真软件简介

本款虚拟仿真实训系统是《畜牧场规划与设计》课程的配套软件，主要采用 B/S 架构，支持网络应用；平台采用 VB. NET 进行平台构架，采用 3DMAX 建模，最后使用 virtools 进行虚拟现实合成，操作简单，便于掌握。

软件由服务端、教师客户端（图 2-23）和学生实训平台（图 2-24）组成。

图 2-23　教师客户端

图 2-24　学生实训平台

服务端可进行人员管理、栏目管理和资源管理。在后台数据库中，上传的丰富教学资源能够满足教学需求，后台还可以实现对教学资源的更新和替换。

教师客户端可完成学生用户管理、教师用户管理和评分。学生用户管理包括查看编辑、添加班级、添加学生。对学生提交的作品，教师通过评分功能即时纠错。学生实训平台包括学习资料、仿真展示、虚拟实训、考试考核等功能模块，能够一体化完成课程教学、实训、考核等人才培养环节。

（二）软件展示

畜牧场设计工艺流程为：选择畜牧场场址→畜牧场规划布局→畜舍基本结构设计→畜舍内部设计→畜舍设备设施安装。

1. 选择畜牧场场址

软件在学习资料模块中介绍了场址选择的具体方法。学生可以通过"学习资料"模块中的文字、图片、动画等学习材料，了解相关行业标准并掌握基础知识后，进入"虚拟实训"模块（图 2-25），进行场址选择。

图 2-25 "虚拟实训"模块　　　　　　　　　图 2-26 典型场景

软件给出的 18 个典型场景涵盖了场址选择应考虑的各种环境因素，如地形地势、水源、土壤等自然条件和居民点、交通运输等社会条件。学生结合选址原则，既可以进行典型场景选址，如图 2-26，也可以在"自由规划"子模块中进行个性设计，并上传创意说明。若学生选出带有屠宰场等污染源的错误场景来建场，教师通过"评分"模块给出修改意见和建议。

2. 场区规划布局

学生选出适合建场的场景后，要对场地进行规划布局。

学生可先进入"仿真展示"模块（图 2-27），对多个已建标准化畜牧场参观学习。软件采用了俯瞰、漫游和手动选择等游戏操作方式，使学生身临其境地从不同角度观察畜牧场的

图 2-27 "仿真展示"模块

规划布局、畜舍基本结构、内部布局和设施安装，体验标准化畜牧场防疫要求和防疫制度。

下面进入"虚拟实训"模块。首先学生确定猪舍数量及功能区设置，如需要有门卫、料库、消毒室、办公室等，再利用"虚拟实训"模块中的"猪场规划"模块完成布局任务。

软件在右上角设置有指北针可确定建筑物的朝向；在左侧工具栏中设置有 移动 、 删除 、 旋转 等功能键，操作快捷简便；在下方设置有典型畜牧场所需设施，供学生规划设计用。学生先在下方的元素工具栏（图 2-28）中选择典型猪场的各种猪舍和设施，并进行布局。指北针下方的坐标可估测建筑物和设施的规格以及间距。学生完成全部布局后，可以全实景参观自己设计出的种猪场，便于学生发现问题并及时纠错。

图 2-28　元素工具栏

3. 畜舍基本结构设计

畜舍基本结构设计是教学难点。学生既可以在"仿真展示"模块中清晰地观察基本结构的组成；还可以利用"学习资料"模块中的动画（图 2-29）来掌握畜舍基本结构的材料选

图 2-29　畜舍基本结构设计动画

择、样式选择、确定规格的方法。

4. 畜舍内部设计

学生可以利用"虚拟实训"模块中的"内部规划"模块（图2-30）对畜舍进行内部设计。下方元素工具栏中的素材是根据不同饲养阶段设计的圈栏样式和隔断。学生根据设计原则进行内部规划，反复练习，不断提高畜舍的设计能力。

图 2-30　畜舍"内部规划"模块

5. 考核评分

学生在每个任务环节都可以提交设计草案或设计成品，通过评分系统查看教师的反馈意见、建议和评分，据此来完善作品。

图 2-31　在线考试系统

学生完成学习任务后，到在线考试系统（图 2-31）中完成课堂考核。系统具有自动组卷、选卷、判卷等功能。教师根据教学要求建立题库并随时更新题库。

➤ 工作页

子任务 2-3　畜牧场仿真设计资讯单　见《学生实践技能训练工作手册》。
子任务 2-3　畜牧场仿真设计记录单　见《学生实践技能训练工作手册》。
子任务 2-3　畜牧场仿真设计考核单　见《学生实践技能训练工作手册》。

任务 **3**

畜禽舍设计

❖ 学习目标

■ 具备根据畜禽生产工艺流程初步设计畜舍的能力，如能设计畜禽舍规格、舍内通道、值班室等。

■ 能正确选择畜禽舍基本结构的材料和样式。

■ 具备制作畜牧场效果图的能力。

❖ 任务说明

■ 任务概述

根据畜牧场的性质与规模确定饲养密度，完成畜禽舍规格、舍内通道、值班室等的设计；确定畜禽舍基本结构的材料和样式；初步设计畜禽舍平面布局并制作畜禽舍效果图。

■ 任务载体

各类畜禽舍，设计图，畜牧场规划与设计仿真软件。

■ 技术流程

畜禽舍初步设计 ➡ 畜禽舍基本结构设计 ➡ 畜禽舍效果图制作

■ 任务开展的依据

子任务	工作依据及资讯	资讯单	记录单	考核单
3-1 畜禽舍初步设计	畜禽舍规格计算,畜禽舍总体设计原则,舍内通道、值班室等设计方法	3-1	3-1	3-1
3-2 畜禽舍基本结构设计	畜禽舍建筑材料选择,畜禽舍基本结构(地面、墙、屋顶、窗户等)设计方法	3-2	3-2	3-2
3-3 畜禽舍效果图制作	画图软件使用方法,效果图制作方法	3-3	3-3	3-3

❖ 学习建议

■ 案例及现场教学，仿真模拟操作，图纸设计，小组确定最后方案。

❖ 子任务 **3-1** 畜禽舍初步设计

➤ 任务要求

1. 想建设单栋饲养 2 万只成年蛋鸡的鸡舍，请你设计出该鸡舍的规格并绘制平面图。

任务 3

畜禽舍设计

51

2. 想建设存栏 120 头哺乳母猪的产房,请你设计出该猪舍的规格并绘制平面图。

➤ 参考流程

```
确定饲养方式和饲养密度 ➡ 确定舍内布局及相应规格 ➡ 畜舍平面图绘制
```

➤ 资讯

畜舍的设计必须满足工艺设计要求,即满足畜禽的生活和生产需要,并尽可能满足动物对福利的需求,同时又便于饲养管理等,还要考虑当地气候、建材等因素。

一、畜舍设计概述

(一) 畜舍设计原则

畜舍是畜牧场主要的生产场所,其设计合理与否,不仅关系到畜舍的安全和使用年限,而且对畜禽生产性能能否最大程度的发挥、舍内小气候以及畜牧场工程投资等都具有重要影响。设计畜舍时,应遵循以下原则。

1. 满足畜禽的生活和福利需要

畜舍建筑应充分考虑畜禽的生物学特性和天性,为畜禽生长发育和生产创造适宜的环境条件,以确保畜禽健康和正常生产性能的发挥。如家禽,耐寒不耐热,因此禽舍应注重控温、通风、光照的控制。

2. 保证建筑牢固稳定和各种技术措施的实施

正确选择和运用建筑材料,根据建筑空间特点,确定合理的建筑形式、构造和施工方案,使畜舍坚固耐久、建造方便。同时,畜舍建筑要有利于环境调控技术的实施,以保证畜禽良好的健康状况和高产。

3. 符合畜禽生产工艺要求

规模化畜牧场通常按照流水式生产工艺流程,进行高效率、高密度、高品质生产,这就使得畜舍建筑在建筑空间、建筑构造及总体布置上,与普通民用建筑、工业建筑有很大不同。而且,现代畜牧生产工艺因畜禽品种、年龄、生长发育强度、生理状况、生产方式的差异而对环境条件、设施与设备、技术要求等有所不同。因此,畜舍建筑设计应符合畜禽生产工艺要求,便于生产操作及提高劳动生产率,利于集约化经营与管理,满足机械化、自动化所需要的条件,同时为发展留有余地。

4. 经济适用

在畜舍设计和建造过程中,应根据当地的技术经济条件和气候条件,因地制宜、就地取材,尽量做到节省劳动力、节约建筑材料,减少投资。在满足先进的生产工艺的前提下,尽可能做到经济实用。

5. 符合总体规划和建筑美观的需要

畜舍建筑是畜牧场总体规划的组成部分,建筑设计要充分考虑与周围环境的关系,如原建筑物状况、道路走向、环境绿化、场区布局、畜禽生产对周围环境的污染等,使其与周围环境在功能和生产上建立最方便的关系。尽量注意使畜舍的形体、立面、色调等与周围环境相协调,建造出朴素明朗、简洁大方的建筑形象。

(二) 畜舍设计的依据

1. 满足人体工作空间和畜禽生活空间需要

为操作方便和提高劳动效率，人体尺度和人体操作所需要的空间范围是畜舍建筑空间设计的基本依据之一。此外，为了保证畜禽生活、生产和福利的需要，还必须考虑畜禽的体型尺寸和活动空间。

2. 畜禽舍面积标准和设备尺寸

（1）畜舍面积标准

① 鸡舍面积标准与设备参数　鸡舍的建筑面积因鸡品种、体型以及饲养工艺的不同差异很大。目前国内没有统一标准，在鸡舍设计的时候要依据实际情况灵活进行。表 3-1 数据仅供参考。

表 3-1　鸡舍面积标准及设备参数

项　目		参　　数		
蛋鸡		轻型		重型
	地面平养建筑面积/（m²/只）	0.12～0.13		0.14～0.24
	笼养建筑面积/（m²/只）	0.02～0.07		0.03～0.09
	饲槽长度/（mm/只）	75		100
	饮水槽长度/（mm/只）	19		25
	产蛋箱/（只/个）	4～5		4～5
肉仔鸡及育成母鸡		0～4 周龄	4～10 周龄	10～20 周龄
	开放舍建筑面积/（m²/只）	0.05	0.08	0.19
	密闭舍建筑面积/（m²/只）	0.05	0.07	0.12
	饲槽长度/（mm/只）	25	50	100
	饮水槽长度/（mm/只）	5	10	25
火鸡		种火鸡		生长火鸡
	开放舍建筑面积/（m²/只）	0.7～0.9		0.6
	环控舍建筑面积/（m²/只）	0.5～0.7		0.4
	饲槽长度/（mm/只）	100		100
	饮水槽长度/（mm/只）	100		100
	产蛋箱/（只/个）	20～25		
	栖架/（mm/只）	300～375		300～375

② 猪舍面积标准　1999 年，我国颁布了中、小型集约化养猪场建设标准（GB/T 17824.1—1999），2008 年，又在此基础上进行了修订（GB/T 17824.1—2008），有关猪舍的面积可以参照此标准进行设计（表 3-2）。

表 3-2　各类猪群饲养密度指标

猪群类别	每栏饲养头数/头	每头占猪栏面积/m²	猪群类别	每栏饲养头数/头	每头占猪栏面积/m²
种公猪	1	5.5～7.5	哺乳母猪	1	3.7～4.2
空怀、妊娠母猪			断奶仔猪	8～12	0.3～0.5
限位栏	1	1.32～1.5	生长猪	8～10	0.5～0.7
群饲	4～5	2.0～2.5	育肥猪	8～10	0.7～1.0
后备母猪	5～6	1.0～1.5	配种栏	1	5.5～7.5

③ 牛舍面积标准与设备参数　散放饲养时，成年乳牛占地面积 5～6m²/头。拴系式饲养和散栏式饲养时牛栏尺寸如表 3-3 所示。

表 3-3　牛栏尺寸参数

牛的类别	拴系式饲养			牛的类别	散栏式饲养		
	长度/m	宽度/m	坡度/%		长度/m	宽度/m	坡度/%
种公牛	2.2	1.5	1.0~1.5	大牛种	2.1~2.2	1.22~1.27	1.0~4.0
成乳牛	1.7~1.9	1.1~1.3	1.0~1.5	中牛种	2.0~2.1	1.12~1.22	1.0~4.0
临产牛	2.2	1.5	1.0~1.5	小牛种	1.8~2.0	1.02~1.12	1.0~4.0
产房	3.0	2.0	1.0~1.5	青年牛	1.8~2.0	1.0~1.15	1.0~4.0
青年牛	1.6~1.8	1.0~1.1	1.0~1.5	8~18月龄	1.6~1.8	0.9~1.0	1.0~3.0
育成牛	1.5~1.6	0.8	1.0~1.5	5~7月龄	0.75	1.5	1.0~2.0
犊牛	1.2~1.5	0.5	1.0~1.5	1.5~4月龄	0.65	1.4	1.0~2.0

（2）采食和饮水宽度标准　采食宽度和饮水宽度因畜禽种类、体型、年龄以及采食和饮水设备不同而异，参考表 3-4。

表 3-4　各类畜禽的采食宽度

（引自：冯春霞. 家畜环境卫生. 北京：中国农业出版社，2001）　　　cm/头（或只）

畜禽种类	采食宽度	畜禽种类	采食宽度	畜禽种类	采食宽度
牛：拴系饲养		30~50kg	22~27	11~20周龄	7.5~10
3~6月龄犊牛	30~50	50~100kg	27~35	20周龄以上	12~14
青年牛	60~100	自动饲槽自由采食群养	10	肉鸡：	
泌乳牛	110~125	成年母猪	35~40	0~3周龄	3
散放饲养		成年公猪	35~45	3~8周龄	8
成年乳牛	50~60	蛋鸡：		8~16周龄	12
猪：		0~4周龄	2.5	17~22周龄	15
20~30kg	18~22	5~10周龄	5	产蛋母鸡	15

（3）通道设置标准　畜舍沿长轴纵向布置畜栏时，纵向管理通道宽度可参考表 3-5。较长的双列或多列式畜舍，每隔 30~40m，沿跨度方向设横向通道，宽度一般为 1.5m，马舍、牛舍为 1.8~2.0m。

表 3-5　畜舍纵向管理通道宽度

（引自：冯春霞. 家畜环境卫生. 北京：中国农业出版社，2001）

畜舍种类	通道用途	使用工具及操作特点	宽度/cm
牛舍	饲喂	用手工或推车饲喂精、粗饲料	120~140
	清粪及管理	手推车清粪，放奶桶、洗乳房的水桶等	140~180
猪舍	饲喂	手推车喂料	100~120
	清粪及管理	清粪（幼猪舍窄、成年猪舍宽）、接产等	100~150
鸡舍	饲喂、捡蛋、清粪、管理	用特制手推车送料、捡蛋时，可采用一个通用车盘	笼养80~90 平养100~120

（4）畜舍及其内部设施高度标准

① 畜舍高度　畜舍高度的确定主要取决于自然采光和通风要求，同时考虑当地气候条件。寒冷地区畜舍高度一般以 2.2~2.7m 为宜，跨度 9.0m 以上的畜舍可适当加高。炎热地区为了有利于通风，畜舍高度不宜过低，一般以 2.7~3.3m 为宜。

② 门的高度　见子任务 3-2。

③ 窗的高度　畜舍窗的高低、形状、大小等，由畜舍的采光与通风设计要求决定。

④ 舍内外高差　为防止雨水倒灌，畜舍室内外地面一般应有 300mm 左右的高差，场地

低洼时应提高到 450～600mm。供畜、车出入的大门，门前不设台阶而设 15% 以下的坡道。舍内地面应有 0.5%～1.0% 的坡度。

⑤ 畜舍内部设施高度　饲槽、水槽、饮水器安置高度及畜舍隔栏（墙）高度，因畜禽种类、品种、年龄不同而异。

a. 饲槽、水槽设置　鸡饲槽、水槽的设置高度一般应使槽上缘与鸡背同高；猪、牛的饲槽和水槽底可与地面同高或稍高于地面；猪用饮水器距地面的高度，仔猪为 10～15cm，育成猪 25～35cm，育肥猪 30～40cm，成年母猪 45～55cm，成年公猪 50～60cm，如将饮水器装成与水平面呈 45°～60° 角，则距地面高度 10～15cm，即可供各种年龄的猪使用。

b. 隔栏（墙）的设置　平养成年鸡舍隔栏高度不应低于 2.5m，用铁丝网或竹竿制作；猪栏高度一般为：哺乳仔猪 0.4～0.5m，育成猪 0.6～0.8m，育肥猪 0.8～1.0m，空怀母猪 1.0～1.1m，怀孕后期及哺乳母猪 0.8～1.0m，公猪 1.3m；成年母牛隔栏高度为 1.3～1.5m。

二、猪舍设计

（一）猪舍平面设计

猪舍建筑平面设计主要解决的问题是根据不同的猪舍特点，合理布置猪栏、走道和门窗，精心组织饲料运输路线和清粪路线。

1. 平面布置形式

圈栏排列方式（单列、双列或多列）选择及其布置，要综合考虑饲养工艺、设备选型、每栋应容纳头数、饲养定额、场地地形等情况。选用定型设备时，可以根据设备尺寸及圈栏排列计算猪舍长度和跨度。若选用非定型设备，则需要根据每圈容纳头数、猪只占栏面积标准和采食宽度标准来确定。若饲槽沿猪舍长度布置，则应按照采食宽度确定每个圈栏的宽度。走道面积一般占猪舍面积的 20%～30%，因此饲喂走道宽度一般为 1.2～1.5m，清粪通道一般宽 1～1.2m。一般情况下，采用机械喂料和清粪，走道宽度可以小一些，而采用人工送料和清粪，则走道需要宽一些。

图 3-1 所示是黑龙江某种猪场平面布置实例。该场占地约 9.3hm²，建筑面积 7680m²，其中生产建筑面积 6750m²。一期工程设计规模为 300 头核心母猪，年产种猪 2400 头，育肥猪 2900 头。该地区夏季主导风向为南风和西南风，冬季主导风向为西北风。场区总体布局是南侧为主入口、门卫、选猪观察室、办公室和变配电室等，其中选猪台位于东南角，外部选购种猪的人员和车辆不用进入场内；中部为生产区，猪舍采用双列布置，中间为净道，东西两侧为污道，东列按生产工艺流程从北往南依次排列公猪及配种舍、母猪舍、仔猪舍、育成猪舍，西侧主要是育肥猪舍和预留发展用地；场区最北端是临时堆粪场，与生产区由围墙和 50m 的绿化隔离带隔开；兽医室和病猪舍位于场区东侧不好利

图 3-1　某种猪场平面布置

1—门卫；2—办公楼；3—选猪舍；4—种猪育成舍；
5—仔猪舍；6—分娩舍；7—母猪舍；8—公猪及
配种舍；9—育肥舍；10—预留发展用地；
11—兽医室及病猪舍；12—堆肥区

用的三角形地带。

2. 猪舍跨度和长度计算

猪舍跨度主要由圈栏尺寸及其布置方式、走道尺寸及其数量、清粪方式与粪沟尺寸、建筑类型及其构件尺寸等决定。而猪舍长度根据工艺流程、饲养规模、饲养定额、机械设备利用率、场地地形等来综合决定，一般大约为70m。采用砖混合钢筋混凝土结构的猪舍要满足建筑伸缩缝和沉降缝的设置要求。值班室、饲料间等附属空间一般设在猪舍一端，这样有利于场区建筑布局时满足净污分离的要求。

图3-2 单元式育肥
猪舍平面布置

选用标准设施和定型设备时，可以根据设施与设备尺寸及其排列计算猪舍跨度和长度。若选用非标准设施和非定型设备，则需要根据具体设施设备的布置来综合考虑确定。例如饲槽沿猪舍开间方向布置，则先按照采食宽度计算每个圈栏的宽度（开间方向），然后根据每圈容纳的猪只数量和猪只占栏面积标准定额计算单个圈栏的长度（进深方向）。

下面以一个育肥猪舍为例说明如何确定猪舍跨度与长度：根据工艺设计，采用整体单元式转群，每个单元12圈，每圈饲养1窝猪，共设有6个单元；每窝育肥栏宽度2.8m，栏长度3.23m（2.03m的实体猪床和1.2m的漏缝地板）；每个单元采用双列布置，每列6圈，中间饲喂走道1.0m，两侧清粪通道各0.6m，粪尿沟各0.3m；猪舍内外墙厚度均为240mm，猪舍平面布局采用单廊式，北侧走廊宽度1.5m，南侧横向通道0.62m；经排列布置和计算得单元长向间距9.5m，猪舍长度57m，跨度19.4m，如图3-2所示。

在设计实践中，猪舍长度一般在70～100m范围内，此长度符合我国饲养人员饲养管理定额。

3. 门窗及通风洞口的平面布置

门的位置主要根据饲养人员的工作和猪只转群线路的需要设置。供人、猪、手推车出入的门宽度1.2～1.5m，门外设坡道，外门设置时应避开冬季主导风向或加门斗；双列猪舍的中间过道应用双扇门，宽度不小于1.5m；圈栏门宽度不小于0.8m，一律向外开启。

窗的设置应考虑采光和通风要求，面积大、采光多、换气好，但冬季散热和夏季传热多，不利于保温和防暑。采光标准以采光系数来衡量，种猪舍要求1∶8～1∶10，育肥舍要求1∶15～1∶20；通风口的设计应根据当地的气候条件，计算夏季最大通风量和冬季最小通风量需求，组织室内通风流线，决定其大小、数量和位置。

（二）猪舍剖面设计

猪舍剖面设计主要解决剖面形式、建筑高度、室内外高差及采光通风洞口设置等问题。根据工艺、区域气候、地方经济技术水平等选择单坡、双坡或其他剖面形式。在剖面设计时，需要考虑猪舍净高、窗台高度、室内外地面高差以及猪舍内部设施与设备高度、门窗与通风洞口的设置等。

猪舍净高是指室内地面到屋架下弦、结构梁板底或天花板底的高度，一般单层猪舍的净高取2.4～2.7m，炎热地区为了有利于通风，可取2.7m，寒冷地区为了利于防寒，可取2.4m。通常，窗台的高度不低于靠墙布置的栏位高度。公、母猪猪栏高度分别不低于1.2m和1.0m，采用定型产品则根据其产品说明书设计。饮水器安装高度为0.6m。

一般情况下室内外地面高差在150～600mm之间，取值要考虑地方的降雨情况。室外坡道坡度10%～12.5%。值班室、饲料间的地面应高于送料道20～50mm，送料道比猪床高 20~50mm。

此外，猪床、清粪通道、清粪沟、漏缝地板等处的标高应根据清粪工艺与设备需要来确定。一般漏缝地板猪舍的粪尿沟最浅处为 600mm，普通地面猪舍粪尿沟的最浅处为 200mm，坡度为 1.5%~3.0%。

门洞口底标高一般同所处的地平面标高，猪舍外门一般高 2.0~2.4m，双列猪舍中间过道上设门时，高度不小于 2.0m。南侧墙上窗底标高一般取 0.8~0.9m，窗下设置的风机洞口底标高一般要高出地面 0.06m 左右；北侧墙上窗底标高一般取 1.1~1.2m，其下设置的地窗底标高一般也取 0.06m。

三、鸡舍设计

（一）鸡舍平面设计

1. 平面布置形式

根据走道与饲养区的布置形式，平养鸡舍平面布置可分为无走道平养、单走道平养、中走道双列式平养、双走道双列式平养、双走道四列式平养等形式。

根据笼架配置和排列方式上的差异，笼养鸡舍平面布置分为无走道式和有走道式两大类。

图 3-3 所示是某原种鸡场平面布置规划。饲养规模为 10000 套曾祖代成年种鸡。

该场地处北京郊区平原地区，全场占地面积约 2.67hm²，建筑面积约 8000m²，其中生产建筑面积 6400m²。根据场地地势平整、形状基本规则、南北长、东西短的地形特点，结合该地区夏季主导风向为南风和西南风、冬季主导风向为西北风的气候条件，场区的总体规划布局是北侧为生产区，布置原种鸡舍、测定鸡舍、育成鸡舍、育雏舍。禽舍排列采用单列式，西侧为净道，东侧为污道，最东北端设临时粪污场。育雏舍单独置于生产区西侧，有道路和绿化隔离。南侧为办公与生产辅助区，设置孵化厅、消毒更衣室、办公楼、库房、锅炉房、水泵房等，其中锅炉位于场区的西南角，对生产区和辅助生产区影响最少。

图 3-3　某原种鸡场平面布置规划

1—原种鸡舍；2—测定鸡舍；3—育成鸡舍；4—育雏鸡舍；
5—粪污场；6—锅炉房；7—水泵房；8—水塔；9—浴室；
10—维修室；11—车库；12—食堂；13—孵化厅；
14—更衣消毒室；15—办公楼；16—门卫

2. 平面尺寸确定

（1）鸡舍跨度确定　平养鸡舍跨度≈n 个饲养区宽度＋m 个走道宽度。种鸡平养饲养区宽度一般在 10m 左右，走道宽度一般取 0.6~1.0m。笼养鸡舍跨度≈n 个鸡笼架宽度＋m 个走道宽度。

通风方式与鸡舍跨度也有关系。开敞式鸡舍采用横向通风，跨度在 6m 左右通风效果较好，不宜超过 9m；而从防疫和通风效果看，目前密闭式鸡舍均应采用纵向通风技术，对鸡舍跨度要求并不严格，但应考虑应急状态下应急窗的横向通风，故鸡舍跨度也不能一味扩大。生产中，三层全阶梯蛋鸡笼架的横向宽度在 2100~2200mm，走道净距一般不小于

600mm，若鸡舍跨度 9m，一般可布置三列四走道，跨度 12m 则可布置四列五走道，跨度 15m 时则可布置五列六走道。

（2）鸡舍长度确定 鸡舍长度确定主要考虑以下几个方面：饲养量、选用的饲喂设备和清粪设备的布置要求及其使用效率、场区的地形条件与总体布置等。

平养鸡舍鸡饲养量与鸡舍长度关系可按下式计算：

平养鸡舍饲养区面积 $A =$ 单栋鸡舍每批饲养量 $Q/$ 饲养密度 q

鸡舍初拟长度 $L = A/(B+nB_1)+L_1+2b$

式中，L 为鸡舍初拟长度；B 为初拟饲养区宽度；n 为走道数量；B_1 为走道宽度；L_1 为工作管理间宽度（开间），b 为墙的厚度。

以 10 万只蛋鸡场为例，根据饲养工艺，育成鸡饲养量 $Q = 9800$ 只/批，网上平养饲养密度 $q = 12$ 只/m²，平面布置为二列双走道，$B = 10$m，$n = 2$，$B_1 = 0.8$m，$L_1 = 3.6$m，$b = 0.12$m，则：

$$A = Q/q = (9800/12)\text{m}^2 = 816.7\text{m}^2$$

$$L = A/(B+nB_1)+L_1+2b = [816.7/(10+2\times0.8)+3.6+2\times0.12]\text{m} = 74.2\text{m}$$

笼养鸡舍的鸡舍长度，则根据所选择笼具容纳鸡的数量，结合笼具尺寸，再适当考虑设备、工作空间等来确定。以一个 10 万只蛋鸡场为例，根据工艺设计，单栋蛋鸡舍饲养量为 0.88 万只/批，采用 9LTZ 型三层全阶梯中型鸡笼，单元鸡笼长度 2078mm，共饲养 96 只蛋鸡，采用三列四走道布置形式，则所需鸡笼单元数 = 饲养量/单元饲养量 = 8800/96 = 92（个），采用三列布置，实际取 93 组；每列单元数 = 93/3 = 31（个），鸡笼安装长度 $L_1 =$ 单元鸡笼长度×每列单元数 = 2078×31m = 64.418m。鸡舍净长还需要加上设备安装和两端走道长度，包括：①工作间开间尺寸（如取 3.6m）；②鸡笼架头架尺寸 1.01m；③头架过渡食槽长度 0.27m；④尾架尺寸 0.5m；⑤尾架过渡食槽长度 0.195m；⑥两端走道各取 1.5m。则：

$$\begin{aligned}鸡舍净长度 L &= (64.418+3.6+1.01+0.27+\\&\quad 0.5+0.195+2\times1.5)\text{m}\\&= 73.0\text{m}\end{aligned}$$

(a) 低床剖面尺寸

无吊顶 $h_1 \geq 0.4$m，有吊顶 $h_1 \geq 0.8$m；
h_2—鸡笼架高度；
牵引式 $h_3 = 0.2 \sim 0.35$m，自走式 $h_3 = 0.5 \sim 0.7$m

(b) 中床剖面尺寸

无吊顶 $h_1 \geq 0.4$m，有吊顶 $h_1 \geq 0.8$m；
h_2—鸡笼架高度；$h_3 = 1.2$m

(c) 半高床坑式剖面尺寸

无吊顶 $h_1 \geq 0.4$m，有吊顶 $h_1 \geq 0.8$m；
h_2—鸡笼架高度；
$h_3 + h_4 = 1.2 \sim 1.6$m

图 3-4　笼养鸡舍剖面图

（二）鸡舍的剖面设计

鸡舍剖面设计内容包括剖面形式的选择、剖面尺寸确定和窗洞、通风口的形式与设置。

（1）剖面形式的选择 根据工艺、区域气候、地方经济技术水平等选择单坡、双坡或其他剖面形式。

（2）剖面尺寸确定 一般剖面的高跨比取 1:4~1:5，炎热地区及采用自然通风的鸡舍跨度要求大些，寒冷地区和采用机械通风系统的鸡舍要求小些。

通常，开敞式平养鸡舍高度取 2.4~2.8m，密闭式平养鸡舍取 1.9~2.4m。

决定笼养鸡舍剖面尺寸的因素主要有设备高度、清粪方式以及环境要求等。如三层阶梯鸡笼，采用链式喂料器，若为人工拣蛋，则可选用低架笼，笼架高度 1615mm；若为机械集蛋，则选用高架笼，笼架高度 1815mm。清粪方式对鸡舍剖面尺寸的影响如图 3-4 所示。鸡舍内上层笼顶之上须留有一定的空间，以利于通风换气。无吊顶时，上层笼顶面距屋顶结构下表面不小于 0.4m，有吊顶时则距吊顶不小于 0.8m。

（3）窗洞、通风口的形式与设置　开放式和有窗式鸡舍的窗洞口设置以满足舍内光线均匀为原则。开放舍中设置的采光带，以上下布置两条为宜；有窗舍的窗洞开口应每开间设立式窗，或采用上下层卧式窗，这样可获得较好的光照效果。

鸡舍通风洞口设置应使自然气流通过鸡只的饲养层面，以利于夏季降低舍温和鸡只体感温度。平养鸡舍的进风口下标高应与网面相平或略高于网面，笼养鸡舍为 0.3～0.5m，上标高最好高出笼架。

四、牛舍设计

（一）乳牛舍设计

1. 平面设计

乳牛舍一般由饲养间和辅助用房组成。其中辅助用房包括饲料间、更衣室、机器间、干草间、奶具间和值班室等。

（1）牛床　牛床是乳牛采食、挤奶和休息的地方。牛床宽度取决于奶牛的体型和是否在牛舍内挤奶。一般奶牛的肚宽为 75cm 左右，如果在牛舍内挤奶，牛床不宜太窄，并应设计挤奶通道（图 3-5），常采用 1.2～1.3m 宽的牛床。

拴系饲养条件下，牛床长度可根据牛的体型和拴系方式的不同分为长牛床和短牛床两种。散栏饲养方式下，牛床主要由隔栏、床面和铺垫物组成。通常，1 头体重为 600kg 的荷斯坦牛，静卧时需要的牛床长度约为 2140mm，为确保牛冲起时所占用的空间，一般设置的前冲空间幅度为 260～560mm，因此，散栏牛床长度取 2450mm，如采用侧冲空间，牛床长度为 2100～2200mm。

图 3-5　挤奶通道

图 3-6　牛舍粪道

（2）饲喂设备

① 饲料通道　一般人工送料时通道宽 1.2m 左右，机械送料时宽 2.8m 左右。饲料通道要高出牛床床面 10～20cm，以便于饲料分发。

② 食槽尺寸　拴系饲养生产工艺一般都通过人工送料，将精料、粗料、青贮料等分开饲喂，食槽多为一般的固定食槽，其长度和牛床宽度相同。食槽的上沿宽度为 70～80cm，底部宽度 60～70cm，前沿高 60cm（靠走道一侧），后沿高 30cm（靠牛床一侧）。

（3）清粪通道与粪沟　清粪通道应根据清粪工艺不同进行具体设计（图 3-6）。双列对头式牛舍，通道宽度以饲料车能通过为原则。人工推车饲喂，中间饲喂通道宽度以 1.4～1.8m（不含料槽）为宜。TMR（全混合日粮）日料车饲喂，采用道槽合一式，道宽 4m 为宜（含料槽宽），粪沟宽以常规铁锹推行宽度为宜，宽 0.25～0.3m，深 0.15～0.3m，坡度 1%～2%。

各阶段乳牛舍的平面设计要求如下。

（1）成乳牛舍　成乳牛舍对环境的要求相对较高。拴系、散栏成乳牛舍的平面形式可以根据牛床排列形式分为以下四种。

图 3-7　双列对尾式乳牛舍平面图
1—饲喂通道；2—饲槽；3—隔栏；
4—粪尿沟；5—清粪通道

① 单列式牛舍　只有一排牛床，前为饲料道，后为清粪道。适用于饲养 25 头奶牛以下的小型牛舍。

② 双列式牛舍　两排牛床并列布置，如图3-7所示，稍具规模的奶牛场大都为双列式牛舍。建筑跨度，拴养式为 12m，隔栏式为 15m 即能满足要求。按两列牛床相对位置的不同又分为对尾式和对头式。

③ 多列式牛舍　也分对头式或对尾式布置，适用于大型牛舍。

④ 散栏式牛舍　中间是饲喂通道，两侧布置饲槽及颈枷，与双列对头式不同的是牛床与清粪通道之间增加宽度为 2.5m 的自由卧床，牛舍的跨度根据饲养头数，单列卧床需 15m，双列卧床需 27m。

（2）产牛舍　产牛舍包括产床、产房、难产室、保育间及饲料间等部分。

产床常排成单列、双列对尾式，采用长牛床 2.2～2.4m，宽度也稍宽，为 1.4～1.5m，以便接产操作。大的产牛舍还设有单独的产房和难产室，以满足个别精神紧张牛只的需要。

待产母牛可以在通栏中饲养，每头牛占地 8m²，但每个产栏最好不要超过 30 头牛；对于每头分娩奶牛，可以在产栏内设置 10m² 的单栏（最小尺寸要求：长 3m，宽 3m，高 1.3m）。产栏地面要防滑，并设置独立的排尿系统。

初生牛犊饲养在专设保育间的犊牛单栏内，犊牛单栏为箱形栏栅，长 1.1～1.4m，宽 0.8～1.2m，高 0.9～1m，底栏离地 150～300mm。最好制成活动式犊牛栏，以便可推到户外进行日光浴，此时也便于舍内清扫。

（3）犊牛舍　犊牛在舍内按月龄分群饲养。

① 单栏　0.5～2月龄可在单栏中饲喂，但 2月龄之后最好采用群栏饲养。在采用单栏饲养时，最好让其能够相互看见和听见。犊牛栏与栏之间的隔墙应为敞开式或半敞开式，竖杆间距 8～10cm，为清洗方便，底部 20cm 可做成实体隔栏。犊牛栏尺寸见表 3-6。

表 3-6　犊牛栏尺寸

体重/kg	60 以下	60 以上
建议面积/m²	1.70	2.00
犊牛栏最小面积/m²	1.20	1.40
犊牛栏最小长度/m	1.20	1.40
犊牛栏最小宽度/m	1.00	1.00
犊牛栏最小侧面高度/m	1.00	1.00

② 群栏　2～6月龄犊牛可养于群栏中，舍内和舍外均要有适当的活动场地。犊牛通栏

布置亦有单排栏、双排栏等，最好采用三条通道对头式，把饲料通道和清粪通道分开来。中间饲料通道宽 90～120cm 为宜。清粪通道兼作供犊牛出入运动场的通道，以 140～150cm 为宜。群栏大小按每群饲养量决定，每群 2～3 头，3.0m²/头，每群 4～5 头，1.8～2.5 m²/头；围栏高度 1.2m。

（4）青年牛舍、育成牛舍　6～12 月龄青年牛养于通栏中，为了训练育成牛上槽饲养，育成牛采用与成乳牛相同的颈枷。这两类由于体型尚未完全成熟并且在牛床上没有挤奶操作过程，故牛床可小于成乳牛床，因此青年牛舍和育成牛舍比成乳牛舍稍小，通常采用单列或双列对头式饲养。每头牛占 4～5m²，牛床、饲槽和粪沟大小比成年牛稍小或采用成牛的底限。其平面布置与成乳牛舍相同，床位尺寸略小于成乳牛舍（表 3-3）。图 3-8 所示是某 500 头成乳牛群的良种繁育场总平面布置实例，场区占地 8hm²。

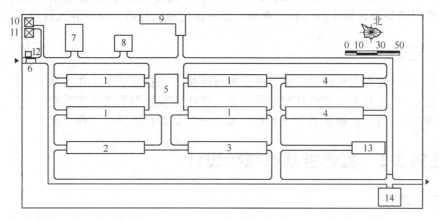

图 3-8　某乳牛良种繁育中心平面布置图

1—成乳牛舍；2—干奶牛舍；3—产房；4—育成牛舍；5—挤奶厅；6—消毒池；7—草料棚；
8—饲料库；9—办公楼；10—配电房；11—水泵房；12—门卫；13—兽医室；14—堆粪场

场区内不设青贮设施，所需的青贮饲料由场外配送，精料也由场外饲料厂提供成品，场区只设精料成品库。挤奶厅中设胚胎生产技术室，主要进行种牛超排、取卵及鲜胚分割等技术处理。场区内的道路分净道、污道，为确保消防需要，整个场区道路形成环行通道，平时，采用隔离栏杆保证净污道严格分开，运送饲草饲料、牛奶及其他场区所需物品的车辆由与净道相通的西门出入，粪污及牛只由与污道相连的东门出入。工作人员则通过办公楼的消毒更衣室进入场区。

2. 剖面设计

牛舍的剖面设计，需要考虑牛舍净高、窗台高度、室内外地面高度差以及牛舍内部设施与设备高度、门窗的设置等。

（1）牛舍高度　砖混结构双坡式奶牛舍脊高 4.0～4.5m，前后檐高 3.0～3.5m。温暖地区砖墙的厚度 24cm，寒冷地区砖墙厚度前墙 37cm，后墙 50cm。

（2）门窗高度　门高 2.1～2.2m，宽 2～2.5m，高寒地区一般设保温推拉门或双开门。封闭式牛舍窗应大一些，宽 1.5m，高 1.5m，窗台高距地面 1.5m 为宜。

（二）肉牛舍设计

与奶牛舍相似，肉牛舍分为双列式和单列式两种。双列式跨度为 10～12m，高 2.8～3m；单列式跨度为 6.0m，高 2.8～3m。每 25 头牛设一个门，其大小为 (2～2.2)m×(2～2.3)m，不设门槛。窗面积占地面面积的 1/16～1/10，窗台距地面 1.2m 以上，其大小为 1.2m×(1.0～1.2)m。母牛床 (1.8～2.0)m×(1.2～1.3)m，育成牛床 (1.7～1.8)m×

1.2m。送料通道宽 1.2~2.0m，除粪通道宽 1.4~2.0m，两端通道宽 1.2m。

最好建成粗糙的防滑水泥地面，向排粪沟方向倾斜 1％。牛床前面设固定水泥槽，饲槽宽 60~70cm，槽底为 U 字形。排粪沟宽 30~35cm，深 10~15cm，并向暗沟倾斜，通向粪池。

（三）塑料暖棚牛舍

塑料暖棚牛舍是北方常用的一种经济实用的单列式半封闭牛舍。采用坐北向南、东西走向的半拱圆式塑料暖棚。棚舍中梁高 2.5m，后墙高 1.8m，前墙高 1.2m，前后跨度 5m，后坡角度以 30°左右为宜，左右宽 8m。一般情况下高跨比为 2.4：10~3.0：10，在雨雪较少的地区，高跨比可以小一点，在雨雪较多的地区，高跨比可以大一点。中梁和后墙之间用木椽等材料搭成屋面，中梁与前沿墙之间用竹片和塑料膜搭成拱形棚膜面。中梁下面沿圈舍走向设饲槽，将牛与人行道隔开，后墙距中梁 3m，前沿墙距中梁 2m。在一端山墙上留两道门，一道门通牛舍，供牛出入和清粪用；另一道门通人行道，供饲养人员出入。

➢ 工作页

子任务 3-1　畜禽舍初步设计资讯单　见《学生实践技能训练工作手册》。
子任务 3-1　畜禽舍初步设计记录单　见《学生实践技能训练工作手册》。
子任务 3-1　畜禽舍初步设计考核单　见《学生实践技能训练工作手册》。

❖ 子任务 3-2　畜禽舍基本结构设计

➢ 任务要求

1. 想建设一栋育肥猪舍，应该准备哪些建筑材料？请根据家乡的气候特点和建筑习惯，设计出该舍基本结构的形式和材料需求单。

2. 想建设一栋乳牛舍，应该准备哪些建筑材料？请根据家乡的气候特点和建筑习惯，设计出该舍基本结构的形式和材料需求单。

➢ 参考流程

熟悉建筑材料的基本特征 ➡ 明晰畜禽舍基本结构组成及要求 ➡ 设计畜禽舍基本结构

➢ 资讯

一、畜舍建筑材料的主要特性

畜舍环境的控制在很大程度上受畜舍各部位结构的热工特性，即保温隔热能力制约，而建筑结构的热工特性又与建筑材料的特性有关。了解和掌握建筑材料的有关特性，对于理解和解决畜舍环境的控制问题以及在日常工作中管理和使用畜舍均有重要意义。

（一）建筑材料的温热特性

建筑材料由于其组成和结构上的差异，具有不同的热物理特性。表示建筑材料热物理特性的主要指标是热导率和蓄热系数。

1. 热导率

热导率（λ）是表示材料传递热量能力的热物理特性指标，以"λ"表示，其单位为 W/(m·K)［瓦/(米·开)］。λ 值越大的材料，传热越快，保温隔热能力越差。例如，铝的 λ

值为 230W/(m·K)，松木为 0.17W/(m·K)，所以铝制壶把烫手，而套上木把就不烫手了。材料的导热性决定于材料的成分、构造、孔隙率、含水量及发生热传导时的温差等因素。多数材料的 λ 值的范围在 0.029～3.5W/(m·K) 之间，建筑上习惯把 λ 值小于 0.23W/(m·K) 的材料称为保温隔热材料。

2. 蓄热系数

蓄热系数（S）是表示建筑材料储藏热量能力的热物理特性指标，以"S"表示，单位为 W/(m²·K)。外界气温在一昼夜 24h 内的变化，可近似地视作谐波（按正弦余弦曲线作规则变化）。当材料层一侧受到谐波热作用时，其内外表面温度也按同一周期波动，而波动的剧烈程度（即振幅大小），则与材料的蓄热系数 S 值有关。S 值越大，材料层表面温度波动越小。同理，S 值大的材料，在外界温度升高时能吸收较多的热，材料层表面升温就较少；外界温度降低时，材料可放出较多的热，使材料层表面降温也较少。因此，材料层表面温度的波动振幅远远小于外界综合温度的波动振幅，这种现象叫做"衰减"。S 值越大，衰减度越大。此外，由于材料吸热和放热都需要一定的时间，因此，材料层表面温度波动总会比外界温度波动出现得晚，这种现象叫"延迟"。S 值越大，吸收和容纳的热量越多，材料层表面温度波动就越小，延迟时间也越长。所以在炎热地区选择蓄热系数大的材料有利（表 3-7）。

表 3-7　常用建筑材料的容重、热导率和蓄热系数值

（引自：王庆镐. 家畜环境卫生学. 北京：中国农业出版社，1989）

材 料 名 称	容重/(kg/m³)	热导率/[W/(m·K)]	蓄热系数/[W/(m²·K)]	材 料 名 称	容重/(kg/m³)	热导率/[W/(m·K)]	蓄热系数/[W/(m²·K)]
夯实草泥或黏土墙	2000	0.93	10.57	石棉水泥板	1900	0.35	6.33
草泥	1000	0.35	5.11	石棉水泥隔热板	300	0.09	1.30
土坯砖墙	1600	0.70	9.18	木纤维板	600	0.16	4.18
普通黏土砖	1800	0.81	9.65	木纤维隔热板	150	0.06	1.28
多孔砖（60 孔）	1300	0.58	6.97	木锯末	250	0.07	2.03
空心砖	1000～1500	0.46～0.64	5.55～8.02	稻壳	250	0.21	8.38
硅酸盐砖	1350	0.58	7.03	芦苇	400	0.14	2.43
花岗岩	2800	3.49	25.33	稻草	320	0.09	1.80
砂岩	2400	1.87	18.13	稻草板	300	0.11	1.83
钢筋混凝土	2400	1.38	14.93	建筑用毛毡	750	0.06	1.09
矿渣混凝土	1200	0.52	5.87	沥青、油毡	600	0.17	3.31
泡沫混凝土	600	0.21	2.75	炉渣	360	0.05	1.80
加气混凝土	500	0.12	—	煤灰	1300	0.29	3.02
矿渣砖	1400	0.58	6.68	聚苯乙烯泡沫塑料	35	0.05	0.30
膨胀珍珠岩混凝土	450	0.07	2.32	玻璃棉	200	0.06	0.84

（二）建筑材料的空气特性

建筑材料的保温性能与强度在很大程度上取决于其空气特性。而材料的空气特性又与材料的孔隙多少和其中所含空气的数量有关。材料的空气特性通常以下指标来表示。

1. 容重

容重（ρ）指材料在自然状态下单位体积的质量，单位为 kg/m³。容重反映材料内的孔隙状况，有孔隙才有可能有空气。所以也用孔隙率，即在材料中孔隙所占百分率来表示。容重小的材料孔隙多，其中充满空气，而空气的热导率仅为 0.023W/(m·K)，故多孔的、轻质的材料保温隔热性能好。同样，疏松的材料（稻草、芦苇等）、颗粒材料（锯末、炉灰

等），因为所含孔隙多且充满空气而具有良好的保温隔热性能。纤维材料的热导率随纤维截面积减小而减小，即越细保温越好，并且横纤维方向的导热性小于顺纤维方向。颗粒材料的导热性则随单位体积中颗粒的增多而降低。

2. 透气性

透气性也是衡量材料隔热能力的一个指标。空气的隔热作用只有当其处于相对稳定状态时才能表现出来。因此封闭的、微孔的材料保温隔热能力比连通的、粗孔的材料好。

材料的孔隙虽有利于保温，但材料的强度则随其增加而下降。

（三）建筑材料的水分特性

建筑材料的热工特性在很大程度上受其水分特性的影响。当材料孔隙中的空气被水取代时，由于水的热导率 $[0.58W/(m \cdot K)]$ 是空气的 25 倍，故潮湿材料的导热能力显著提高。材料的水分特性主要表现在以下几个方面。

1. 吸水性

吸水性指材料在水中吸收水分，并在离水后保持水分的能力。材料的吸水性主要取决于它的孔隙率大小和孔隙特征。材料内部的孔隙按尺寸大小，可分为微细孔隙、细小孔隙、较粗大孔隙和粗大孔隙等；按常压下水能否进入孔隙中，可分为开口孔隙、封闭孔隙。一般来说，孔隙越大，吸水性也越强，但封闭孔隙水分不易渗入，粗大孔隙水分不易存留，具有较多开口和微细孔隙的材料，其吸水率往往较大。

2. 吸湿性

吸湿性指当周围空气湿度变化时，材料的湿度也随着变化的性质。其大小决定于材料本身的组织构造和化学成分。一定组织构造和化学成分的材料，其含水率决定于周围空气的温度和湿度。当空气中相对湿度增高且结构表面温度降低时，材料的吸湿性随之增高。当物体的表面孔隙多时，吸湿性也增高。

3. 透水性

透水性指材料在水压力作用下，能使水透过的性质。孔隙率大且具有较多开口孔隙的材料透水性较强。畜舍地面由于受地下水以及洗涤水、污水等因素的影响，要求地面结构具有不透水性。

4. 耐水性

耐水性指材料长期在饱和水作用下，强度不降低或不严重降低的性质。一般材料，随含水量的增加，强度均有所降低。这是由于水透入材料微粒之间，降低其联结力、软化某些不耐水成分所致。在畜舍中受水侵蚀或处于潮湿环境的结构，应选用耐水性强的材料。

可见，材料的水分特性不仅影响材料的保温隔热性能，而且影响材料的强度。

上述几种特性只涉及材料的一些物理性质，在选择材料时还应考虑材料的机械性质，如强度、硬度、弹性、韧性及耐磨性等。这些性质体现在每一种具体材料上，彼此相互制约、相互影响。

二、畜禽舍基本结构组成

畜舍的基本结构如图 3-9 所示。包括地面、墙、门窗、屋顶等。根据主要结构的形式和材料不同，可分为砖结构、木结构、钢筋混凝土结构和混合结构。

（一）基础和地基

1. 基础

基础是畜舍地面以下承受畜舍的各种荷载并将其传给地基的构件。它的作用是将畜舍本身的重量及舍内固定在地面和墙上的设备、屋顶积雪等全部荷载传给地基。墙和整个畜舍的坚固与稳定状况取决于基础。故基础应具备坚固、耐久、抗机械作用能力及防潮、抗震、抗冻能力。基础建在地基上，一般由垫层、大放脚（墙以下的加宽部分）和基础墙组成。砖基础每层放脚一般宽出6cm。

图 3-9　畜舍的基本结构
1—屋架；2—屋面；3—圈梁；4—吊顶；5—墙裙；
6—钢筋砖过梁；7—勒脚；8—地面；9—踢脚；
10—散水；11—地基；12—基础

用作基础的材料除机制砖外，还有碎砖三合土、灰土、毛石等。北方地区在膨胀土层上修建畜舍时，应将基础埋置在土层最大冻结深度以下。为防止地下水通过毛细管作用浸湿墙体，在基础墙的顶部应设防潮层（舍内地平面以下6cm）。基础应尽量避免埋置在地下水中。加强基础的保温对改善畜舍环境有重要意义。

2. 地基

地基是基础下面承受荷载的土层，有天然地基和人工地基之分。

总荷载较小的简易畜舍或小型畜舍可直接建在天然地基上，可作畜舍天然地基的土层必须具备足够的承重能力、足够的厚度，且组成一致、压缩性（下沉度）小（不超过2～3cm）而匀、抗冲刷力强、膨胀性小，地下水位在2m以下、且无侵蚀作用。沙砾、碎石、岩性土层以及有足够厚度、且不受地下水冲刷的沙质土层是良好的天然地基。黏土、黄土含水多时压缩性很大，且冬季膨胀性也大，如不能保证干燥，不适于作天然地基。富含植物有机质的土层、填土也不适用。

土层在施工前经过人工处理加固的称为人工地基。

畜舍一般应尽量选用天然地基，为了选准地基，在建筑畜舍之前，应确切掌握有关土层的组成情况、厚度及地下水位等资料，只有这样，才能保证选择的正确性。

（二）墙

墙是基础以上露出地面的部分，其作用是将屋顶和自身的荷载传给基础，同时又对房舍起围护和分隔作用。以砖墙为例，墙的重量占畜舍建筑物总重量的40%～65%；造价占总造价的30%～40%；冬季通过墙散失的热量占整个畜舍总失热量的35%～40%。舍内的湿度、通风、采光要通过墙上的窗户来调节，因此，墙对畜舍舍内温湿状况的保持和畜舍稳定性起着重要作用。

墙有不同的功能，承受屋顶荷载的墙称为承重墙，分隔舍内房间的墙称为隔断墙（或隔墙）；直接与外界接触的墙统称外墙；不与外界接触的墙为内墙；外墙之两长墙叫纵墙或主墙，两短墙叫端墙或山墙。

由于各种墙的功能不同，故在设计与施工中的要求也不同。外墙属于外围护结构，其保温隔热性能直接关系到舍内温湿状况，设计时必须满足建筑热工要求。承重墙的承载力和稳定性，必须满足结构设计要求。畜舍墙的内表面，一般用石灰水、水泥砂浆粉刷，以利保温和提高舍内照度，且便于消毒。舍内地平面以上1.0～1.5m高的墙面，应抹水泥砂浆墙裙，以避免冲洗消毒时溅湿墙面，并防止家畜弄脏墙面。值班室或其他生活办公用房，可只抹0.15m高的水泥砂浆踢脚。为了防止屋檐滴水溅湿外墙面和浸泡基础，应根据房檐挑出长度，在沿外墙四周的地面做0.6～0.8m宽的散水，散水应做2%的坡度，散水以上0.5m左右高的外墙面，应抹水泥砂浆勒脚。勒脚以上的外墙面，一般只用水泥砂浆勾砖缝，称为清水墙。为提高保温隔热性能、保护墙面和增加美观，对外墙进行粉刷，称为混水墙。

墙体必须具备：坚固、耐久、抗震、耐水、防火、抗冻；结构简单、便于清扫、消毒；同时应有良好的保温与隔热性能。墙体的保温、隔热能力取决于所采用的建筑材料的特性与厚度。尽可能选用隔热性能好的材料，保证最好的隔热设计，是最有利的经济措施。受潮不仅可使墙的导热加快，造成舍内潮湿，而且会影响墙体寿命，所以必须对墙采取严格的防潮、防水措施。

常用的墙体材料主要有砖、石、土、混凝土等。在畜舍建筑中，也有采用双层金属板中间夹聚苯板或岩棉等保温材料的复合板块作为墙体的，效果较好。

（三）门窗

门窗均属设置在墙上非承重的建筑配件。

1. 门

门的主要作用是交通和分隔房间，有时兼有采光和通风作用。畜舍内专供人出入的门一般高度为 2.0～2.4m，宽度 0.9～1.0m；供人、畜、手推车出入的门一般高 2.0～2.4m，宽 1.2～2.0m。供畜禽出入的圈栏门高度取决于隔栏高度，宽度一般为：猪 0.6～0.8m；牛、马 1.2～1.5m；羊小群饲养为 0.8～1.2m，大群饲养为 2.5～3.0m；鸡为 0.25～0.30m。门的位置可根据畜舍的长度和跨度确定，一般设在两端墙和纵墙上，若畜舍在纵墙上设门，最好设在向阳背风的一侧。畜舍外门应设坡度而不能设台阶，以便于家畜和手推车出入畜舍。为了防止雨、雪水淌入舍内，畜舍地面应高出舍外 20～30cm。在寒冷地区为加强门的保温，通常设门斗以防冷空气直接侵入，并可缓和舍内热能的外流。门斗的深度应不小于 2m，宽度应比门大出 1.0～1.2m。

2. 窗

窗户的主要作用是采光和通风，同时还具有分隔和围护作用。畜舍窗户有木窗、钢窗和铝合金窗，形式多为外开平开窗，也可用上悬窗、下悬窗或中悬窗。畜舍的窗一般不设纱窗，以利通风。鸡舍的窗应装设孔径不大于 2cm 的铁丝网，以防鸟兽。由于窗户多设在墙或屋顶上，是墙与屋顶失热的重要部分，因此，窗的面积、位置、形状和数量等，应根据不同的气候条件和家畜的要求，合理进行设计。一般原则是：在保证采光系数要求的前提下尽量少设窗户，以能保证夏季通风为宜。在畜舍建筑中也有采用密闭畜舍，即无窗畜舍的，目的是为了更有效地控制畜舍环境，但前提是必须保证可靠的人工照明和可靠的通风换气系统，要有充足可靠的电源。

窗的基本尺度一般以 300mm 为扩大模数，宽为 600mm、900mm、1200mm、1500mm、1800mm、2100mm；高为 900mm、1200mm、1500mm、1800mm、2100mm。

依靠窗通风的有窗舍，最好使用小单扇 180°立旋窗，一者防止了因风向偏离畜舍长轴时，外开窗对通风的遮挡；二者窗扇本身即为导风板，减少了舍内涡风区，改善通风效果。

（四）屋顶和天棚

1. 屋顶

屋顶是畜舍顶部的承重构件和围护构件，主要作用是承重、保温隔热和防太阳辐射、雨、雪。它由支承结构（屋架）和屋面组成。支承结构承受着畜舍顶部包括自重在内的全部荷载，并将其传给墙或柱；屋面起围护作用，可以抵御降水和风沙的侵袭，以及隔绝太阳辐射等，以满足生产需要。屋顶在夏季接受的太阳辐射热比墙多，而冬季舍内空气受热上升，屋顶失热也较多，其对于畜舍的冬季保温和夏季隔热有重要意义。屋顶除了要求防水、保温、承重外，还要求不透气、光滑、耐久、耐火、结构轻便、简单、造价便宜。任何一种材料不可能兼有防水、保温、承重三种功能，所以正确选择屋顶、处理好三方面的关系，对于保证畜舍环境的控制极为重要。

屋顶形式种类繁多，在畜舍建筑中常用的有以下几种形式（图 3-10），各种类型屋顶结构特点如表 3-8 所示。

(a) 单坡式　　(b) 双坡式　　(c) 联合式

(d) 半钟楼式　　(e) 钟楼式　　(f) 拱顶式　　(g) 平顶式

图 3-10　不同屋顶形式的畜舍样式

表 3-8　各种类型屋顶结构特点

屋顶类型	结构特点	优点	缺点	适用范围
单坡式屋顶	以山墙承重，屋顶只有一个坡向，跨度较小，一般为南墙高而北墙低	结构简单，造价低廉，既可保证采光，又缩小了北墙面积和舍内容积，有利于保温	净高较低，不便于工人在舍内操作，前面易刮进风雪	适用于单列舍和较小规模的畜群
双坡式屋顶	是最基本的畜舍屋顶形式，屋顶两个坡向，适用于大跨度畜舍	结构合理，同时有利于保温和通风，且易于修建，比较经济	如设天棚，则保温隔热效果更好	适用于较大跨度的畜舍和各种规模的不同畜群
联合式屋顶	与单坡式基本相同，但在前缘增加一个短椽，起挡风避雨作用	保温能力比单坡式屋顶大大提高	采光略差于单坡式屋顶畜舍	适用于跨度较小的畜舍
钟楼式和半钟楼式屋顶	在双坡式屋顶上增设双侧或单侧天窗	加强了通风和防暑	屋架结构复杂，用料特别是木料投资较大，造价较高，不利于防寒	多在跨度较大的畜舍采用。适用于气候炎热或温暖地区及耐寒怕热家畜的畜舍，我国多用于牛舍
拱顶式屋顶	有单曲拱与双曲拱之分，后者比较坚固。小跨度畜舍可做单曲拱，大跨度畜舍可做双曲拱	省木料，省钢材，造价较低	屋顶保温隔热效果差，在环境温度高达 30℃ 以上时，舍内闷热，畜禽焦躁不安	一般适用于跨度较小的畜舍
平屋顶	屋顶是平的	可充分利用屋顶平台，节省木材	防水问题比较难解决	可用于任何跨度的畜舍

此外，还有哥德式、锯齿式、折板式等形式的屋顶，这些在畜舍建筑上很少选用。

除上述外，我国西北地区有窑洞式畜舍，节省建材，冬暖夏凉，但通风和光照较差。

2. 天棚

又名顶棚、天花板。是将畜舍与屋顶下的空间隔开的结构。天棚的功能主要是加强畜舍冬季的保温和夏季的防热，同时也有利于通风换气。

天棚必须具备保温、隔热、不透水、不透气、坚固、耐久、防潮、耐火、光滑、结构轻便、简单的特点。无论在寒冷的北方或炎热的南方，在天棚上铺设足够厚度的保温层（或隔热层），是天棚能否起到保温隔热作用的关键，而结构严密（不透水、不透气）是保温隔热的重要保证。

常用的天棚材料有胶合板、矿棉吸声板等，在农村常常可见到草泥、芦苇、草席等简易天棚。

畜舍内的高度通常以净高表示。净高指舍内地面至天棚的高，无天棚时指室内地面至屋架下弦的高，也叫柃下高。在寒冷地区，适当降低净高有利于保温；而在炎热地区，加大净高则是加强通风、缓和高温影响的有力措施。

（五）地面

地面是指单层房舍的地表构造部分，多层房舍的水平分隔层称为楼面。

有些家畜直接在畜舍地面上生活（包括躺卧休息、睡眠、排泄），所以畜舍地面也叫畜床。畜舍地面质量的好坏，不仅影响舍内小气候与卫生状况，还会影响畜体及产品（奶、毛）的清洁，甚至影响家畜的健康及生产力。

畜舍地面的作用不同于工业和民用建筑，它既是人畜活动和生产的场地，又是地面平养畜禽采食、饮水、排泄粪尿的场所，马、牛的踩踏和猪的拱掘对地面还有破坏作用，粪尿和消毒液对地面有腐蚀作用。因此，畜舍地面的基本要求为：①坚实、致密、平坦、有弹性、不硬、不滑；②易清洗消毒、平坦而有适宜的坡度，有利于排水；③保温、不冷、不渗水、不潮湿；④经济适用。当前畜舍建筑中，很难有一种材料能满足上述诸要求，因此与畜舍地面有关的家畜肢蹄病、乳房炎及感冒等病症比较难以克服。表3-9所示是几种常用畜舍地面特性的评定记分方法，供参考。

表3-9 几种常用畜舍地面特性的评定记分方法

地面种类	坚实性	不透水性	不导热性	柔软程度	不滑程度	可消毒程度	总分
夯实土地面	1	1	3	5	4	1	15
夯实黏土地面	1	2	3	5	4	1	16
黏土碎石地面	2	3	2	4	4	1	16
石地	4	4	1	2	3	3	17
砖地	4	4	3	3	4	3	21
混凝土地面	5	5	1	2	2	5	20
木地面	3	4	5	4	3	3	22
沥青地面	5	5	2	3	5	5	25
炉渣上铺沥青	5	5	4	4	5	5	28

畜舍一般采用混凝土地面，它除了保温性能差外，其他性能均较好。土地面、三合土地面、砖地面、木地面等，保温性能虽好于混凝土地面，但不坚固、易吸水，不便于清洗、消毒。沥青混凝土地面保温隔热较好，其他性能也较理想，但因含有危害畜禽健康的有毒有害物质，现已禁止在畜舍内使用。图3-11所示是几种地面的一般做法。地面性能与畜舍环境、家畜健康直接相关。

地面的温热状况对畜舍小气候的影响很大。保温性差的地面（石地面、混凝土地面等），冬季会使舍内热量向地层和舍外过多地散失，从而降低舍内气温；同时，家畜躺卧其上，冬

图 3-11　几种地面的一般做法

季体热传导散失较多，易患关节炎、肌肉炎、风湿等病症，特别是幼畜禽，还常造成肠炎、下痢。如果在选用材料及结构上能有保证，当家畜躺在地面——畜床上时，热能可被地面蓄积起来，而不致传导散失，在家畜站起后大部分热能放散至舍内空气中，这不仅有利于地面的保温，而且有利于调节舍温。有材料证明：奶牛在一天内有 50％的时间躺在牛床上，中间起立 12～14 次，整个牛群起立后，舍温可升高 1～2℃。

地面的防水、隔潮性能对地面本身的导热性和舍内小气候状况、卫生状况的影响也很大。地面隔潮防水不好是地面潮湿、畜舍空气湿度大的原因之一。吸水性强的地面（土地面、三合土地面、砖地面等）、高低不平或易遭破坏形成坑洼的地面，会吸收或积存粪尿污水，使舍内潮湿、空气污浊。地面透水，畜尿、粪水及洗涤水会渗入地面下土层，使地面导热能力增强，从而导致畜体躺卧时失热增多，同时微生物容易繁殖，污水腐败分解也易使空气污染。

地面平坦、有弹性且不滑，在畜牧生产上是一项重要的环境卫生学要求。地面太硬，不仅家畜躺卧时感到不舒适，且对家畜四肢（尤其拴养时）有害，易引起膝关节水肿，家畜也易疲劳。地面太滑，家畜易摔倒，以致挫伤、骨折、母畜流产。地面不平，如卵石地面，容易伤害家畜蹄、腱，也易积水，且不便清扫、消毒。地面向排尿沟应有适当坡度，以保证洗涤水及尿水顺利排走。牛、马舍地面的适宜坡度为 1％～1.5％，猪舍为 3％～4％。坡度过大会造成家畜四肢、腱、韧带负重不匀，而对拴养家畜会导致后肢负担过重，造成母畜子宫脱垂与流产。

因此，要克服上述矛盾，修建符合要求的畜舍地面必须从下列三方面补救：①畜舍不同部位采用不同材料的地面，如畜床部位采用三合土、木板，而在通道采用混凝土；②采用特殊的构造，即地面的不同层次用不同材料，取长补短，达到良好的效果；③铺设厩垫，在畜床部位铺设橡皮或塑料厩垫已用于改善地面状况，并收到良好效果，铺木板、铺垫草也可视为厩垫。

（六）其他结构和配件

1. 过梁和圈梁

过梁是设在门窗洞口上的构件，起承受洞口以上构件重量的作用，有砖（砖拱）、木板、钢筋和钢筋混凝土过梁。畜舍的门窗过梁一般可用圈梁兼作过梁。圈梁是加强房舍整体稳定性的构件，设在墙顶部或中部，或地基上。一般地说，砖过梁高度为 24cm，钢筋砖过梁和钢筋砖圈梁高度为 30～42cm，钢筋混凝土圈梁高度为 18～24cm。过梁和圈梁的宽度一般与墙等同。

2. 吊顶

吊顶为屋顶底部的附加构件，一般用于坡屋顶，起保温、隔热、有利通风、提高舍内照度、缩小舍内空间、便于清洗消毒等作用。根据使用材料的不同，在畜舍中可采用纤维板吊顶、苇箔抹灰吊顶、玻璃钢吊顶、矿棉吸声板吊顶等。

➤ 工作页

子任务 3-2　畜禽舍基本结构设计资讯单　见《学生实践技能训练工作手册》。
子任务 3-2　畜禽舍基本结构设计记录单　见《学生实践技能训练工作手册》。
子任务 3-2　畜禽舍基本结构设计考核单　见《学生实践技能训练工作手册》。

❖ 子任务 3-3　畜禽舍效果图制作

➤ 任务要求

用相关制图软件，制作各种不同类型的畜禽舍效果图。

➤ 参考流程

➤ 资讯

一、制图软件简介

1. 3DS MAX 软件

3DS MAX 是目前国内使用最广的三维设计软件，在建筑动画、建筑效果图及影视广告领域有着广泛的应用。其工作界面如图 3-12 所示。该软件的主要组成部分包括材质编辑器、相机的设置、灯光的设置等。

图 3-12　3DS MAX 工作界面　　　　　　图 3-13　Photoshop CS3 工作界面

2. Photoshop 软件

Photoshop 是从事平面设计、网页设计、三维效果图制作、后期合成、图像处理等工作的专业人士必备的工具软件。Photoshop 软件一般是对效果图进行后期处理，使效果图更加完美。Photoshop CS 中文版的工作界面主要由标题栏、菜单栏、工具选项栏、工具箱、控制面板和状态栏组成，如图 3-13 所示。

3. CorelDRAW 软件

CorelDRAW 是 Corel 公司推出的平面设计软件，功能强大、系统稳定、操作简易。它将绘画与插图、文本操作、绘图编辑、文件转换、高品质的输出等融合于一体，在工业设计、网页制作、建筑施工与效果图绘制等领域得到广泛的应用。

其功能主要包括对文件的基本操作、文本特效、封面设计、版面设计、广告创意、展板设计、文件的导入与输出、户型设计、展架设计等，其常用工具包含绘图工具（圆、矩形、多边形工具，轮廓工具组，填充工具，造型工具）、交互式特效工具、图像的常用尺寸与比例等。CorelDRAW 软件工作界面如图 3-14 所示。

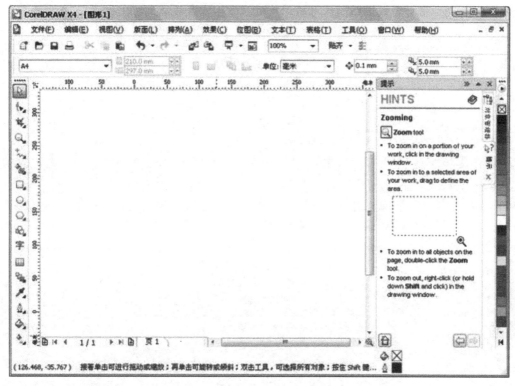

图 3-14　CorelDRAW 软件工作界面

4. Auto CAD 软件

Auto CAD 是由美国 Autodesk 公司开发的大型计算机辅助绘图软件，主要用来绘制工程图样。它为工程设计人员提供了强有力的二维和三维设计与绘图功能。当前 Auto CAD 已经广泛应用于机械、电子、服装、建筑等设计领域。其工作界面如图 3-15 所示。

图 3-15　Auto CAD 2010 中文版工作界面截图

二、畜禽舍效果图制作

根据前面所学知识，利用制图软件，分组制作各种不同类型的畜禽舍效果图，小组讨论后提出修改意见，完成后期处理与制作后提交作业。

➤ 工作页

子任务 3-3　畜禽舍效果图制作资讯单　见《学生实践技能训练工作手册》。
子任务 3-3　畜禽舍效果图制作记录单　见《学生实践技能训练工作手册》。
子任务 3-3　畜禽舍效果图制作考核单　见《学生实践技能训练工作手册》。

畜禽舍配套设备选择与维护

❖ 学习目标

■ 会设计畜舍自然采光方案，如设计窗户面积、高度和间距等。
■ 会设计畜舍人工照明方案，如设计灯的高度、间距等。
■ 在确定通风方式的基础上，会选择风机并能安装。
■ 能制定畜舍温度控制措施。
■ 学会规模化猪（鸡）场配套设备设施的使用方法与操作程序。
■ 能对畜舍环境自动控制系统进行简单的设计。
■ 能对畜舍设备进行基本维护。

❖ 任务说明

■ 任务概述
在设计畜禽舍基本结构的基础上，给畜禽舍安装窗户和风机，设计人工照明方案，制定畜禽舍温度控制措施；到规模化猪（鸡）场实践，学会其配套设备设施的使用方法与操作程序；能对畜舍设备进行简单维护。

■ 任务载体
规模化养殖场畜禽舍，设计方案。

■ 技术流程

采光设计 ⟹ 通风设计 ⟹ 保温隔热设计 ⟹ 设备使用与维护

■ 任务开展的依据

子 任 务	工作依据及资讯	资讯单	记录单	考核单
4-1 采光设计	影响畜舍采光的因素	4-1	4-1	4-1
4-2 通风系统设计	确定通风量的方法	4-2	4-2	4-2
4-3 保温隔热设计	畜舍内热量的来源，温度高低对畜禽的影响，保温隔热措施	4-3	4-3	4-3
4-4 自动控制系统设计	自动控制系统工作原理与操作方法	4-4	4-4	4-4
4-5 畜禽舍配套设备维护	设备使用与维修方法	4-5	4-5	4-5

❖ **学习建议**

■ 可先到不同类型的规模化养殖场现场了解畜舍环境控制的措施与方法，做出分析与比较，然后小组讨论完成相应任务。

❖ **子任务 4-1 采光设计**

➤ **任务要求**

1. 现有一栋 12m×60m 的育肥猪舍，采光利用自然采光和人工照明相结合的方式。请你设计出需要的窗户数量、安装窗户的位置并确定安装灯具时灯具的位置和高度。

2. 现有一栋 8m×75m 的肉种鸡舍，请设计人工照明。

➤ **参考流程**

■ 自然采光设计

■ 人工照明设计

➤ **资讯**

以太阳为光源，通过畜舍门、窗或其他透光构件使太阳的直射光或散射光进入畜舍，称为自然采光。以白炽灯、荧光灯等人工光源进行畜舍采光，称为人工照明。自然采光节能节电，但光照强度和时间随季节和一天的时间而不断变化，难以控制，舍内照度也不均匀，特别是跨度较大的畜舍，中央部位照度更差。为了补充自然光照的不足，或满足夜间饲养管理工作的需要，自然采光畜舍也应有人工照明设备。密闭式畜舍必须设置人工照明，其光照强度和时间可根据畜禽要求或工作需要加以控制。

一、光照概述

太阳以电磁波的形式向周围辐射能量，称为太阳辐射。光是太阳的辐射能以电磁波的形式，投射到地球表面上的辐射线。光质、光强以及光照时间对畜禽的生理机能、健康和生产力均有着直接或间接的影响。

太阳光波长范围 $(5～3)×10^5$nm，其光谱组成按人类视觉反应可分三个光谱区：红外线、可见光、紫外线（表 4-1）。

表 4-1 太阳辐射的光谱

（引自：冯春霞. 家畜环境卫生. 北京：中国农业出版社，2001）

波长/nm	$3×10^5～760$	760～620	620～590	590～560	560～500	500～470	470～430	430～400	400～5
辐射种类	红外线	红	橙	黄	绿	青	蓝	紫	紫外线

太阳辐射能主要是波长在 400～760nm 的可见光，约占总能量的 50%；其次是波长大于 760nm 的红外线，约占总辐射能的 43%；最后是波长小于 400nm 的紫外线，约占总辐射能的 7%。靠近红光的光所含热能比例较大，靠近紫光的光所含热能比例较小。

（一）可见光对畜禽健康及生产力的影响

可见光指太阳辐射中能使人和动物产生光觉和色觉的部分。我们常说的光照主要指可见光，它是一切生物生存所不可缺少的条件。

可见光对动物的生殖、生长、发育、体色变化及毛羽更换等都有影响。如春天生殖的鸟、兽，光可促进其生殖腺机能活跃。可见光的照射还可改变某些昆虫的体色，如将一种蛱蝶分别养在光照和黑暗的环境下，生长在光照环境中的蛱蝶体色变淡；而生长在黑暗环境中的，体色变暗。

不同颜色的光源可以改善机体的感觉，改变情绪和状态。如红光有兴奋作用，蓝、绿光有镇静作用，黄光会使机体感到舒适。一般认为在群饲笼养或大群平养条件下，白色光可诱发鸡的争斗，红色光则有抑制作用，可防啄癖（啄尻）。另有实验表明，红光有利于碳水化合物的合成，蓝光有利于蛋白质的合成。

（二）光照强度对畜禽健康及生产力的影响

光照强度对动物的生长发育和形态形成有重要作用。例如蛙卵在有光的情况下孵化快，发育也快；而贻贝则在黑暗情况下长得较快。柔和的光线和适宜的光强，可使机体保持比较轻松愉快的状态。

在肥育期内的家畜，过强的光照会引起精神兴奋，减少休息时间，提高代谢率，从而影响增重和饲料利用率。肥育期光照强度的大小和作用时间，以便于饲养管理工作的进行和使家畜能保持其基本活动即可。母猪舍内的光强以 60～100lx（勒克斯）为宜，肥猪舍以 40～50lx 为好。

> **资料卡**
>
> lx（勒克斯）：lx 是光照度的单位，照度是表示光线强弱、明暗的亮度单位，它是指光（自然光源或人工光源）射到一个平面的光通量密度，即 $1m^2$ 的平面上通过的光量。1lx 照度的光量相当于一根蜡烛的发光量。在同一个房间内，距离光源的远近不同，不同地点的光照度就不相同。

鸡对可见光的感光阈很低，当亮度较低时，鸡群比较安静，生产性能与饲料利用率均较高；光照过强时，容易发生啄癖。一般蛋鸡和种鸡光照强度可保持在 10lx，肉鸡和雏鸡 5lx 即可。

（三）光照时间对畜禽健康及生产力的影响

光照时间对畜禽的繁殖性能有重要的调节作用。由于日照时间不同，动物的性活动有明显的季节性。春、夏季节，光照时间逐渐增加，有些动物开始发情配种，这类动物称为"长日照动物"，如马、驴、雪貂等一般食肉、食虫兽以及所有的鸟类。秋、冬季节，光照时间逐渐缩短，有些动物在此时发情配种，如山羊、绵羊、鹿和一般野生反刍兽，这类动物称为"短日照动物"。还有些动物如牛、猪、兔等对光周期的变化不太敏感，一般能终年配种繁殖。

资料证明，在逐渐递增的光照条件下，公禽的精子生成增加，母禽性成熟及开产时间提早；适当延长每天光照时间，将显著提高产蛋量和受精率。现在，各种不同的光照制度如递增制、递减制、恒定制、间歇制等，在养禽业上已被广泛采用。此外，利用光照控制绵羊的发情和产羔的季节性，通过改变光照制度克服公羊的季节性不育现象，在生产上也有应用。适当地延长光照时间，可以提高牛和家兔的受胎率。

光照还决定某些动物的被毛脱换，角的脱落、再生，某些动物的冬眠和迁徙等机能和习性。如家畜的被毛，每年都在一定时期脱落更换。利用人工调节光照的办法，可以控制家畜的脱毛，如在集约化养鸡生产中，鸡舍内的光照时间完全由人工根据饲养管理来控制，消除了自然光照季节性变化的影响，因而鸡的脱毛时间也发生了明显的改变。

二、自然采光设计

自然光照取决于通过畜舍开露部分或窗户透入的太阳直射光或散射光的量，而进入舍内的光量与畜舍朝向、舍外情况、窗户的面积、入射角与透光角、舍内反光面、舍内设置与布局等多种因素有关。采光设计的任务就是通过合理设计采光窗的位置、形状、数量和面积，保证畜舍的自然采光要求，并尽量使照度分布均匀。

图 4-1　窗口入射角和透光角

1. 确定窗口位置

（1）根据畜舍窗口的入射角与透光角确定　对冬季直射阳光无照射位置要求时，可按入射角与透光角来计算窗口上、下缘的高度。如图 4-1 所示，窗口入射角是指窗口上缘外角至畜舍中央一点（跨度的 1/2）的连线 AB 与地面的夹角 α（即$\angle BAD$）。入射角越大，射入舍内的光量越多。为保证舍内得到适宜的光照，畜舍的入射角要求不小于 $25°$。透光角是指窗口下缘内角至畜舍中央一点的连线 AC 与 AB 之间的夹角 β（即$\angle BAC$）。透光角越大，采光越多。畜舍的透光角要求不小于 $5°$。

如果窗外有树或其他建筑物遮挡时，引向窗户下缘的直线应改为引向遮挡物的最高点。

（2）根据太阳高度角确定　要求冬季直射阳光照射畜舍一定位置（如畜床），或要求屋檐夏季遮阳时，需先计算太阳高度角，然后计算南窗上、下缘高度或出檐长度。

太阳高度角是指太阳光线与地平面之间的夹角。同一地点同一当地时辰的太阳高度角，以夏至日最大，冬至日最小；同地点同日期的太阳高度角，以当地时间正午 12 时最大，日出日落时最小。太阳高度角的变化，直接影响到通过窗口进入舍内的直射光量。当窗户上缘（或屋檐）与畜床后缘所引直线同舍内地面水平线之间的夹角大于当地冬至日的太阳高度角时，可使冬至前后有较多的太阳光直射在畜床上；而当窗户上缘外侧（或屋檐）与窗台内侧所引直线与舍内地面水平线之间的夹角小于当地夏至日的太阳高度角时，就可避免夏至前后太阳直射光进入舍内。

2. 窗口面积的计算

窗口面积可按采光系数（窗地比）计算：

$$A = KF_d/\tau$$

式中，A 为采光窗口（不包括窗框和窗扇）的总面积，m^2；K 为采光系数，可查表 4-2；F_d 为舍内地面面积，m^2；τ 为窗扇遮挡系数，单层金属窗为 0.80，双层金属窗为 0.65，单层木窗为 0.70，双层木窗为 0.50。

> **资料卡**
>
> 采光系数：采光系数指窗户的有效采光面积同舍内地面面积之比。
>
> 例如，能容纳 40 头乳牛的牛舍跨度为 8m，纵墙长度为 30m，该舍有 20 个窗户，每个窗户有 6 块玻璃，每块玻璃规格为 0.4m×0.5m。则该舍的采光系数为：$0.4×0.5×6×20/30×8 = 1:10$。

表 4-2　各种畜舍自然采光系数（窗地比）标准

畜舍		采光系数	畜舍		采光系数
牛舍	拴系或无拴系成乳牛舍、青年牛舍、犊牛舍	1：10～1：15	羊舍	母羊舍、公羊舍、断奶羔羊舍、去势羊舍	1：20
	育肥牛舍	1：20～1：30		产房及暖圈	1：15
	产间	1：10～1：15		剪毛站及羊舍内调教场	1：10
	挤奶厅、乳品间、洗涤间、采精间、精液检查室	1：10～1：12	禽舍	地面平养或笼养蛋鸡舍	1：10～1：12
				父母代种鸡舍	1：10
	其他附属用房	1：10～1：20		育成鸡舍	1：8～1：10
猪舍	种公猪舍、空怀母猪舍、妊娠母猪舍	1：10～1：12		地面平养或笼养肉鸡舍	1：15
	产房、带仔母猪舍	1：10～1：12		群养火鸡舍或鸭舍	1：10～1：12
	断奶至 4 月龄育成猪舍、后备猪舍	1：10		育成火鸡舍、育成鸭舍、育成鹅舍	1：10
	育肥猪舍	1：15～1：20		地面平养或笼养肉用火鸡、鸭、鹅舍	1：15
				孵化间（包括出雏及雌雄鉴别室）	1：6

3. 窗的数量、形状和布置

窗的数量应首先根据当地气候确定南北窗面积比例，然后考虑光照均匀和房屋结构对窗间墙宽度的要求。炎热地区南北窗面积之比可为 1：1～2：1，夏热冬冷和寒冷地区可为 2：1～4：1。为使采光均匀，在窗面积一定时，增加窗的数量可以减小窗间墙的宽度，从而提高舍内光照均匀度。如图 4-2 所示，左右两图窗高均为 1.5m，每间的窗面积均为 2.7m²，左图每间一个窗，窗间墙宽 1.2m；右图每间两个窗，窗间墙为 0.6m。但窗间墙的宽度不能过小，必须满足结构要求，如梁下不得开洞，梁下窗间墙宽度不得小于结构要求的最小值。

图 4-2　窗的数量与窗间墙的宽度（单位：mm）

窗的形状也关系到采光与通风的均匀程度。在窗面积一定时，采用宽度大而高度小的"卧式窗"，可使舍内长度方向光照和通风较均匀，而跨度方向则较差；高度大而宽度小的"立式窗"，光照和通风均匀程度与卧式窗相反；方形窗光照、通风效果介于上述两者之间。设计时应根据家畜对采光和通风的要求及畜舍跨度大小，参照门窗标准图集酌情确定。

三、人工照明设计

人工照明一般以白炽灯和荧光灯作光源，不仅用于密闭式畜舍，也用于自然采光畜舍作补充光照。人工照明设计的任务在于保证舍内所需光照强度和时间，并使照度分布均匀。可按下列步骤进行。

1. 选择灯具种类

根据畜舍光照标准和 1m² 地面设 1W 光源提供的照度，按畜舍面积，计算畜舍所需光源总瓦数，再根据各种灯具的特性确定灯具种类。各种数据如表 4-3～表 4-5 所示。

$$光源总瓦数 = \frac{畜舍适宜照度}{1m² 地面设 1W 光源提供的照度} \times 畜舍总面积$$

表 4-3　畜禽舍人工光照标准

畜　舍		光照时间/h	照度/lx	
			荧光灯	白炽灯
牛舍	乳牛舍、种公牛舍、后备牛舍饲喂处	16～18	75	30
	休息处或单栏、单元内产间	—	50	20
	卫生工作间	—	75	30
	产房	—	150	100
	犊牛舍	—	100	50
	带犊母牛的单栏或隔间	—	75	30
	青年牛舍(单间或群饲栏)	14～18	50	20
	肥育牛舍(单栏或群饲栏)	6～8	50	20
	饲喂场或运动场	—	5	5
	挤奶厅、乳品间、洗涤间、化验室	—	150	100
猪舍	种公猪舍、育成猪舍、母猪舍、断奶仔猪舍	14～18	75	30
	肥猪舍(瘦肉型)	8～12	50	20
羊舍	母羊舍、公羊舍、断奶羔羊舍	8～10	75	30
	育肥羊舍	—	50	20
	产房及暖圈	16～18	100	50
	剪毛站及公羊舍内调教场	—	200	150
鸡舍	0～3 日龄	23	50	30
	4 日龄～19 周龄	23 渐减或突减为 8～9		5
	成鸡舍	14～17		10
	肉用仔鸡舍	23 或 3 明 1 暗		0～3 日龄为 25,以后减为 5～10
兔舍及皮毛兽舍	封闭式兔舍、各种皮毛兽笼、棚	16～18	75	50
	幼兽棚	16～18	10	10
	毛长成的商品兽棚	6～7	—	—

注：有窗舍应减至当地培育期最长日照时间。

表 4-4　1m² 舍内面积设 1W 光源可提供的照度　　　　　　lx

光源种类	白炽灯	荧光灯	卤钨灯
1W 光源可提供的照度	3.5～5.0	12.0～17.0	5.0～7.0

表 4-5　不同功率白炽灯及节能荧光灯在不同距离的照度性能试验　　　　　　lx

距离/m	白炽灯 40W	白炽灯 60W	白炽灯 100W	节能荧光灯 26W
0.5	610	815	1542	1182
1.0	124	185	334	272
1.5	64	96	179	129
2.0	44	65	122	94
2.5	29	46	87	64

2. 确定灯具数量

按行距和灯间距各约 3m 布置灯具，或按工作的照明要求来布置灯具。不同行的灯具平行或交叉排列。灯具布置方案确定后，即可算出所需灯具盏数。

3. 计算每盏灯具瓦数

根据总瓦数和灯具盏数，算出每盏灯具瓦数。

4. 影响人工照明的因素

(1) 光源　家畜一般可以看见波长为 400～700nm 的光线，所以用白炽灯或荧光灯皆可。荧光灯耗电量比白炽灯少，而且光线比较柔和，不刺激眼睛；但设备投资较高，而且在一定温度下（21.0～26.7℃）光照效率最高，温度太低时不易启亮。一般白炽灯泡大约有49%的光可利用，如1W电能可发光12.56lx，其中49%即6.15lx可利用，一只40W的灯泡发出502.4lx的光，则有效利用的为246.2lx。一般每0.37m²面积需1W灯泡或1m²面积需2.7W灯泡，1m²可提供16.6lx的光照。

（2）灯的高度　灯的高度直接影响地面的光照度。灯越高，地面的照度就越小，一般灯具的高度为2.0～2.4m。为在地面获得10lx照度，白炽灯的高度应按表4-6设置。

表 4-6　在地面获得 10lx 照度时白炽灯的适宜高度

功率/W		15	25	40	60	75	100
适宜高度/m	有灯罩	1.1	1.4	2.0	3.1	3.2	4.1
	无灯罩	0.7	0.9	1.4	2.1	2.3	2.9

（3）灯的分布　为使舍内的照度比较均匀，应适当降低每个灯的瓦数，而增加舍内的总装灯数。鸡舍内装设白炽灯时，以40～60W为宜，不可过大。灯与灯之间的距离，应为灯高度的1.5倍。舍内如果装设两排以上灯，应交错排列。靠墙的灯，同墙的距离应为灯间距的一半。灯不可使用软线吊挂，以防被风吹动而使鸡受惊。如为笼养，灯的布置应使灯光照射到料槽，特别要注意下层笼的光照强度，因此，灯一般设置在两列笼间的走道上方。

（4）灯罩　使用灯罩可使光照强度增加50%。避免使用上部敞开的圆锥形灯罩，因为它的反光效果较差，而且将光线局限在很小的范围内，一般应采用平形或伞形灯罩。不加灯罩的灯所发出的光线，约有30%被墙、顶棚、各种设备等吸收。如安装反光灯罩，比不用反光灯罩的光照强度大45%，反光罩以直径25～30cm的伞形反光灯罩为宜。

（5）灯泡质量与清洁度　灯泡质量差与阴暗将减少光照30%，脏灯泡发出的光约比干净灯泡减少1/3。

5. 鸡的人工光照制度

现代鸡场光照管理已成必需措施，蛋鸡与种鸡基本相同，肉鸡则自成一套。

（1）种鸡与蛋鸡的光照制度

① 渐减渐增法：在育成期逐渐减少每天的光照时数，这样可以适当推迟母鸡的开产期，有利于鸡的生长发育，能提高成年后的产蛋率、增加蛋重。在产蛋期则逐渐增加每天的光照时数，使产蛋率持续上升或保持在较高水平上。每天光照时数达到16～17h后，即保持稳定不变（表4-7）。

表 4-7　密闭式鸡舍光照管理参考方案

周　龄	光照时间/(h/d)	周　龄	光照时间/(h/d)	周　龄	光照时间/(h/d)
0～1	23	20	11	24	15
2～17	8～9	21	12	25～68	16
18	9	22	13	69～76	17
19	10	23	14		

② 恒定法：育成期内每天的光照时数固定不变，产蛋期则逐渐延长光照时数，达到16～17h后，保持稳定不变。此法比渐减渐增法简单，而且也可收到很好的效果。

（2）肉鸡的光照制度

① 连续光照制：即从苗鸡入舍即给予23h光照、1h黑暗，直至上市。某些场在饲养至中后期时鉴于鸡已熟悉食、水槽位置，夜间不再开灯，以节省用电。

② 间歇光照制：即雏鸡给予连续光照，然后逐渐从5h光照（5L）、1h黑暗（1D），到3L/2D，最后至2L/3D。此法必须有充足的食、水槽位置，保证光照时鸡只同时采食。此法

生长快、饲料利用率高，又省电，但管理复杂，最好采用自动控制。

在畜牧生产中，光照制度是根据各种家畜对光照强度、时间和明暗变化规律的要求制定的，并可以按程序进行自动控制。

➤ 照度测定及采光设计技能训练

（一）目的

掌握光照度测定方法以及采光系数、入射角、透光角的测定和计算，学会照度及采光的设计。

（二）仪器、设备

皮尺、钢卷尺、照度计。

（三）照度计的结构、原理、使用方法及采光设计

1. 照度计

照度是指物体表面所接受的光照强度，单位是 lm/m^2，称为勒克斯（lx）。在 $1m^2$ 面积的物体被均匀照射的光通量为 $1lm$ 时，它的照度为 1 勒克斯（lx）。测量照度的仪器叫照度计，现在常用的是光电照度计，常见有普通照度计和数字照度计两种。

（1）结构　由感应部分（光电池）和仪表部分组成。

（2）原理　应用"光电效应"原理制成，当把光电池放在测定地点时会根据该处光的强弱产生相应比例的电流，此电流通过导线传到灵敏电流表内，电流表读数反映该处照度。

（3）使用方法　使用前先调整电流表指针，使其归于零位。同时检查量程开关，使其置于"关"位。将光电池的导线插入插座内。测量前，根据被测光源的强弱选择合适挡位。如无法确定时，应首先选择高挡位，再根据指针位置确定测定时的精确挡位。如光线很强，应加设滤光器。测量时，将光电池放在被测地点，且与外来光线垂直，经 $1\sim2min$，调节量程开关，待指针稳定后读数。可用多次测量的平均值作为最后结果。测量完毕，恢复量程开关到"关"的位置。将滤光器盖在光电池上，整理装箱。

（4）使用注意事项

① 照度计是较精密仪器，在携带、使用过程中要避免剧烈震动，外界不得有腐蚀性气体存在，不得靠近大磁场。保存温度 $0\sim40℃$，相对湿度不超过 85%。

② 测量前，为安全起见，应将滤光器罩上，以免光电池突受强光，造成损害，然后根据具体情况决定是否用滤光器，一般来讲量程开关应从高挡转向低挡。

③ 光电池的灵敏度随时间的延长而逐渐衰减，所以在仪器的使用过程中，要经常校正。光电池有惯性，因此在测量前，应将光电池在相应照度环境下暴晒一段时间再使用。

④ 观测时周围不得站人，防止遮挡光线，影响测定结果。光电池也受温度的影响，因此要避开辐射热。

2. 采光系数的测定

窗户有效采光面积的测定方法：先计算畜舍窗户玻璃块数，然后测量每块玻璃的面积，只计窗户玻璃、不计门和外面的运动场，不计窗框。

畜舍内地面有效面积：除粪道及喂饲道的所有地面面积。

采光系数是衡量采光性能的一个主要指标，但只能说明采光面积而不能说明窗户的高低和采光程度。因为窗户的形状对采光也有影响，当窗户高时采光更好，所以要进一步测定入射角和透光角。

窗户面积越大采光越好，但不利于保温，考虑防寒作用，所以不同畜舍的采光系数不同。

3. 入射角的测定

入射角指窗户上缘与畜舍地面中央一点的连线和地平线形成的夹角∠ABC（图4-3）。入射角越大越有利于采光，但也不能过大，因为其受畜舍净高的影响。测定时先测量AC长度和BC长度（BC长度为畜舍宽度的一半），然后根据 $\tan\angle ABC = AC/BC$，算出

图4-3 入射角、透光角示意图

AC/BC的数值。在表4-8中查出∠ABC的角度。为了保证畜舍采光性能好，一般入射角要≥25°。

入射角只能说明窗户的上缘高度，所以要进一步测定透光角。

表4-8 入射角、透光角函数简表

tan 值	度数/(°)	tan 值	度数/(°)	tan 值	度数/(°)
0	0	0.29	16	0.90	42
0.02	1	0.32	18	1.00	45
0.03	2	0.36	20	1.11	48
0.05	3	0.40	22	1.23	51
0.07	4	0.45	24	1.38	54
0.09	5	0.49	26	1.54	57
0.11	6	0.53	28	1.76	60
0.12	7	0.57	30	1.96	63
0.14	8	0.62	32	2.25	66
0.16	9	0.67	34	2.60	69
0.18	10	0.73	36	3.08	72
0.21	11	0.78	38	4.01	76
0.25	12	0.84	40	5.67	80

4. 透光角的测定

指窗户上缘、下缘分别与畜舍地面中央一点连线所形成的夹角∠ABD（图4-3）。求透光角时，先按上述方法求出∠DBC，然后用∠ABC−∠DBC，即求得透光角∠ABD。为了保证畜舍采光性能好和能够防寒，一般透光角要≥5°。

➤ 工作页

子任务4-1 采光设计资讯单 见《学生实践技能训练工作手册》。
子任务4-1 采光设计记录单 见《学生实践技能训练工作手册》。
子任务4-1 采光设计考核单 见《学生实践技能训练工作手册》。

❖ 子任务4-2 通风系统设计

➤ 任务要求

1. 现有一栋14m×100m的肉鸡舍，主要采用风机和水帘相结合的通风方式，请你设计出水帘的位置、面积和风机的数量、功率。

2. 现有一栋10m×90m的育肥猪舍，主要采用机械通风方式，请设计出风机的数量、功率及安装的位置。

任务4

畜禽舍配套设备选择与维护

81

➢ 参考流程

确定通风量 → 选择通风方式 → 设置通风口 → 安装风机与水帘 → 检验通风效果

➢ 资讯

畜舍通风换气是改善畜舍小气候环境的重要手段之一，为保持舍内适宜的环境条件，必须进行通风换气。夏季加强通风，可促进畜体的蒸发散热和对流散热，缓和高温的不良影响；冬季密闭畜舍内，通过引进舍外新鲜空气，排除舍内污浊空气，既能防止舍内潮湿，又可提高空气质量。前者可以称为通风，后者可以称为换气。

一、畜舍通风方式

畜舍通风有两种方式：一为自然通风，利用进、排风口（如门、窗等），依靠风压和热压为动力的通风；二为机械通风，依靠机械动力实行强制通风。我国大部分地区，炎热季节单纯依靠自然通风一般难以满足畜禽对热湿环境的要求，需要借助机械辅助通风。对于无窗密闭舍，为防止停电造成的通风和光照问题，须在纵墙上按舍内地面面积的 2.5% 设置"应急窗"（不透光的保温窗）。

（一）自然通风

自然通风是利用舍内外温度差所造成的热压或风力作用所造成的风压，来实现换气的一种通风方式。它不需要任何机械设备，常常可以达到很大的通风换气量，是一种最经济的通风方式。

1. 自然通风原理

自然通风的动力为风压或热压。风压是指大气流动（即刮风）时，作用于建筑物表面的压力。风压通风是当风吹向建筑物时，迎风面风压大形成正压，背风面风压小形成负压，气流由正压区开口流入，由负压区开口排出所形成的自然通风（图4-4）。只要有风，就有自然通风现象。风压通风量的大小取决于风向角、风速、进风口和排风口的面积；舍内气流分布取决于进风口的形状、位置及分布等。热压是指空气温热不均而发生密度差异产生的压差。热压通风即舍内空气受热膨胀上升，在高处形成高压区，屋顶与天棚如有开口或孔隙，空气就会排出舍外；畜舍下部因冷空气不断受热上升，形成空气稀薄的负压区，舍外较冷的新鲜空气不断渗入舍内补充，如此循环形成自然通风（图4-5）。热压通风量的大小取决于舍内外温差、进风口和排风口的面积；舍内气流分布则取决于进风口和排风口的形状、位置和分布。

图4-4　风压通风　　　　　　　　　　　　　图4-5　热压通风

自然通风实际是风压和热压同时作用的结果，但风压的作用一般大于热压。为提高畜舍自然通风效果，畜舍跨度不应过大，9m 以下较为适宜；门、窗、进排风口等的密闭性要好。另外，合理的建筑朝向、进气口方位、舍内设施设备布置等对自然通风效果也有很大影响，设计时应加以充分考虑。

2. 通风管的构造及安装

（1）进气管 用木板做成，断面呈正方形。均匀或交错安装在纵墙上，彼此间的距离为2～4m，墙外进气口向下弯有利于避免形成穿堂风或冬季冷空气直接吹向畜禽。进气口设有铁丝网，墙里侧设有调节板以控制风量大小。在温热地区，进气口设置在窗户的下侧，距墙基10～15cm处，也可以用地窗来代替。在寒冷地区，进气口常设置在窗户的上侧，距屋檐10～15cm处，也有的猪禽舍将进气口设置成侧壁式，即进气口处为空心墙，墙内外分别上下交错开口，使冷空气流通时有个预热的过程。

（2）排气管 用木板做成，断面为正方形，管壁光滑，不漏气、保温。常设置在屋脊正中或其两侧并交错，下端从天棚开始，紧贴天棚设有调节板以控制风量，上端突出屋脊50～70cm，排气管间的距离在8～12m之间。在排气管顶部设有风帽，可以防止降水或降雪落入舍内，同时能加强通风换气效果，风帽的形式有屋顶式和百叶式。

（二）机械通风

由于自然通风受到许多因素特别是气象条件的制约，难以满足畜舍通风换气的需要，尤其是在炎热的夏天。因此，为了给家畜创造适宜的环境条件，保证家畜健康和生产力的充分发挥，必须辅以机械通风，尤其是大型畜舍必须通过机械通风来实现对畜舍环境的控制。

机械通风也叫强制通风。为了使机械通风系统能够正常运转，真正起到控制畜舍内空气环境的作用，要求畜舍必须有良好的隔热性能，否则，即使实现机械通风也无法保证良好的环境。按照畜舍内气压变化分类，机械通风可分为负压通风、正压通风和联合通风三种方式。

1. 负压通风

亦称排气式通风或排风。它利用风机将舍内污浊空气抽出，由于舍内空气被抽出，变成空气稀薄的空间，压力相对小于舍外，新鲜空气即可通过进气口或进气管流入舍内而形成舍内外空气交换。目前，一般畜舍都采用此种通风方式，其设备简单、投资少、管理费用较低。负压通风根据风机安装位置可分为一侧排风、两侧排风、屋顶排风等形式（图4-6）。

跨度12m以内	跨度12～18m	高床平养	金属网养
(a) 一侧排风，对侧进风	(b) 屋顶排风，两侧进风	(c) 两侧排风，屋顶进风	(d) 一侧排风，两侧进风

图4-6 负压通风

2. 正压通风

亦称进气式通风或送风，是指通过风机将舍外新鲜空气强制送入舍内，使舍内气压升高，舍内污浊空气经风口或风管自然排除的换气方式。其优点在于可对进入空气进行各种处理，保证舍内有适宜的温湿状况和清洁的空气环境。正压通风方式比较复杂，造价高。由于安装形式不同，正压通风方式分别有几种不同的形式，如图4-7所示。

3. 联合通风

亦称混合式通风，是一种将负压通风和正压通风同时使用的通风方式，因可保持舍内外压差接近零，故又称为等压通风。大型封闭舍，尤其是无窗舍中，单靠机械排风或机械送

(a) 两侧壁送风形式

(b) 屋顶送风形式

(c) 侧壁送风形式

图 4-7　正压通风

风往往达不到应有的换气效果，故需采用联合式机械通风，风机的安置形式，分为进气口设在下部和进气口设在上部两种形式。联合通风所需风机台数多，设备投资大。

　　机械通风除按舍内外气压差进行分类外，也可按舍内气流方向分为横向通风、纵向通风等（图 4-8、图 4-9）。横向通风是指舍内气流方向与畜舍长轴垂直的机械通风，其最大的不足在于舍内气流分布不均，气流速度偏低，死角多，换气质量不高。纵向通风是指舍内气流方向与畜舍长轴平行的机械通风，它克服了横向通风舍内留有死角、气流分布不均、气流速度偏低等缺陷，可确保畜舍获得新鲜空气。但用于纵向通风的风机直径大，一般不能兼作冬季换气之用。

图 4-8　横向通风

图 4-9　纵向通风

　　无论是何种通风方式，通风设计的任务都是要保证畜舍的通风量，并合理组织气流，使之分布均匀。畜舍冬季通风换气效果主要受舍内温度的制约。由于空气含有水分，这就使得通过通风换气排除水汽成为可能。但是，空气的含水量随空气温度下降而降低。就是说，升高舍温有利于通过加大通风量来排除舍内水汽；反之，如果舍外空气温度显著低于舍内温度，换气时会引起舍温明显下降。因此，寒冷气候下如无补充热源，一般无法组织有效的通风换气。

二、通风换气量的计算

　　要保证有效通风，设计出合理的通风系统，必须首先确定适宜的通风量。通风量一般按下列方法确定。

1. 根据舍内二氧化碳含量计算通风量

二氧化碳作为家畜营养物质代谢的产物，代表着空气的污浊程度。用二氧化碳计算通风量的原理在于：根据舍内家畜产生的二氧化碳总量，求出 1h 需由舍外导入多少新鲜空气，可将舍内聚积的二氧化碳冲淡至家畜环境卫生学规定的范围。其公式为：

$$L = \frac{1.2mK}{C_1 - C_2}$$

式中，L 为畜舍所需通风换气量，m^3/h；K 为每头家畜的二氧化碳产量，$L/(h \cdot 头)$；m 为舍内家畜头数；1.2 为附加系数，考虑舍内微生物活动产生的及其他来源的二氧化碳；C_1 为舍内空气中二氧化碳允许含量（$1.5L/m^3$）；C_2 为舍外大气中二氧化碳含量（$0.3L/m^3$）。

通常，根据二氧化碳算得的通风量，往往不足以排除舍内产生的水汽，故只适用于温暖、干燥地区。在潮湿地区，尤其是寒冷地区应根据水汽和热量来计算通风量。

2. 根据舍内水汽含量计算通风量

家畜在舍内不断产生大量水汽，并且潮湿物体也有水分蒸发。所以，这些水汽如不排除就会聚积下来，导致舍内潮湿，故需借通风换气系统不断将水汽排除。用水汽计算通风换气量的依据，就是通过由舍外导入比较干燥的新鲜空气，来置换舍内的潮湿空气，根据舍内外空气中所含水分之差而求得排除舍内所产水汽所需的通风换气量。其公式为：

$$L = \frac{Q}{q_1 - q_2}$$

式中，L 为排除舍内产生水汽 1h 需由舍外导入的新鲜空气量，m^3/h；Q 为家畜在舍内产生的水汽量及潮湿物体蒸发的水汽量，g/h；q_1 为舍内空气温度保持在适宜范围时所含的水汽量，g/m^3；q_2 为舍外大气中所含水汽量，g/m^3。

由潮湿物体表面蒸发的水汽，通常按家畜产生水汽总量的 10%（猪舍按 25%）计算。

用水汽算得的通风换气量，一般大于用二氧化碳算得的量，故在潮湿、寒冷地区用水汽计算通风换气量较为合理。

3. 根据热量计算通风换气量

家畜在呼出二氧化碳、排出水汽的同时，还在不断地向外散发热能。因此，在夏季为了防止舍温过高，必须通过通风将过多的热量驱散；而在冬季则需有效地利用这些热能维持舍内适宜温度，以保证不断地将舍内产生的水汽、有害气体、灰尘等排出，这就是根据热量计算通风量的理论依据。其公式是：

$$Q = \Delta t(L \times 0.24 + \Sigma KF) + W$$

式中，Q 为家畜产生的可感热，J/h；Δt 为舍内外空气温差，$℃$；L 为通风换气量，m^3/h；0.24 为空气的 1t 热容，$J/(m^3 \cdot ℃)$；ΣKF 为通过外围护结构散失的总热量，$J/(h \cdot ℃)$；K 为外围护结构的总传热系数，$J/(m^2 \cdot h \cdot ℃)$；F 为外围护结构的面积，m^2；Σ 为各外围护结构失热量的相加符号；W 为由地面及其他潮湿物体表面蒸发水分所消耗的热能，按家畜总产热的 10%（猪按 25%）计算。

将公式加以变化可求通风换气量，即：

$$L = \frac{Q - \Delta t \Sigma KF - W}{0.24 \Delta t}$$

由此看出，根据热量计算通风换气量，实际是根据舍内的余热计算通风换气量，这个通风量只能用于排除多余的热能，不能保证在冬季排除多余的水汽和污浊空气。

4. 根据通风换气参数计算通风换气量

近年来，一些国家为各种家畜制定了通风换气量技术参数，这就为畜舍通风换气系统的设计，尤其是为大型畜舍机械通风系统的设计提供了方便。表4-9～表4-11给出了一些通风换气量的技术指标，供参考。

表4-9 不同气候条件下各种鸡舍的最大通风量

鸡舍种类	体重/kg	最大通风量/[m³/(h·kg)]		
		温和(27℃)	炎热(高于27℃)	寒冷(15℃)
雏鸡		5.6	7.5	3.75
后备母鸡	1.15～1.18	5.6	7.5	3.75
蛋鸡	1.35～2.25	7.5	9.35	5.6
肉用仔鸡	1.35～1.8	3.75	5.6	3.75
肉用种鸡	3.15～4.5	7.5	9.35	5.6

表4-10 各类猪的必需换气量参数

猪种类	通风换气量/[m³/(头·h)]		
	冬季	春秋	夏季
配种母猪	24	64	510
妊娠母猪	20	64	255
产房母猪	34	128	850
保育舍	5	24	60
育肥舍/后备隔离舍	17	56	204

表4-11 牛、羊舍换气量参数

畜舍种类	单位体重/kg	换气量/[m³/(头·h)]	
		冬季	夏季
肉用母牛	454	168	342
阉牛(漏缝地板)	454	126～138	852
乳用母牛	454	168	342
绵羊	每只	36～42	66～84
育肥羔羊	每只	18	39

在生产中，以夏季通风量为畜舍最大通风量，冬季通风量为畜舍最小通风量，故畜舍采用自然通风系统时，在北方寒冷地区应以最小通风量，即冬季通风量为依据确定通风口面积；采用机械通风时，必须根据最大通风量即夏季通风量确定总的风机风量。因为在最冷时期，通风系统应尽可能多地排除产生的水汽，而尽可能少地带走热量，所以应按最小通风量计算；在最热时期，应尽可能排除热量，并能在家畜周围造成一个舒适的气流环境，故应按最大通风量计算。

此外，还可根据换气次数来确定通风量。换气次数是指1h换入新鲜空气的体积为畜体容积的倍数。一般规定，畜舍冬季换气应保持3～4次，不超过5次。这种方法只能做粗略估计，不太准确。

三、畜舍通风设计应注意的问题

合理的通风设计，可以保证畜舍的通风量和风速，并合理组织气流，使之在舍内分布均匀。通风系统的设计必须遵循空气动力学的原理，从送风口尺寸、构造、送风速度与建筑形式、舍内圈栏笼架等设备的布置、排风口的排布等综合考虑。

1. 合理确定畜舍所需通风换气量

即按畜舍所饲养家畜的种类、数量，计算夏季、冬季所需通风量，再按畜舍间数求得每间畜舍夏季或冬季所需通风量（L）。

2. 检验采光窗夏季通风量能否满足要求

采光窗用作通风窗，其热压中性面位于窗高1/2处，窗口上部排风，下部进风，进、排风口面积各占窗口面积的1/2。如果南、北窗面积和位置不同，应分别计算各自的通风量，求其和即得该间畜舍的总通风量。如果能满足夏季通风要求，即可着手进行冬季通风设计；如果不能满足夏季通风要求，则需增设地窗、天窗、通风屋脊、屋顶风管等，加大夏季通风量。

3. 地窗、天窗、通风屋脊及屋顶风管的合理设计

靠近地面设置地窗作为进风口，可使畜舍热压中性面下移，从而增大排风口（采光窗）

的面积，同时也增大了进、排风口中心的垂直距离（H）值，有利于增加热压通风量（L）；此外，舍外有风时，还可形成靠近地面的"穿堂风"和"扫地风"，对夏季防暑降温更为有利。

地窗一般设置在南北墙采光窗下，按采光窗面积的70％设计。设地窗后再计算其通风量，检验能否满足夏季通风要求。为简化计算步骤，排风口面积按采光窗面积计，H值取采光窗中心至地窗中心的垂直距离，南北窗面积和位置不同时，分别计算通风量后求和。

如果设置地窗后仍不能满足夏季通风要求，则应在屋顶设置天窗、通风屋脊。天窗可间断设置，通风屋脊一般沿屋脊通长设置，宽度0.3～0.5m。一般设地窗后，即使不能满足夏季通风量的要求，差值也一般不会太大，故设天窗和通风屋脊后也不必再进行检验。

在夏热冬冷地区，考虑到冬季防寒和便于控制通风量，可设屋顶风管来加大夏季通风。而冬季用风管排风，则应将进风口设在墙的上部，以免冷风直接吹向畜体。

4. 必要时进行机械辅助通风

采取以上自然通风设计后，如果夏季通风仍不足时，可以设置吊扇或在屋顶风管中安装风机，亦可在舍内沿长轴每隔一定距离设一台大直径风机，进行"接力式"通风，风机间距根据其排风有效距离而定。

5. 合理控制冬季通风量

考虑到冬季避风防寒，畜舍常关闭采光窗和地窗，此时，对于不设天窗或屋顶风管的小跨度畜舍，由于冬季通风量相对较小，门窗缝隙冷风渗透较多，可在南窗上部设置类似风斗的外开下悬窗作排风口，每窗设1个或隔窗设1个，酌情控制关闭和开启角度，以调节通风量，其面积不必再行计算。

进气口面积按风管面积的70％设计。如只在背风侧墙上部设进气口，屋顶风管宜靠对面侧墙近些，以保证通风均匀。两纵墙都设进气口时，迎风墙上的进气口应有挡风装置，以免受风压影响，并须在进气口里侧装设导向控制板，以控制进气量和进气方向，进气口外侧应设防护网，以防鸟兽钻入。进气口形状以扁形为宜。当进气口的总面积一定时，其数量宜多一些，便于均匀布置。

四、机械通风系统的控制

1. 风机选择与安装

多选用风量较小的风机（图4-10）；在满足风量的基础上应选用输出风量最大的变速风机，采用风机组合的方法；选用全封闭电动机的风机，而且装有过热保险；减少噪声，选择声音小的风机；风机应具有防锈、防腐蚀、防尘等性能。常用风机输出风量情况如表4-12所示。

图4-10　不同型号风机（24in、36in及地沟风机）

表 4-12　常用风机输出风量参考值

风机型号/in	18	21	28	36	50
输出风量/(m³/h)	6400	12400	16450	18000	37330

注：1in=2.54cm。

安装风机时需注意以下几个方面。

① 风机与风管壁间的距离保持适当，风管直径大于风机叶片直径5～8cm为宜。

② 风机不能安装在风管中央，应在里侧，外侧装有防尘罩、里侧装有安全罩。

③ 风机不能离门太近，进风口和排风口距离适当，防止通风短路。

④ 定期清洁除尘、加润滑剂，冬季防止结冰。

⑤ 风速均匀恒定，不宜出现强风区、弱风区和通风换气死角区。

⑥ 畜禽舍内不宜安装高速风机，且舍内冬、夏季通风的风速应有较大差异。

⑦ 风机型号与通风要求匹配，不宜采用大功率风机。

2. 机械通风系统的控制

畜禽场的机械通风大多采用人工控制和自动控制。人工控制虽然节省了控制装置的投资，但不易使舍内温度始终处于适宜范围，效果不理想。较为理想的是采用自动控制设备控制机械通风系统。其一般工作原理是利用恒温器控制风机的开启以调节通风量的大小。当畜舍温度在设定温度范围内时，环境控制器（图4-11）根据温度表，控制侧向风机的间断——开启或断开以达到循环通风，在畜舍内进行正常的换气，保证畜舍内的空气新鲜，满足畜禽的最小呼吸量；当畜舍内的温度感应器显示舍内的温度高于所设定的温度时，侧向风机全程开启，直至畜舍温度恒定；当畜舍温度低于畜禽生长温度时，环境控制器自动开启暖风炉引风机，温度高于设定值时，自动关闭引风机。畜舍纵向通风的配置要求通风量大于畜禽的最大呼吸量，当畜舍内的温度高于设计的温度值时，第一组大风机启动，超过第一挡的设定值时，其他风机顺序开启，如果温度感应器测得的舍内温度仍然高于畜禽生长的适宜温度时，环境控制器自动打开湿帘水泵，用湿帘配合降温，从而保证畜舍内的温度在设定的范围内。当进入纵向通风模式时，横向通风自动关闭。

(a)

(b)

图4-11　畜舍环境控制器

➤ 工作页

子任务 4-2　通风系统设计资讯单　见《学生实践技能训练工作手册》。

子任务 4-2　通风系统设计记录单　见《学生实践技能训练工作手册》。

子任务 4-2　畜禽舍通风设计考核单　见《学生实践技能训练工作手册》。

❖ 子任务 4-3　保温隔热设计

➤ 任务要求

1. 某一肉种鸡舍夏季舍温高达 32℃，请你分析舍内热量的来源并提出有效的降温措施。

2. 冬季，我国北方部分地区气温下降至－30℃，现有 11m×85m 肉牛棚舍，请分析入冬前准备事项。

➤ 参考流程

影响畜舍环境温度的因素 ⟹ 畜舍保温防寒设计

➤ 资讯

一、环境温度对畜禽的影响

在自然生态因素中，温度是直接或间接影响畜禽生长发育、繁殖、生活状态及生产力的最重要的生态因素，是环境控制中最主要的问题。

（一）家畜的等热区、舒适区和临界温度

1. 基本概念

畜禽是恒温动物，它的体温必须保持在适度的狭窄范围内，才能进行正常的生理活动。而气温在不同纬度，不同海拔高度，甚至在同一地区的不同季节，或在一天的不同时间均有差异。不同的种、品种、品系和个体，随年龄、营养和生理状况的不同，对环境温度的要求也不同。所以恒温动物有较完善的体温调节能力，其体热调节机能包括产热和散热两个方面。产热环节主要包括基础代谢产热、活动产热、生产产热以及热增耗（消化吸收饲料养分过程产热）。散热的主要部位是皮肤和呼吸道，其次是胃肠道。散热的方式有四种，即辐射散热、传导散热、对流散热和蒸发散热。其中使散热增加或减少的反应称为"物理调节"，使产热增加或减少的反应称为"化学调节"。当环境冷热程度发生改变时，畜体首先进行物理调节，仅靠物理调节不能维持热平衡时，则开始进行化学调节。当物理调节和化学调节同时进行还不能维持热平衡时，动物体热平衡则遭到破坏，导致蓄积热增加或减少，表现为体温升高或下降。

当环境温度在一定的适中范围内时，畜禽仅依靠物理调节机能，就能维持体温的稳定，不需动用化学机能进行调节，这个温度范围称"等热区"（图 4-12、表 4-13）。

在等热区内，最适合畜禽生产性能发挥的温度范围，称舒适区。在舒适区内，畜禽产热最少，除了基础代谢产热外，用于维持的能量消耗下降到最低限度。这时畜禽饲料

图 4-12　环境温度与体温调节示意

A—A′—舒适区；B—临界温度；B—B′—物理调节区；
B—C—化学调节区；C—C′—体温调节恒定区；
C′—过高温度；C—极限温度；D—C—体温下降区；
C′—D′—体温上升区；C—极限温度

表 4-13　各种家畜的等热区

(引自：冯春霞. 家畜环境卫生. 北京：中国农业出版社，2001)　　　　　　　℃

家畜种类	等热区	家畜种类	等热区
牛	10～15	狗	15～25
猪	20～23	大鼠	39～31
羊	10～20	兔	15～25

利用率和生产力最高，抗病力最强，饲养成本最低，是对经营最有利的温度。

当环境温度下降时，散热量增加，必须提高代谢率以维持体温，而进入化学调节体温阶段，这时的环境温度称为下限临界温度，有时简称为临界温度。当环境温度升高时，机体散热受阻，物理调节作用不能维持机体的热平衡，体温升高，代谢率也提高，这种引起代谢率提高的外界环境温度，称为上限临界温度或过高温度。

当环境温度进入极限温度，也即畜禽依靠化学和物理调节来维持正常体温的终点环境温度时，在过低温度称"冷极限"，过高温度称"热极限"，如环境温度继续下降或上升，则畜禽被冻死或热死。

等热区和临界温度是利用环境温度来描述家畜耐热特征的指标，它反映的是家畜对热环境的适应能力。下限临界温度低，说明家畜较耐寒，上限临界温度高，说明家畜较耐热。

2. 影响畜禽等热区和临界温度的主要因素

（1）家畜种类和品种　不同种、不同品种的家畜，由于其自身特点和对气候的适应性不同，等热区有差异。凡体型较大、每单位体重表面积较小的家畜，均较耐寒而不耐热，等热区下限临界温度较低。例如，荷兰牛与瑞士牛相比，前者等热区较窄，气温高于 18～20℃ 时，产奶量就明显减少，而瑞士牛在 30℃ 左右才显著减少泌乳量。

（2）年龄和体重　一般情况下，在生长发育期畜禽的临界温度随年龄和体重的增大而下降，等热区随年龄和体重的增大而增宽。如体重 1～2kg 的哺乳仔猪的临界温度为 29℃，体重增加到 6～8kg 时临界温度下降为 25℃。初生羔羊的等热区为 24～27℃，而成年母羊的等热区大大增宽，为 7～24℃。

（3）皮毛状态　被毛浓密或皮下脂肪发达的家畜，保温性能好，等热区较宽，临界温度较低。例如，饲以维持日粮的绵羊，被毛长 1～2mm（刚剪毛）时的临界温度为 32℃，被毛长 18mm 时为 20℃，120mm 时为 -4℃。

（4）饲养水平　饲养水平越高，体增热越多，临界温度越低。例如，被毛正常的阉牛，维持饲养时临界温度为 7℃，饥饿时升高到 18℃；刚剪毛摄食高营养水平日粮的绵羊为 25.5℃，吃维持日粮的为 32℃。

（5）生产水平　生产力高的家畜其代谢强度大，体内分泌合成的营养物质多，因此产热较多，临界温度较低。如日增重 1.0kg 和 1.5kg 的肉牛，下限临界温度分别为 -13℃ 和 -15℃。

（6）饲养管理制度　群体饲养的家畜，由于相互拥挤，减少了体热的散失，临界温度较低；而单个饲养的家畜，体热散失就较多，临界温度较高。例如，将 4～6 头体重 1～2kg 的仔猪同放在一个代谢笼中测定，其临界温度为 25～30℃；如果进行个别测定，则上升到 34～35℃。此外，较厚的垫草或保温良好的地面，都可使临界温度下降，如猪在有垫草时 4～10℃ 的冷热感觉与无垫草时 15～21℃ 的感觉相同。

（7）对气候的适应性　生活在寒冷地区的家畜，由于长期处于低温环境，其代谢率高，等热区较宽，临界温度较低，而炎热地区的家畜正好相反。

（8）其他气象条件　由于临界温度是在无风、没有太阳辐射、湿度适宜的条件下测定的，因此，所得结果不一定适用于自然条件。在田野中，风速大或湿度高时，畜体散热量增加，可使临界温度上升。例如，奶牛在无风环境里的临界温度为 -7℃，当风速增大至 3.58m/s 时，则上升至 9℃。

各种畜禽的等热区和临界温度是制定不同畜舍适宜温度的标准，也是修建畜舍时热工设计的理论依据。在生产实践中，由于投入和技术水平的限制，很难使动物所处的环境保持在舒适区范围内。在一般生产条件下，应将动物的环境温度控制在等热区范围内，以获得最大的经营效益。

（二）气温对畜禽健康及生产力的影响

1. 气温对畜禽健康的影响

气温的高低直接或间接影响畜禽的健康。畜禽在高温环境下，呼吸急速，在严重的热应激情况下，过度呼吸会导致动物肺部损伤，表现为肺充血，使呼吸系统功能降低。心跳加快，使心脏负担加重，严重时会造成心肌功能衰退。高温使动物的血液流向皮肤，导致消化系统供血不足，动物消化吸收营养物质的能力降低，因此，在高温环境中，动物食欲减退，消化不良，胃肠道疾病增多。高温还抑制中枢神经系统的运动区，使机体动作的准确性、协调性和反应速度降低。

> **资料卡**
>
> 热射病：高温环境可使畜禽发生热射病，所谓热射病是指动物在炎热潮湿的环境中，散热困难，体内蓄积热增加，导致体温升高，引起中枢神经系统紊乱而发生的一种疾病，动物表现为运动缓慢、体温升高、呼吸困难、结膜潮红、口舌干燥、食欲废绝、饮欲增进。

在低温环境中，动物的心率下降，脉搏减弱。畜体末端部位组织因供血不足会被冻伤，甚至冻死。低温环境对家畜上呼吸道黏膜具有刺激作用，气管炎、支气管炎和肺炎等都与冷刺激有关。低温可引起羔羊肠痉挛、各种畜禽感冒。新生畜禽由于体温调节机能发育尚未完善，受低温的不良影响更大。

气温还可通过对饲料或病原体等的作用而间接影响畜禽健康。如高温高湿使饲料霉变，动物误食后会发生中毒、流产等现象；低温时，畜禽若采食冰冻的根茎、青贮等饲料，则会引起胃肠炎、下痢等，严重时也可使孕畜流产。另外，在温度湿度适宜的情况下，各种病原微生物和寄生虫会大量繁殖，如牛羊的腐蹄病、炭疽病、气肿病、传染性角膜炎、球虫病等多发生于高温高湿的季节，而低温则有利于流感、牛痘和新城疫病毒的生存，对这些疾病的流行趋势应特别加以重视，以减少对畜禽健康的影响。

2. 气温对畜禽生产力的影响

（1）对生长肥育的影响　在等热区内，畜禽生长发育最快，肥育效果最佳。在等热区外，畜禽生长缓慢、增重降低，饲料报酬下降。猪的体重和最大增重速度的气温呈线性关系：

$$t = -0.06W + 26$$

式中，t 为最大增重速度的气温，℃；W 为猪体重，kg。据公式计算，45kg 重猪的最大增重速度的气温是 23.3℃，100kg 猪是 20℃。试验表明，21℃ 是猪生长肥育期日增重和饲料利用率的最适宜温度。环境温度为 8~20℃ 时，草食家畜的增膘速度最快。肉仔鸡自 4 周龄至出栏，18~24℃ 时增重效果最佳。

（2）对繁殖力的影响　气温季节性变化，明显地影响家畜的繁殖性能。气温过高，对许多家畜的繁殖机能都有不良的影响。在一般气温条件下，哺乳动物睾丸的温度约比体温低

4～7℃，这是最有利于精子生成的温度。但在高温和高湿的环境中，当睾丸温度上升到36℃以上时，就会引起生殖上皮变性，在精细管和附睾中的精子也会受到伤害，这是造成繁殖力下降的主要原因。高温对母畜来说，其不良影响主要是在配种前后的一段时期中，特别是在配种后，胚胎着床于子宫前的若干天内，因为这是引起胚胎死亡的关键时期。妊娠期高温会引起初生仔畜体型变小，存活率下降，死亡率上升。母畜的受胎率和产仔数与气温呈显著的负相关。高温能缩短母牛的发情持续期，并使发情不明显。母禽产蛋受精率与产蛋量的季节性变化相似，以春季最高，夏季下降。

在饲养条件比较好的情况下，低温对繁殖力的影响较小，但强烈的冷应激也会导致繁殖力降低。温度过低可抑制公鸡睾丸的生长，延长成年公鸡精子的产生时间。在低温中培育的小母鸡，性成熟期比在适温或高温中培育的小母鸡性成熟期延迟。气温过低还会影响种蛋的孵化率。

(3) 对产蛋与蛋品质的影响　气温过高、过低对蛋鸡的生产性能均有影响。在高温条件下，产蛋数、蛋大小和蛋重都下降，蛋壳也变薄，同时采食量减少。温度过低，亦会使产蛋量下降，但蛋较大，蛋壳质量不受影响。蛋重对温度的反应比产蛋率敏感，如气温从21℃升高到29℃时，对产蛋率尚无明显影响，但蛋重已显著下降。集约化饲养蛋鸡最适宜的温度为21℃（13～23℃）。鸡对气温的反应因品种而异，一般重型品种较耐寒，轻型品种较耐热。

(4) 对产奶量和奶成分的影响　气温对乳牛泌乳量的影响与牛的品种、体型大小以及牛群对气候的风土驯化程度有关（表4-14）。欧洲品种奶牛在高温季节时，其产奶量显著下降，如荷斯坦牛泌乳量的适温为10℃，高于这个气温泌乳量就逐渐下降，上升到25℃以上时，下降趋势加剧，超过20℃时泌乳量甚至减半。低温时，荷斯坦牛长期处在－12℃时，泌乳没有下降，但娟姗牛在－1.1℃就开始下降。

表4-14　温度和湿度对产乳量的影响[①]

(引自：李蕴玉. 养殖场环境卫生与控制. 北京：高等教育出版社，2002)

温度/℃	相对湿度/%	荷斯坦牛产乳量/%	娟姗牛产乳量/%	瑞士黄牛产乳量/%
24	低(38)	100	100	100
24	高(76)	96	99	99
34	低(46)	63	68	84
34	高(80)	41	56	71

① 以24℃相对湿度38%时的产乳量作为100%。

气温升高时，乳脂率下降，气温从10℃上升到29.4℃，乳脂率平均下降0.3%。如果温度继续上升，产奶量将急剧下降，乳脂率却又异常地上升（表4-15）。一年中的不同季节，乳脂率的变化也较大，夏季最低，冬季最高。

表4-15　气温对牛奶化学组成的影响

(引自：冯春霞. 家畜环境卫生. 北京：中国农业出版社，2001)

气温/℃	4.4	10.0	15.6	21.1	26.7	29.4	32.2	35.0
乳脂率/%	4.2	4.2	4.2	4.1	4.0	3.9	4.0	4.3
非脂固形物/%	8.26	8.24	8.16	8.12	7.88	7.68	7.64	7.58
酪蛋白/%	2.26	2.22	2.08	2.05	2.07	1.93	1.91	1.81

二、畜舍防暑降温

(一) 畜舍类型及其特点

畜牧业生产中，保持合理的舍温是有效利用饲料、最大限度获得畜产品的重要措施之一。畜舍的温湿环境条件在很大程度上取决于畜舍的建筑形式。

1. 开放式畜舍

按其封闭程度分为完全开放式畜舍和半开放式畜舍两种。

（1）完全开放式畜舍 也称为敞棚式、凉棚式或凉亭式畜舍（图4-13），畜舍只有端墙或四面无墙。这类形式的畜舍只能起到遮阳、避雨及部分挡风的作用。为了扩大完全开放式畜舍的使用范围，克服其保温能力较差的弱点，可以在畜舍前后加卷帘，利用亭檐效应和温室效应。舍内夏季通风好、冬季保温。如简易节能开放式鸡舍、牛舍、羊舍都属于这一类型。完全开放式畜舍具有用材少、施工容易、造价低等特点，多适用于炎热地区。

敞棚式
（凉亭式）

图 4-13　敞棚式畜舍

（2）半开放式畜舍 指三面有墙、正面全部敞开或有半截墙的畜舍（图4-14），通常敞开部分朝南。这类畜舍的敞开部分在冬天可附设卷帘、塑料薄膜、阳光板形成封闭状态，从而改善舍内小气候。半开放式畜舍应用地区较广，适用于养各种成年家畜，特别是耐寒的牛、马、绵羊等。

半开放式

图 4-14　半开放式畜舍

2. 密闭式畜舍

（1）有窗式畜舍 指通过墙体、窗户、屋顶等围护结构形式形成全封闭状态的畜舍形式（图4-15），具有较好的保温隔热能力，便于人工控制舍内环境条件。

有窗式

图 4-15　有窗式畜舍

其通风换气、采光均主要依靠门、窗或通风管。它的特点是防寒较易，防暑较难，需采用环境控制设施进行调控。另一特点是舍内温度分布不均匀，天棚和屋顶温度较高，地面较低，舍中央部位的温度较窗户和墙壁附近高。这种畜舍应用最为广泛。

（2）无窗式畜舍 无窗式畜舍（图4-16）与外界隔绝程度较高，墙上只设应急窗，仅供停电应急时用。舍内的通风、光照、舍温全靠人工设备调控。这种畜舍舍内环境容易控制，自动化、机械化程度高，生产效率高，省人工。主要用于靠精饲料饲养的家畜——肥猪、鸡及其他幼畜。

风机

无窗式

图 4-16　无窗式畜舍

除上述两种畜舍形式外，还有大棚式畜禽舍、拱板结构畜禽舍、复合聚苯板组装式畜禽舍、被动式太阳能畜舍等多种建筑形式。现在，畜禽舍建筑结构采用热镀锌钢材料、无焊口装配式工艺，在降低建造成本和运行费用的同时，通过进行环境调控，实现优质、高效和低

任务4

畜禽舍配套设备选择与维护

93

耗生产。总之，畜舍的形式是不断发展变化的，新材料、新技术不断应用于畜舍，使畜舍建筑越来越符合家畜对环境条件的要求。

开放舍和半开放舍的舍内温度，一般随外界温湿环境而变化，其变化的规律及变化范围基本与舍外一致。由于这种类型的畜舍一般情况下很少使用环境调控设备，因此舍内温湿条件的可控性相对较差。在密闭舍，由于外围护结构的保温隔热性能相对较好，通常舍内温湿环境受外部的影响相对小些，而且利用各种调控设备能比较容易地进行环境调控，因而舍内温湿环境的可控性较好。目前生产中温度调控主要包括防暑降温、防寒保温与采暖以及湿度调控等。

（二）畜舍外围护结构的隔热设计

在炎热地区造成舍内过热的原因是：过高的大气温度、强烈的太阳辐射及家畜在舍内产生的热。加强畜舍外围护结构的隔热设计可以防止或削弱高温与太阳辐射对舍温的影响。

1. 屋顶隔热

强烈的太阳辐射和过高的大气温度，可使屋面温度高达 60～70℃，甚至更高。可见屋顶隔热的好坏，对舍温控制影响很大。因此，屋顶隔热设计可采取下列措施。

（1）选用热导率小的材料。

（2）确定合理结构　在实践中，往往一种材料不可能保证最有效的隔热，所以，人们常常利用几种材料修建多层结构屋顶。其原则是：在屋面的最下层铺设热导率小的材料，其上为蓄热系数较大的材料，再上为热导率大的材料。采用这种结构，当屋面受太阳照射变热后，热传到蓄热系数大的材料层而蓄积起来，再向下传导受到阻抑，从而延缓了热量向舍内的传播；当夜晚来临时，被蓄积的热又通过上层热导率大的材料迅速散失。这样，白天可避免舍温升高而导致过热。但是，这种结构只适用于夏热冬暖地区，在夏热冬冷的北方，则应将上层热导率大的材料换成热导率小的材料。

（3）充分利用空气的隔热特性　空气的热导率小，不仅可作保温材料，亦可作隔热材料。空气用于屋面隔热时，通常采用通风屋顶来实现。所谓通风屋顶（图 4-17），是将屋顶做成两层，间层中的空气可以流动，上层接受太阳辐射热后，间层空气升温变轻，由间层上部的开口流出，外界较冷空气由间层下部开口流入，如此不断地把上层接受的太阳辐射热带走，大大减少经下层向舍内的传热，此为靠热压形式的间层通风。在外界有风的情况下，空气由迎风面间层开口流入，由上部和背风侧开口流出，不断将上层传递的热量带走，此为靠风压的间层通风。一般间层适宜的高度：坡屋顶可取 120～200mm；平屋顶可取 200mm 左右。夏热冬冷地区不宜采用通风屋顶，因其冬季会促使屋顶散热，不利于保温，但可以采用双坡屋顶设置天棚，在两山墙上设风口，夏季也能起到通风屋顶的部分作用，冬季可将山墙风口堵严，以利于天棚保温。

(a) 热压作用　　　　　　(b) 风压作用　　　　　　(c) 平顶通风

图 4-17　通风屋顶

（4）采用浅色、光滑外表面　如用石灰将屋顶刷白，增强屋面反射，以减少太阳辐射热。

2. 墙壁隔热

在炎热地区畜舍多采用开放舍或半开放舍，墙壁的隔热没有实际意义。但在夏热冬冷地区，必须兼顾冬季保温，故墙壁必须具备适宜的隔热要求，既要有利于冬季保温，又要有利于夏季防暑。如现行的组装式畜舍，冬季组装成保温封闭舍，夏季可拆卸成半开放舍，冬夏两用，十分符合卫生学要求。炎热地区封闭舍的墙壁隔热，应按其屋顶的隔热设计来进行处理，特别是受太阳强烈照射的西墙或南墙。

（三）舍内通风设计

通风是畜舍夏季降温的重要手段之一，若舍外温度低于舍内温度，通风能驱散舍内热能，从而不至于导致舍温过高。在自然通风畜舍建筑中应设置地窗、天窗、通风屋脊、屋顶风管等，这些都是加强畜舍通风的有效措施。舍外有风时，设置的地窗加大了通风面积，并形成"扫地风"、"穿堂风"。无风天气，舍内通风量取决于进排风口的面积、进排风口之间的垂直距离和舍内外温差，因此，设天窗、通风屋脊或屋顶风管作为排气口，窗和地窗作为进气口，这可以加大进、排风口之间的垂直距离，从而增加了通风量。在冬冷夏热地区，宜采用屋顶风管，管内设翻板调节阀，以便冬季控制风量或关闭风管；地窗应做保温窗，冬季关严以利防寒。应当指出，夏季炎热地区，舍内外温差很小，中午前后，舍外气温甚至高于舍内，因此，加强通风的目的主要不在于降低舍温，而在于促进畜体蒸发散热和对流散热。

（四）遮阳与绿化

遮阳是指阻挡阳光直接射进舍内的措施。绿化是指种草种树，覆盖裸露地面以缓和或遮挡太阳辐射。

1. 遮阳

通过遮阳可使在不同方向上通过外围结构传入舍内的热量减少 17%～35%。畜舍遮阳有以下几种方法：①挡板遮阳，即阻挡正射到窗口的阳光，适于西向、东向和接近这个朝向的窗口；②水平遮阳，即阻挡由窗口上方来的阳光，适于南向及接近南向的窗口；③综合式遮阳，即用水平挡板阻挡由窗口上方射来的阳光和用垂直挡板阻挡由窗口两侧射来的阳光，适于南向、东南向、西南向及接近此朝向的窗口。此外，加宽畜舍挑檐、挂竹帘、搭凉棚、悬挂遮阳网以及种草种树和搭架种植攀缘植物等绿化措施都是简便易行、经济实用的遮阳方法。

2. 绿化

绿化可以明显改善畜牧场的温热、湿度、气流等状况。在夏季，一部分太阳辐射热被树木稠密的树冠所吸收，而树木所吸收的辐射热量，又绝大部分用于蒸腾和光合作用，所以温度的提高并不很大。此外，通过植物根部所保持的水分，可以从地面吸取大量热能而降温。因此，绿化使其周围空气"冷却"，使地面温度降低，一般的绿地夏季气温比非绿地低 3～5℃，草地的地温比空旷裸露地表温度低得多。植树和绿化使辐射到外墙、屋面和门、窗的热量减少，并通过树木遮阳阻挡阳光透入舍内，降低了舍内温度。在冬季，绿地的平均温度及最高温度均比没有树木的地区低，但最低温度较高，因而缓和了冬季严寒时的温差较大的情况，气温变化不致太大。

绿化可增加空气的湿度，绿化区风速较小，空气交换较弱，土壤和树木蒸发的水分不易扩散，空气中绝对湿度普遍高于未绿化地区，由于绝对湿度大，平均气温较低，因而相对湿度高于未绿化地区 10%～20%，甚至可达 30%。绿化树木对风速有明显的减弱作用，因气流在穿过树木时被阻截，对其产生摩擦和过筛等作用，将气流分成许多小涡流，这些小涡流方向不一，彼此摩擦可消耗气流的能量，即使冬季也能降低风速 20%，其他季节可达

50%～80%。

此外，适当降低家畜饲养密度也可缓和夏季舍内过热，对防暑降温有一定的作用。虽然通过隔热、通风、遮阳及绿化等，在一定程度上能加快舍内热量散发，使畜体散热过程变得容易些，但当气温过高时，往往达不到很好的降温目的。当大气气温接近家畜体温时，为缓和高温对家畜健康和生产力的不良影响，还必须采取其他降温措施。

（五）畜舍降温技术

1. 喷雾降温

喷雾降温（图4-18）是用高压喷嘴将低温的水喷成雾状，利用水的蒸发吸热，以降低

图4-18　猪舍喷雾降温

空气温度。采取喷雾降温时，水温越低，降温效果越好；空气越干燥，降温效果也越好。但喷雾能使空气湿度提高，故在湿热天气和地区不宜使用。

喷雾降温的一种形式是用高压水泵通过喷头将水喷成直径小于$100\mu m$的雾粒。雾粒在畜舍内漂浮时吸收空气的热量而汽化，使舍温降低。当舍温上升到所设定的最高温度时，开始喷雾，$1.5\sim2.5min$后间歇$10\sim20min$再继续喷雾；当舍温下降至设定的最低温度时则停止喷雾。常用的喷雾降温系统主要由水箱、水泵、过滤器、喷头、管路及自动控制装置组成。喷头采用旋芯式喷头，其主要参数是：喷雾量$60\sim100g/min$；喷雾锥角大于$70°$；雾粒直径小于$100\mu m$；喷雾压力$265kPa$。

喷雾降温系统有以下优点：①投资低。在美国仅为湿帘风机降温系统的一半左右。②适应范围广。不仅适用于密闭式畜舍，也适用于开放式畜舍；既适合于机械负压通风，也适合于自然通风。③在水箱中添加消毒药物后，还可对畜舍进行消毒。

另外，在负压机械通风畜舍的进气口处设置喷雾装置，可进行集中式喷雾降温。该降温系统喷出的雾滴方向与进气气流呈相反方向（逆流式）。这样，未蒸发的雾滴在下落的过程中受到气流的挟带而向上运动，从而可延长雾滴与空气的接触时间，增加热质交换。与普通的喷雾降温系统相比，集中式喷雾降温系统对泵及喷雾装置的要求较低，而且由于雾化彻底，其蒸发降温效率较高。

2. 湿帘风机降温系统

湿帘风机降温系统一般由湿帘、风机循环水路和控制装置组成。湿帘可以用麻布、刨花或专用蜂窝状纸等吸水、透风材料制作。

（1）工作原理　水泵将水箱中的水经过上水管送至喷水管中，在喷水管中，喷水管的喷水孔把水喷向反水板（喷水孔要面向上），从反水板上流下的水再经过特制的疏水湿帘确保水均匀地淋湿整个降温湿帘墙，从而保证与空气接触的湿帘表面完全湿透。剩余的水经集水槽和回水管又流

图4-19　湿帘降温

回到水箱中。安装在畜舍另一端的轴流风机向外排风，使舍内形成负压区，舍外空气穿过湿帘被吸入舍内。空气通过湿润的湿帘表面导致水分蒸发而使温度降低，湿度增大（图4-19）。湿帘风机降温系统在鸡舍中的试验表明，可使舍温降低 5～7℃，在舍外气温高达 35℃时，舍内平均温度不超过 30℃。

湿帘风机降温系统的控制一般由恒温器控制装置来完成。当舍温高于设定温度范围的上限时，控制装置启动水泵向湿帘供水，随后启动风机排风，湿帘风机降温系统处于工作状态。当舍温降低至低于设定温度范围的下限时，控制装置首先关闭水泵，再经过一段时间的延时（通常为 30min）后，将风机关闭，整个系统停止工作。延时关闭风机的目的是使湿帘完全晾干，以利于控制藻类等的孳生。

根据畜舍负压机械通风的方式不同，湿帘、风机的位置有不同的布置方式（图 4-20）。湿帘应安装在迎着夏季主导风向的墙面上，以增加气流速度，提高蒸发降温效果。在布置湿帘时，应尽量减少通风死角，确保舍内通风均匀、温度一致。

图 4-20　风机、湿帘安装布置

（2）湿帘风机降温系统设计　增大湿帘厚度，使气流经过湿帘时与其接触时间加长，有利于提高蒸发降温效率。但过厚的湿帘使气流所受阻力增大，进而使空气流量相对减少，同时空气经过这一厚度时，蒸汽压力差降低，使其蒸发量增加缓慢甚至不能增加。因此合适的湿帘厚度是本系统设计的关键。干燥地区因空气相对湿度低，增加湿帘与气流的接触时间会使蒸发量增加，有利于提高蒸发降温效率，因此可选择较厚的湿帘。潮湿地区的空气相对湿度高，延长接触时间蒸发量也不会增加多少，但会使气流阻力增加许多，故厚度应适当减小。进行系统设计时，可参照供货商所提供的规格进行，一般情况下，湿帘厚度以 100～300mm 为宜。在湿帘风机降温系统中，风机的计算可参照"通风系统设计"部分进行，湿帘设计则需要确定其面积和厚度。

湿帘的总面积根据下式计算：

$$F_{湿帘} = \frac{L}{3600v}$$

式中，$F_{湿帘}$ 为湿帘的总面积，m^2；L 为畜舍夏季所需的最大通风量，m^3/h；v 为空气通过湿帘时的流速（即湿帘的正面速度或称为迎风速度），m/s，一般取湿帘的正面速度 $v=1.0\sim1.5m/s$，潮湿地区取较小值，干燥地区取较大值。

可根据湿帘的实际高度和宽度，拼成所需的面积。每侧湿帘可拼成一块，或根据墙的结构制成数块，然后用上、回水管路连成一个统一的系统（图 4-21）。与系统配套的水箱容积按 $1m^2$ 湿帘 30L 计算。一般情况下，水箱容积在 $1.5m^3$ 左右即可满足畜舍降温需求。

（3）安装、使用注意事项

图 4-21　鸡舍湿帘降温

① 湿帘底部要有支撑，其面积不小于底部面积的 50%，底部不得浸渍于集水槽中。

② 若安装的位置能被畜禽触及，则必须用粗铁丝网加以隔离。

③ 应使用 pH 在 6～9 之间的水。

④ 应当使用井水或自来水，不可使用未经处理的地面水，以防止藻类的孳生。

⑤ 至少每周彻底清洗一下整个供水系统。

⑥ 在不使用时要将湿帘晾干（停水后 30min 再停风机即可晾干湿帘）。

⑦ 当舍外空气相对湿度大于 85% 时，停止使用湿帘降温。

⑧ 不可用高压水或蒸汽冲洗湿帘，应该用软毛刷上下轻刷，不要横刷。

3. 喷淋降温系统

在猪舍、牛舍粪沟或畜床上方，设喷头（图 4-22）或钻孔水管，定时或不定时为家畜淋浴。系统中，喷头的喷淋直径约 3m。水温低时，喷水可直接从畜体及舍内空气中吸收热量，同时，水分蒸发可加强畜体蒸发散热，并吸收空气中的热量，从而达到降温的目的。与喷雾降温系统不同，喷淋降温系统不需要较高的压力，可直接将降温喷头安装在自来水系统中，因此成本较低。该系统在密闭式或开放式畜舍中均可使用。系统管中的水在水压的作用下通过降温喷头的一个很细的喷孔喷向反水板，然后被溅成小水滴向四周喷洒。淋在猪、牛表皮上的水一般经过 1h 左右才能全部蒸发掉，因此系统运行应间歇进行，建议每隔 45～60min 喷淋 2min，采用时间继电器控制。使用喷淋降温系统时，应注意避免在畜体的躺卧区和采食区喷淋，以保持这些区域的干燥；系统运行时不应造成地面积水或汇流。实际生产中，喷淋降温系统一般都与机械通风相结合，从而可获得更好的降温效果。

图 4-22　喷淋降温系统——喷头

图 4-23　滴水降温系统——滴水器

4. 滴水降温系统

滴水降温系统的组成与喷淋降温系统相似，只是将降温喷头换成滴水器。通常，滴水器（图 4-23）安装在家畜肩颈部上方 300mm 处。滴水降温是一种直接降温的方法，即将滴水器水滴直接滴到家畜的肩颈部，达到降温的目的。目前，该系统主要应用于分娩猪舍中。由于刚出生的仔猪不能淋水和仔猪保温箱需要防潮，采用喷淋降温不太适宜，且母猪多采用定位饲养，其活动受到限制，因此可利用滴水为其降温。由于猪颈部对温度较为敏感，在肩颈部实施滴水，猪会感到特别凉爽。此外，水滴在猪背部体表时，有利于机体蒸发散热，且不影响仔猪的生长及仔猪保温箱的使用功能。滴水降温可使母猪在哺乳期间的体重下降少，仔猪断奶体重明显增加。此外，此系统也适合于在定位饲养的妊娠母猪舍中使用。

滴水降温也应采用间歇方式进行。滴水时间可根据滴水器的流量调节，以既让猪颈部和肩部都湿润又不使水滴到地上为宜。比较适宜的时间间歇约为 45~60min。

三、畜舍防寒与采暖

我国东北、西北、华北等寒冷地区，由于冬季气温低、持续时间长，在设计、修建畜舍时必须关注畜舍的防寒保温与采暖。

（一）畜舍外围护保温隔热设计

良好的隔热设计是寒冷季节畜舍获得较为适宜环境温度的最有效和最节能的措施。因此，畜舍建设中都非常重视畜舍保温隔热设计。

1. 屋顶、天棚的保温隔热

畜舍外围护结构中，屋顶、天棚失热最多。这是因为其散热面积一般大于墙壁，且由于热压作用，热量容易通过屋顶散失。为此，加强屋顶的保温隔热设计，对保持舍温具有重要意义。

设置天棚可在屋顶与畜舍空间之间形成一相对静止的空气缓冲层，由于空气良好的绝热特性，可大大提高屋顶的保温能力。天棚可采用炉灰、锯末、玻璃棉、膨胀珍珠岩、矿棉、泡沫等材料铺设成一定厚度，以提高屋顶热阻值。屋顶、天棚必须严密、不透气，否则会破坏缓冲层空气的稳定性，而且水汽容易侵入，使保温层变潮或在屋顶处形成挂霜、结冰，从而使屋顶导热性加大、保温性能降低，对建筑物也有一定的破坏作用。

目前，一些轻型高效的合成隔热材料如玻璃棉、聚苯乙烯泡沫塑料、聚氨酯板等，已在畜舍天棚中得以应用，使得屋顶保温能力进一步提高，为解决寒冷地区冬季保温问题提供了可能。

2. 墙壁的保温隔热

墙壁的失热仅次于屋顶。为提高畜舍墙壁的保温能力，可通过选择热导率小的材料、确定合理的隔热结构、提高施工质量等加以实现。如采用空心砖（39mm×19mm×19mm）替代普通红砖，可使墙的热阻值提高 41%，用加气混凝土块，则可提高 6 倍以上；利用空心墙体或在空心内充填隔热材料，墙的热阻值会进一步提高；透气、变潮都可导致墙体对流和传导失热增加，降低保温隔热效果。其外侧为波形铝板，内侧为防水胶合板（10mm），在防水胶合板的里面贴一层 0.1mm 的聚乙烯防水层，铝板与胶合板间充以 100mm 玻璃棉。该墙体具有热导率小、不透气、保温隔热好等特点，经过防水处理，克服了吸水和透气的缺陷，外界气温对舍内温度影响较小，有利于保持舍温的相对稳定，其隔热层不易受潮，温度变化平缓，一般不会形成水汽凝结。国内近年来也研制了一些新型经济的保温材料，如全塑复合板、夹层保温复合板等，除了具有较好的保温隔热特性外，还有一定的防腐、防燃、防潮、防虫功能，比较适合用作周围非承重结构墙体材料。此外，由聚苯板及无纺布作基本材料经防水强化处理的复合聚苯板，其热导率约为 0.033~0.037W/(m·K)，可用作组装式拱形屋面和侧墙材料。

实际生产中，为提高畜舍保温隔热性能，还可铺设保温地面、提高地面保温性能，适当降低畜舍净高、减少外墙面积和舍内空间，在外门加门斗、设双层窗或临时加塑料薄膜、窗帘等，在受冷风侵袭的北墙、西墙少设窗、门等，这些措施对加强畜舍冬季保温均有一定的作用。

（二）畜舍建筑形式、朝向

选择畜舍形式，应考虑冬季寒冷程度，饲养畜禽的种类、饲养阶段和饲养工艺。如严寒地区宜选择有窗或无窗密闭式；冬冷夏热地区可选用半开放式，天气较冷时可搭设塑料棚或设塑料薄膜窗保温。畜舍隔热设计相同的前提下，大跨度畜舍因外围护结构面积相对小，有利于冬季保温；南向小跨度畜舍较之大跨度畜舍能更充分地利用太阳辐射热，因而白天的舍温相对高些。一些寒冷地区修建的多层畜舍，因屋顶隔热和地面保温效果较好，不但有利于畜舍小气候控制，且节约建筑材料和土地，不失为解决保温与节能的好办法。

畜舍朝向不仅影响采光，且与冷风侵袭有关。寒冷地区由于冬春季多偏西或偏北风，故实践中畜舍以南向为好。

（三）防寒管理

适当增加饲养密度、地面铺设垫料，有利于提高舍温。水的热导率为空气的 25 倍，潮湿空气、地面、墙壁、天棚等的热导率一般比干燥状态下增大若干倍，从而降低畜舍外围护保温隔热性能，且为避免舍内空气湿度过高，还需加大换气量，使舍温进一步下降。因此在寒冷地区应加强防潮设计，及时清除粪尿，减少清洁用水，控制舍内水分蒸发。加强畜舍入冬前的维修保养，包括封门、封窗、设置挡风障、粉刷、抹墙等，有利于畜舍防寒保温。

（四）畜舍采暖

在各种防寒措施仍不能满足舍温需要时，可通过集中采暖和局部采暖等方式加以解决，使用时应根据畜禽需求、饲料计划及设备投资、能源消耗等综合考虑。集中采暖是通过一个热源（如锅炉房）将热量由管道送至各房舍的散热器（暖气片等），对整个畜舍进行全面供暖，使舍温达到适宜的程度。目前，集中采暖主要有以下几种：①利用热水输送到舍内的散热器；②利用热空气（热风）通过管道直接送到舍内；③在地面下铺设热水管道，利用热水将地面加热；④电力充足地区，在地面下埋设电热线加热地面。利用集中采暖，设备投资大、能耗大，而且有时不能同时满足要求。如猪场分娩舍中，初生仔猪要求环境温度为32～34℃，以后随日龄而降低，1 月龄时为 20～25℃，母猪则要求环境温度 20～25℃。若在保证母猪所需温度后，对仔猪进行局部采暖，这样既节约设备投资和降低能耗，又便于局部温度控制。下面介绍几种常用的采暖方式。

1. 热水散热器采暖

主要由热水锅炉、管道和散热器三部分组成。我国采暖工程中常用的散热器一般为铸铁或钢，按其形状可分为管形、翼形、柱形和平板形四种。其中铸铁柱形散热器传热系数较大，不易集灰，比较适合于畜舍使用。散热器布置时应尽可能使舍内温度分布均匀，同时考虑到缩短管路长度。散热器可分成多组，每组片数一般不超过 10 片。柱形散热器因只有靠边两片的外侧能把热量有效地辐射出去，应尽量减少每组片数，以增加散热器有效散热面积。散热器一般布置在窗下或喂饲通道上。

2. 热水管地面采暖

热水管地面采暖在国外养猪场中已得到普遍应用。即将热水管埋设在畜舍地面的混凝土层内或其下面的土层中，热水管下面铺设防潮隔热层以阻止热量向下传递。热水通过管道将地面加热，为家畜生活区域提供适宜的温度环境。采暖热水可由统一的热水锅炉供应，也可在每个需要采暖的舍内安装一台电热水加热器。水温由恒温控制器控制，温度调节范围为45～80℃。与其他采暖系统相比，热水管地面采暖有如下优点：①节省能源，它只是将猪活动的地面及其附近区域加热到适宜的温度，而不是加热整个猪舍空间；②保持地面干燥，减少痢疾等疾病发生；③供热均匀；④利用地面高储热能力，使温度保持较长的时间。但应注意，热水管地面采暖的一次性投资比其他采暖设备投资大 2～4 倍；一旦地面产生裂缝，极易破坏采暖系统而不易修复；同时地面加热到达设定温度所需的时间较长，对突然的温度变化调节能力差。

3. 热风采暖

热风采暖利用热源将空气加热到要求的温度，然后将该空气通过管道送入畜舍进行加热。热风采暖设备投资低，可与冬季通风相结合。在为畜舍提供热量的同时，也提供了新鲜空气，降低了能源消耗；热风进入畜舍可以显著降低畜舍空气的相对湿度；便于实现自动控制。热风采暖系统的最大缺陷就是不宜远距离输送，这是因为空气的储热能力很低，远距离输送会使温度递降很快。热风采暖主要有热风炉式、空气加热器式和暖风机式三种。

热风采暖时，送风管道直径及风速对采暖效果有很大影响。管径过大或管内风速过小，采暖成本增加；相反，管径过小或管内风速过大，会加大气体管内流动阻力，增加电动机耗电量。当阻力大于风机所能提供的动压时，会导致热风热量达不到所规定的值。通常要求送风管内的风速为 2～10m/s。

热空气从侧向送风孔向舍内送风，以非等温受限射流形式喷出。这种方式可使畜禽活动区温度和气流比较均匀，且气流速度不致太大。送风孔直径一般取 20～50mm，孔距为 1.0～2.0m。为使舍内温度更加均匀，风管上的风孔应沿热风流动方向由疏而密布置。

采用热风炉采暖时，应注意：①每个畜舍最好独立使用一台热风炉；②排风口应设在畜舍下部；③对三角形屋架结构畜舍，应加吊顶；④对于双列及多列布置的畜舍，最好用两根送风管往中间对吹，以确保舍温更加均匀；⑤采用侧向送风，使热风吹出方向与地面平行，避免热风直接吹向畜体；⑥舍内送风管末端不能封闭。

4. 太阳能集热——储热石床采暖

储热石床采暖为太阳能采暖方式中的一种，由太阳能接受室和风机组成。冷空气经进气口进入太阳能接受室后，被太阳能加热，由石床将热能储存起来，夜间用风机将经过加热后的空气送入畜舍，使舍温升高。太阳能接受室一般建在畜舍南墙外侧，用双层塑料薄膜或双层玻璃作采光面，两层之间用方木骨架固定，使之形成静止空气层，以增加保温性能。太阳能接受室内设有由涂黑漆的铝板（或其他吸热材料）制成的集热器，内部有带空隙的石子形成的储热石床，石床下面及南侧为用泡沫塑料和塑料薄膜制成防潮隔热层，白天，通过采光面进入到接受室的太阳能被集热器和石床接受并储存。为减少集热器和石床的热损失，夜间和阴天可在采光面上铺盖保温被或草苫。由于太阳能采暖受气候条件影响较大，较难实现完全的人工控制环境，因此，为确保畜舍供暖要求，太阳能采暖一般只作为其他采暖设备的辅助装置使用。

图 4-24　仔猪红外线保温灯

图 4-25　悬挂式育雏伞

5. 局部采暖

局部采暖是利用采暖设备对畜舍进行局部加热，使局部区域达到较高温度。局部采暖主要用于幼畜保温，可通过火炉、火炕、火墙、烟道以及保温伞、红外加热设备、热风机、保温箱或局部安装加温地板等对局部区域实施供暖。在我国，初生仔猪和雏鸡舍多用局部供暖：在仔猪栏铺设红外电热板或在仔猪栏上方悬挂红外线保温伞；在雏鸡舍用火炉、电热育雏笼、保温伞等设备供暖。利用红外线照射仔猪，一般一窝一盏（125W）（图4-24）；采用保温伞育雏（图4-25），一般每800～1000只雏一个。

资料卡

红外线：红外线又称热射线，波长长，能量低。红外线照射到动物体，使辐射能转变为热能，使皮肤和皮下组织温度升高，毛细管扩张，加速皮肤血液循环，促进皮肤代谢。所以，在畜牧业生产上，常用红外线灯作为热源，对雏鸡、仔猪、羔羊等进行培育，不仅可以御寒，而且促进生长发育，效果良好。用红外线照射病畜，可使病畜局部血液循环得到改善，局部渗出物易被吸收清除，使组织张力下降，肿胀自然减轻。另外，红外线使深层组织温热，促进新陈代谢及细胞增生，具有消炎、镇痛之效。在生产中常用红外线来治疗冻伤、风湿性肌肉炎、关节炎及神经痛等疾病。

但过强的红外线照射可产生下列不良反应：①使动物的体热调节机制发生障碍，皮温升高，严重时可发生皮肤变性，形成光灼伤，若组织分解物被血液带走，会引起全身性反应。②波长为600～1000nm的红光和红外线能穿透颅骨，使脑内温度升高，引起全身病理反应，这种病称为日射病。特征以神经症状为主，兴奋、烦躁、昏迷，呼吸及血管中枢机能紊乱，出现气喘、脉搏加快、痉挛，终因心脏和呼吸中枢麻痹而死亡。③对眼睛有伤害作用，可使水晶体及眼内液体温度升高，特别是波长为1000～1900nm的作用最强，可引起视力障碍及眼病，如畏光、视觉模糊，甚至白内障及视网膜脱离等。

➤ 工作页

子任务4-3　保温隔热设计资讯单　见《学生实践技能训练工作手册》。
子任务4-3　保温隔热设计记录单　见《学生实践技能训练工作手册》。
子任务4-3　保温隔热设计考核单　见《学生实践技能训练工作手册》。

❖ 子任务4-4　自动控制系统设计

➤ 任务要求

1. 现有一栋12m×120m的笼养肉鸡舍要安装自动控制系统，请列出自动控制系统的组成部分并提出使用方法及注意事项。

2. 为7.5m×90m的仔猪舍设计并安装自动控制系统。

➤ 参考流程

环境自动控制系统组成 ⇒ 自动控制系统工作原理 ⇒ 自动控制系统设计

➤ 资讯

一、综合式畜舍环境自动控制器

畜禽舍的环境控制主要包括两个方面的内容：一是舍内空气环境状况的控制；二是舍内

空气环境质量的控制。前者主要是针对舍内的温度、湿度等环境因子，后者是通过对舍内的各种有害气体等进行监控。

目前有许多针对畜禽舍环境控制的研究，并根据畜禽舍的环境要求而开发出多种畜禽舍环境自动控制系统（图 4-26～图 4-29）。

图 4-26　畜禽舍环境控制器

图 4-27　畜禽舍环境自动控制系统

图 4-28　畜禽舍环境自动检测控制系统

图 4-29　畜禽舍环境自动控制系统

这类系统的工作原理一般是利用一定的芯片、只读存储器、逻辑单元和模/数转换电路与数/模转换电路，在控制软件的支持下，通过 CPU 对外围电路进行控制，实现畜禽舍养殖环境监测及控制的功能。一般是在畜禽舍内设置多个检测点，然后利用数字式温湿传感器、红外二氧化碳传感器等来完成对畜禽舍内部环境的监测，进而通过对喷雾风机和换气风机等的程序控制，达到对畜舍温湿度的控制，以改善畜禽舍局部小气候环境，提高畜禽的生长性能和饲料利用率，实现畜禽的健康生长。

二、单一功能环境自动控制器

（一）自动喷雾降温设备

自动喷雾降温设备（图 4-30）主要由水箱、水泵、过滤器、喷头、喷水管道和自动控制系统等组成。自动喷雾设备除了喷水降温外，还可在水中加入一定比例的消毒杀菌药，配成相应浓度的药液，对鸡舍进行喷雾消毒或带鸡消毒，这样既可防暑降温，又能消毒杀菌。

图 4-30　鸡舍的自动喷雾降温设备

图 4-31　全自动雾化增湿机

（二）雾化增湿机

全自动雾化增湿机（图 4-31）设有压力传感器和湿度传感器，通过电脑控制达到恒压、恒湿。在工作时，自然水通过雾式喷嘴喷出雾化状的烟雾，雾点细微、均匀，经多级过滤，具有增湿、除尘、降温作用，并且非常环保。

（三）电脑数控灭菌器

电脑数控灭菌器（图 4-32）是新型的通道消毒设备，具有自动喷雾、单向灭菌的功能。

图 4-32　超声波电脑数控灭菌器

图 4-33　光照自动控制器

（四）光照自动控制器

光照自动控制器（图 4-33）主要用于自动控制开灯和关灯。目前我国已经生产出畜舍光控器，有石英钟机械控制和电子控制两种，较好的是电子显示光照控制器，它的特点是：①开关时间可任意设定，控时准确；②光照强度可以调整，光照时间内日光强度不足时，自动启动补充光照系统；③灯光渐亮和渐暗；④停电时程序不乱等。

（五）环境消毒车

电动环境消毒车（图 4-34）由蓄电池带动，在人的操作下可在畜牧场及畜舍内自由运行。其喷头可左右自动摆动，喷出的雾粒大小可调，除具喷雾消毒作用外，还具有冲洗功能。一般的环境消毒车可在 30min 内完成拥有 2 万只鸡的鸡场的消毒工作，能有效控制畜牧场畜禽疾病的发生。

➢ 工作页

子任务 4-4　自动控制系统设计资讯单　见《学生实践技能训练工作手册》。

方向盘　　消毒液容器　　调节旋柄　喷头

控制面板

刹车板

①充电器接口
②充电指示灯
③喷头摇摆开关

图 4-34　环境消毒车

子任务 4-4　自动控制系统设计记录单　见《学生实践技能训练工作手册》。
子任务 4-4　自动控制系统设计考核单　见《学生实践技能训练工作手册》。

❖ 子任务 4-5　畜禽舍配套设备维护

➤ 任务要求

现有规模化鸡（猪）舍一栋，熟悉其配套设备基本情况，学会这些设备的使用方法并能进行简单维护。

➤ 参考流程

规模化鸡舍的基本情况 ➡ 配套设备种类与数量 ➡ 配套设备使用与维护

➤ 资讯

一、环境控制设备

（一）照明设备

照明设备主要包括畜舍照明灯具和光照自动控制器。照明灯具主要有白炽灯、荧光灯、紫外灯、节能灯和便携聚光灯等，可根据需要选配。光照自动控制器的主要功能是设定自动调节光的强弱明暗；设定开启和关闭时间，自动补充光源等，从而控制鸡的采食饮水、生长发育、产蛋，避免光照过强造成鸡群的应激。

（二）湿帘风机降温系统

湿帘风机降温系统的主要作用是夏季空气通过湿帘进入畜舍，可以降低进入畜舍空气的温度，起到降温的效果。湿帘风机降温系统由纸质波纹多孔湿帘、湿帘冷风机、水循环系统及控制装置组成（图 4-35）。在夏季，空气经过湿帘进入畜舍，可降低舍内温度 5～8℃。具有设备简单、成本低廉、降温效果好、运行经济等特点，比较适合高温干燥地区。湿帘的厚度以 100～200mm 为宜，干燥地区应选择较厚的湿帘，潮湿地区所用湿帘不宜过厚。

图 4-35　湿帘风机降温系统

(三) 通风设备

通风设备的作用是将畜舍内的污浊空气、湿气和多余的热量排出，同时补充新鲜空气。一般畜舍采用大直径、低转速的轴流风机 (图 4-36)。目前国产纵向通风的轴流风机的主要技术参数是：流量 $31400m^3/h$，风压 39.2Pa，叶片转速 352r/min，电机功率 0.75W，噪声不大于 74dB。

图 4-36　轴流风机

1—外壳；2—叶片；3—电动机转轴；4—电动机

(四) 热风炉供暖系统

热风炉供暖系统主要由热风炉 (图 4-37)、轴流风机、有孔塑料管和调节风门等设备组成。它以空气为介质，煤为燃料，为空间提供无污染的洁净热空气，用于畜舍的加温。该设备结构简单，热效率高，送热快，成本低。

(五) 清洗消毒设备

畜舍的清洗消毒设备主要有紫外线消毒灯 (图 4-38)、高压清洗机和火焰消毒器等。其

图 4-37　热风炉

图 4-38　紫外线灯消毒走廊

中高压清洗机可产生 6～7MPa 的水压，用于畜牧场内用具、地面、畜栏等的清洗，进水管如与盛消毒液的容器相连，还可进行畜舍的消毒。火焰消毒器是利用液化气（天然气、沼气或煤气等）燃烧产生的高温火焰对畜舍设备及建筑物表面进行燃扫，以达到彻底消毒的目的，火焰消毒器的杀菌率可达 97％。

（六）环境自动控制系统

详见本任务中的子任务 4-4。

二、饲喂设备

养殖场饲喂设备主要包括储料塔、饲料输送机、输送管道、给料设备（图 4-39、图 4-40）、计量设备、饲槽等部分。

图 4-39　家禽链条式喂料系统

图 4-40　商品鸡平养自动料线

三、饮水设备

畜牧场自动饮水器的种类很多。鸡用饮水器可分为乳头式（图 4-41）、杯式（图 4-42）、水槽式、吊塔式和真空式几种。猪用饮水器主要有鸭嘴式、乳头式、吸吮式和杯式等，还有饮水碗（图 4-43），每一种又有多种结构形式。鸭嘴式猪自动饮水器为规模化猪场中使用最多的一种饮水设备。

图 4-41　乳头式饮水器

图 4-42　杯式饮水器

图 4-43　猪用饮水器

图 4-44　集蛋设备

四、清粪设备

畜舍内的清粪方式主要有人工清粪和机械清粪两种。机械清粪常用设备有刮板式清粪机、带式清粪机、抽屉式清粪机和往复刮粪板清粪机等。刮板式清粪机多用于育肥猪舍、阶梯式笼养鸡舍和网上平养鸡舍；带式清粪机多用于叠层式笼养鸡舍；抽屉式清粪板多用于小型叠层式鸡笼；往复式刮板清粪机由带刮粪板的滑架（两侧面和底面都装有滚轮的小滑车）、传动装置、张紧机构和钢丝绳等构成，多用于猪场。

五、其他设备

包括鸡笼、集蛋设备（图 4-44）猪栏、漏缝地板、给药装置等。

➤ 工作页

子任务 4-5　畜禽舍配套设备维护资讯单　见《学生实践技能训练工作手册》。
子任务 4-5　畜禽舍配套设备维护记录单　见《学生实践技能训练工作手册》。
子任务 4-5　畜禽舍配套设备维护考核单　见《学生实践技能训练工作手册》。

任务 5

畜牧场环境监测与保护

❖ 学习目标

■ 能够对畜牧场场址选择、畜牧场建筑物布局、畜牧场环境卫生设施以及畜禽舍卫生状况、畜牧场环境污染物情况等方面进行现场考察、测量和访问，运用学过的知识进行综合分析，做出卫生评价报告。

■ 能够对畜牧场空气环境和水环境进行监测，并能提出改进措施。

■ 能够进行畜牧场环境消毒。

■ 能够设计畜牧场废弃物无害化处理方案，能有效利用畜禽粪便。

❖ 任务说明

■ 任务概述

在对畜牧场场址选择、畜牧场建筑物布局、畜牧场环境卫生设施以及畜禽舍卫生状况、畜牧场环境污染物情况等方面进行现场考察、测量和访问后，运用学过的知识进行综合分析，写出该畜牧场的卫生评价报告；设计出畜牧场环境监测方案，并进行现场环境监测，若存在问题提出解决方案；设计畜牧场环境保护方案，做到科学的资源化利用畜禽粪便。

■ 任务载体

规模化养殖场，评价报告，设计方案等。

■ 技术流程

畜牧场基本情况收集 ➡ 环境监测 ➡ 环境评价 ➡ 畜牧场环境保护

■ 任务开展的依据

子 任 务	工作依据及资讯	资讯单	记录单	考核单
5-1 畜牧场环境监测	畜牧场环境指标标准,畜牧场环境监测项目及测定方法	5-1	5-1	5-1
5-2 畜牧场总体评价	畜牧场总体评价应考虑的因素,水质等卫生评定方法	5-2	5-2	5-2
5-3 畜牧场环境保护	畜牧场环境消毒方法,畜禽粪便有效处理方式,生态养殖模式的建立	5-3	5-3	5-3

❖ 学习建议

■ 根据学习任务，以小组为单位，对相应畜牧场进行基本情况调查，设计监测方案，

任务 5

畜牧场环境监测与保护

109

现场进行环境监测；汇报监测结果，找出存在问题，师生共同提出解决办法；最终提交环境保护方案或环评报告。

❖ 子任务 5-1　畜牧场环境监测

➤ 任务要求

1. 现有一栋鸡舍，舍内空气浑浊且气味刺鼻，部分鸡群呼吸困难且急促、全身无力、步态不稳，有的甚至肢体瘫痪，死前出现痉挛或惊厥或突然跳起的现象，怀疑是氨中毒。请你设计出鸡舍内有害气体的测定方案，并结合有害气体浓度标准提出消除有害气体的有效方法。

2. 请你为某一养猪场制定水质监测方案（时间、次数、评定指标、评定方法）。

➤ 参考流程

监测方案 ➡ 气象指标监测 ➡ 有害气体监测 ➡ 水质监测 ➡ 监测报告

➤ 资讯

一、畜牧场环境监测概况

环境监测是指对环境中某些有害因素进行调查和度量。通过监测及时了解畜舍及牧场内环境的状况，掌握环境是过冷还是过热，或环境中出现了什么污染物，它的污染范围有多大，污染程度如何，影响怎样；根据测定的数据和环境卫生标准（环境质量标准），以及畜体的健康和生产状况进行对比检查，并进行环境质量评价，及时采取措施解决存在的问题，确保畜禽生产正常进行。环境监测是进行畜牧场环境保护工作的基础，其最终目的是为了查明被监测环境变异幅度以及环境变异对畜牧业生产的影响，以便采取有效措施，减少环境变异对畜禽生产造成的不良影响。

（一）畜牧场环境监测分类

畜牧场环境监测应结合自身特点，根据测定目的和条件而定，一般分为以下几类。

1. 经常性监测

常年在固定测点设置仪器，供管理人员随时监测，旨在随时了解畜禽环境基本因子的状况，及时掌握其变化情况，以便于及时调整管理措施。如在畜舍内设置干湿球温度表，随时观察畜舍的空气温度、湿度等。

2. 定期监测

按照计划在固定的时间、地点对固定的环境指标进行的监测为定期监测。如根据气候条件和管理方式的变化规律，在一年中每旬、每月或每季度确定一天或连续数天对畜舍的温热环境进行定点观测，以掌握畜舍温热环境与气候条件及管理方式之间的关系及变化规律。

3. 临时性监测

根据畜禽的健康状况、生产性能以及环境突变程度进行测定，即当环境出现突然的异常变化时，为了掌握变化和对家畜环境的影响程度所进行的测定。如当寒流、热浪突然袭击时，当呼吸道疾病发病率升高或大规模清粪时一般需进行临时性监测，以掌握环境变化程度和特点。

（二）畜牧场环境监测的基本内容

畜牧场环境监测的内容和指标应根据监测的目的以及环境质量标准来确定，应选择在所监测的环境领域中较为重要的、有代表性的指标进行监测。

一般情况下，对畜牧场、畜舍以及场内、舍内的空气、水质、土质、饲料及畜产品的品质应给予全面监测，但在适度规模经营的饲养条件下，家畜的环境大都局限于圈舍内，其环境范围较小，应着重监测空气环境的理化和生物学指标，水体和土壤质量相对稳定，特别是土质很少对家畜发生直接作用，可放在次要地位。

环境卫生监测所采用的方法和应用技术，与监测数据的正确性和反映污染状况的及时性，有着重要的关系。

1. 空气环境监测的内容

畜牧场大气状况的监测，可在一年四季各进行一次定期、定员监测，以观察大气的季节性变化，每次至少连续监测5d，每天采样3次以上，采样点应具有代表性。

温热环境主要监测气温、气湿、气流和畜舍通风换气量；光环境主要监测光照强度、光照时间和畜舍采光系数；空气卫生监测主要是对畜牧场空气中污染物质和可能存在的大气污染物进行监测，主要为恶臭气体、有害气体（氨气、硫化氢、二氧化碳等）、细菌、灰尘、噪声、总悬浮微粒、飘尘、二氧化硫、氮氧化物、一氧化碳、光化学氧化剂（O_3）等。

温度、湿度的测定，一般采用普通干湿球温度表或通风干湿球温度表以及自记温、湿度计等仪器测定。应在舍内选择多个测点，可均匀分布或沿对角线交叉分布。观测点的高度原则上应与畜禽头部高度等高。按常规要求以一天中的2:00、8:00、14:00和20:00四次观测的平均值为平均温度和平均湿度值。如果凌晨2:00测定有困难则可以用8:00的观测值代替之，即将8:00的观测值计算两次。旬、月、年的平均温度可根据日平均温度推算。

气流速度测定可用卡他温度计、热球式电风速计等仪器测定。测点应根据测定目的，选择有代表性的位置，如通风口处、门窗附近、畜床附近等。

畜舍内有害气体的监测，可根据大气污染状况监测结果并结合饲养管理情况，在不同季节、不同气候条件下进行测定。

2. 水质环境监测的内容

水质监测包括对畜牧场水源的监测和对畜牧场周围水体污染状况的监测。

水源水质的监测项目包括感官性状指标、一般化学指标、细菌学指标、毒理学指标、放射性指标五个方面。

（1）感官性状指标　包括温度、颜色、浑浊度、臭和味、悬浮物（SS）等。

（2）化学指标　包括溶解氧（DO）、化学耗氧量（COD）、生化需氧量（BOD）、氨氮、亚硝酸盐氮、硝酸盐氮、氯化物、磷、pH值等。

（3）细菌学指标　包括细菌总数、大肠菌群、致病菌、粪大肠菌群、沙门氏菌、粪链球菌等。

（4）毒理学指标　包括氟化物、氰化物、汞化物、砷等。

（5）放射性指标　包括总α放射性、总β放射性等。

对水质情况监测，可根据水源种类等具体情况决定。如畜牧场水源为深层地下水，因其水质较稳定，一年测1~2次即可；如是河流等地面水，每季或每月定时监测一次。此外，在枯水期和丰水期也应进行调查测定。为了解污染的连续变化情况，则有必要进行连续测定。

3. 土壤环境监测的内容

土壤监测主要项目应包括对土壤生物和农产品有害的化学物质的监测，包括氟化物、硫化物、有机农药、酚、氰化物、汞、砷、六价铬等。由于畜牧场废弃物对土壤的污染主要是有机物和病原体的污染，所以就畜牧场本身的污染而言，主要监测项目为土壤肥力指标和卫生指标。

土壤肥力指标主要包括有机质、氮、磷、钾等；土壤卫生指标主要包括大肠菌群数、蛔虫卵等。

（三）畜牧场环境卫生监测方法

在环境卫生监测中，广泛使用化学分析、物理分析方法。目前，除采用原子吸收光谱、气相色谱、离子选择电极等技术外，近代物理化学分析技术，如中子活化分析、激光光谱分析等，也逐步应用，使监测技术朝着快速、简便、灵敏、准确的方向发展。表 5-1 列出了畜牧场一些常规监测项目测试方法，供参考。

表 5-1 畜牧场环境卫生常规监测项目测试方法

监测项目或指标	测试方法	常用仪器仪表	监测目的	注意事项
气象参数监测				
温度	仪器测定	普通温度计或自记温度计	掌握温度变化与适合程度	布点时间和位置
湿度	仪器测定	干湿球温度表	掌握湿度变化与适合程度	布点位置
光照度	仪器测定	照度计	确定光照强度适合程度(特别是家禽)	布点位置
气流	仪器测定	风速仪	了解通风状况	读数地点与重复次数
空气质量监测				
有害气体(氨气和硫化氢)	纳氏试剂光度法	大气采样器	了解氨气和硫化氢浓度	采样高度
总悬浮颗粒物(TSP)	重量法	粉尘采样器、分析天平	了解微粒含量	采样时流量适宜；管道密封不漏气
微生物	平皿沉降法	采样平板、恒温培养箱	了解微生物含量	布点位置
水质监测				
pH 值	仪器测定	pH 计、精密或广泛 pH 试纸	了解水体的酸碱度	减小读数误差
水的总硬度	滴定法	水采样器	了解水体硬度	减小滴定误差
氯化物	滴定法	水采样器	了解水体含有氯化物情况	
细菌总数	平板培养计数法	水采样器、恒温培养箱	了解细菌的总含量	布点位置
畜牧场污染源监测				
COD	重铬酸钾法	微波消解炉、滴定装置	掌握水体受有机物为主的还原性物质污染的程度	消除干扰；污水样分析时取适宜体积稀释
氨氮	纳氏试剂光度法	分光光度计	掌握污水含氮特性	纳氏试剂毒性大，用后对废液妥善处理

知识拓展

环境卫生生物监测：自然界中有很多生物对环境中的污染物质十分敏感，当受到有害物质损害时，会表现出各种症状，据此可以了解大气、水、土壤受污染的范围和程度。例如，有机氯的毒性很大，但因为没有气味和颜色，人们很难察觉，而金荞麦却能在气相色谱仪都难以检出的情况下，表现出特殊症状。水中某些藻类（如硅藻等），在种类与数量上的变化，也可反映水体污染的程度。南京植物研究所根据植物的这种特性，用金荞麦作"植物监测计"进行环境质量评价，所得到的污染物（氟或硫）浓度变化曲线和使用仪器进行监测的结果非常一致。所以，在环境监测中，利用生物监测来补充物理、化学分析法的不足，是一种简便、有效、可行的措施。畜牧场的生物监测可结合畜牧场的绿化设计等进行。

（四）畜牧场环境质量评价技术与方法

环境质量的评价就是按照一定的评价标准和评价方法对环境质量状况进行定量评定、解释和预测。畜牧场环境质量评价对于确切了解畜牧场环境状况，制定和实施畜牧场环境管理措施以及检验评价畜牧场环境管理措施的实施效果，都具有重要意义。

目前环境质量评价主要集中在对大气和水质进行评价。

1. 空气质量评价

空气环境质量评价是依据相应环境质量标准对空气中有害物质进行评价。到目前为止，我国已颁布了多项大气环境质量标准如《环境空气质量标准》（GB 3095—1996）、《恶臭污染物排放标准》（GB 14554—1993）、《居住区大气中有害物质的最高允许浓度》（TJ 36—1979）等。在对畜牧场场内外大气环境质量进行评价时应参照其相关内容并结合畜牧场大气污染物的特点制定监测内容及质量标准，评价时应以畜牧场主要污染物为主。可以参照以下建议确定监测项目和环境质量标准。

① 监测点以离畜牧场周边 400～500m 范围和在下风向为宜。

② 主要监测项目与环境标准为（畜牧场场区）：恶臭强度 2 级以下；氨气日均值 5mg/m³；硫化氢日均值 2mg/m³；二氧化碳日均值 750mg/m³；细菌总数 $1.7 \times 10^4 \sim 2.5 \times 10^4$ 个/m³。

③ 感官指标必须加以测定，如技术经济条件允许，其他指标也应予以部分监测或全部监测。

2. 水体环境质量评价

根据水体的用途和评价目的不同，应采用不同的质量标准。我国已颁布了多种水体质量标准。

在畜牧场水源的选择和保护中，对水体卫生进行评价时，主要依据的标准为《地表水环境质量标准》（GB 3838—2002）和《生活饮用水卫生标准》（GB 5749—2006）。在对污水排放及畜牧场周围环境水体质量的评价中，主要依据的标准除《地表水环境质量标准》（GB 3838—2002）外，还有《污水综合排放标准》（GB 8978—1996）、《农田灌溉水质标准》（GB 5084—2005）等。水体环境质量标准要求所有水体不应人为包含下列物质：①凡能沉淀而形成令人厌恶的沉淀物；②漂浮物，诸如碎片、浮渣、油类或其他的一些引起感官不快的物质；③产生令人厌恶的色、臭、味或者浑浊的物质；④对人类、动物或植物有损害、毒性或不良生理反应的物质；⑤易孳生令人厌恶情绪的水生生物的物质。

二、气象指标监测

与畜禽生产密切相关的气象因素主要包括气温、气湿、气压、气流等。这些因素是畜禽的主要外界环境因素，它们直接影响畜禽的热调节，进而影响畜禽的健康和生产力。此外，还可通过影响饲料作物的生长、化学组成和季节性供应，以及寄生虫和其他疾病的发生与传播，间接地影响畜禽的生产和健康。

（一）气温的测定

用来测量气温的仪器主要有普通温度计、最高温度计、最低温度计、最高最低温度计、自记温度计、半导体点温度计等。

1. 普通温度计

普通温度计也叫棒状温度计（图 5-1）。制作温度计的玻璃是经过热处理和陈化过的，以防止日久玻璃变化变形引起温度表零点移位。

图 5-1 普通温度计

（1）结构　由球部、毛细管及顶部缓冲球构成。

依感应部分装的感应液不同可分水银温度计和酒精温度计。水银具有比热容小、导热快、易于提纯、沸点高（356.9℃）、蒸汽压力小、不透明、易于读数以及内聚力大与玻璃不发生浸润等优点，所以水银温度计灵敏度和准确度都较好。但由于水银的冰点高（−38.9℃），所以不适宜测定低温，所以通常制成最高温度计。酒精具有膨胀系数不够稳定、纯度差、易蒸发以及与玻璃发生浸润等缺点，但却具有冰点低（−117.3℃）的特点，所以用来测量低温比较好，可以准确测定至−80℃，通常制成最低温度计。酒精易于着色，便于观察。

（2）使用方法　垂直或水平放置在测定地点，5min后观察其所示温度，读感应液在毛细管内最高点的示数，然后加上校正值。

2. 最高温度计

最高温度计是以水银作感应液的水银温度计，测某一段时间内的最高温度（图5-2）。

图 5-2　最高温度计

（1）构造　由球部、狭窄部、毛细管和顶部缓冲球构成。球部与毛细管之间有一个狭窄处，用来增加阻力和摩擦力。

（2）原理　当温度升高时，水银的膨胀力大于摩擦力，从而冲过狭窄部上升。但当温度下降时，水银收缩的内聚力小于狭窄部的摩擦力，毛细管内的水银在窄道处与球部水银断开不能回到球部，停留在原来位置不动，所以窄部以上这段水银柱的顶端所示度数就是观测阶段所感受到的最高温度。

（3）使用方法　使用前先对温度计进行调整，用手握紧温度计的中部，球部向下用力甩几下，使管内的水银降至比当时温度示数稍低的刻度，然后水平放置在测定地点。测定时先放球部，后放表身，防止水银柱滑向温度计顶端。测定的某段时间结束后，观察其读数。

3. 最低温度计

最低温度计是以酒精为感应液的酒精温度计，用以测量某一段时间内的最低温度（图5-3）。

图 5-3　最低温度计

（1）构造　由球部、毛细管、游标和顶部缓冲球构成。毛细管中有有色玻璃的小游标，它能在酒精液柱里来回游动。

（2）原理　当温度升高时，酒精体积膨胀绕小游标流过，因为小游标本身有重量及其两端与管壁有摩擦力，所以游标在原处不动；当温度下降时，酒精柱收缩，酒精柱顶部的表面张力大于小游标自身重力与摩擦力总和，所以当酒精顶部弯月面与小游标接触时就把小游标一起拉下来。一旦温度升高时，游标仍然不动，如果温度再下降，降至低于小游标所示度数，这时小游标随着酒精柱继续下降，所以它总指示某段时间内的最低温度。

（3）使用方法　倒置，依靠重力作用使小游标滑到液面处；水平放置在测定的地方，在测定的某段时间结束后，观察其读数。放置时，要先放顶部，后放球部；读度数时一定读小游标靠近酒精柱的液面一端。

4. 最高最低温度计

最高最低温度计可用来测一段时间内的最高温度和最低温度。

（1）构造　由U形玻璃管、水银、酒精、磁性卡簧等构成。U形管底部装有水银，上部装有酒精；左侧管上部及膨大部分都充满酒精；右侧管上部及膨大部分的一半装有酒精，上半部分为气体；两侧管内水银面上各有一个磁性卡簧。

（2）原理　磁性卡簧受水银的移动而被推动，但不受酒精的带动。当温度升高时，左端球部的酒精膨胀压迫水银向右侧上升，同时也推动水银面上的磁性卡簧上升，左管水银柱上面的磁性卡簧在原处不动；反之，当温度下降时，左端球部的酒精收缩，右端球部的气体迫使水银向左侧上升，因此左侧水银面上的磁性卡簧也上升，而右管的磁性卡簧在原处不动。右侧磁性卡簧的下端指示出一段时间内的最高温度，左侧磁性卡簧的下端指示出一段时间内的最低温度。

（3）使用方法　用小磁铁把两个磁性卡簧吸引到与水银面相接处，垂直悬挂于测定地点，在某测定时间结束后进行读数（看磁性卡簧下端所指的示数）。

5. 自记温度计

自记温度计能自动记录气温连续变化的仪器，从记录纸上可以获得任何时间的气温情况、极端值及出现时间（图5-4）。分周记型和日记型。

（1）构造　由感应部分、传动机构和自记部分构成。感应部分是一个双金属片，由两片具有不同膨胀系数的金属片焊接组成。当温度变化时，由于膨胀系数不同而发生变形。自记部分由自记钟、自记纸、自记笔组成。自记钟内部构造与钟表相同，上发条后，每日或每周自转一圈。

（2）原理　双金属片可随温度的变化向上或向下弯曲。金属片一端固定在支架上，另一端与垂直

图5-4　自记温度计

杆和水平轴等传动机构相连。自记笔的一端固定在水平轴上，笔尖接触自记钟筒。双金属片因温度下降而向上弯曲时，笔尖向下移动，双金属片因温度上升而向下弯曲时，笔尖向上移动。随着温度变化，自记笔尖上下移动，笔尖的储斗内装有墨水并且与钟筒上的自记纸接触，同时自记钟转动，自记纸上就出现温度变化曲线，从曲线可读出一日内（或一周内）任一时间内的温度值。

（3）使用方法　打开外罩，从笔挡上解开笔杆并拨开笔挡，取下自记钟筒并上紧自记钟弦。将自记纸套在钟筒上，自记纸要紧贴于钟筒表面上，纸的下沿应与钟筒的下边缘贴紧，纸的接合处应保证水平线相应地衔接，然后用自记纸夹夹紧。把自记钟插在中心轴上，并用手反时针方向转动钟筒，以消除啮合间隙。将笔尖灌上自记墨水，不要灌得溢出来，多余的墨水可用光硬纸剔净。拨动笔挡使笔尖与自记纸接触。使用仪器时不许用手触及感应元件双金属片，不许猛压笔挡和传动机构及其他零件。

检查自记纸上的记录线质量，自记纸上记录线条的粗细不得超过0.3mm。记录质量不合要求时，可将笔尖取下，放入酒精内清洗或放在清水中数小时后用薄麻布或光硬纸擦净，然后重新安在笔杆上。为检查笔尖安装是否正确，可拧动定位螺钉，使笔尖沿着自记纸上的弧线上下移动，此时笔尖所划出的线条应与自记纸上的弧线重合或平行，其允许的不吻合程度不应大于自记纸上相邻两时间弧线间距的1/3，否则应缩短或放长笔尖在笔杆上安装的长度。如自记钟的行程误差超过了规定的数值时，可以取下防尘帽，拨动调速指针，将它调整

到适当的位置，再用防尘帽将孔重新盖住。

更换自记纸或灌注自记墨水时，用手轻轻按计时按钮，作出时间记号，记下中断时间；然后将自记钟取下，摘下自记纸并填写年、月、日和中断记录时间。反时针方向上紧自记钟的弦。重新换上新的自记纸，并在自记纸上注上起始时间，而后将自记钟套在中心轴上。在笔尖内灌好自记墨水，用手将钟筒转到使笔尖在自记纸上指示的时间位置与当时时间吻合，然后关上仪器。

6. 半导体点温度计

半导体点温度计测量温度具有迅速、方便等优点，可测物体表面温度，如墙壁、地面、皮肤等。

（1）构造　由感温部分的半导体热敏电阻、仪表部分的电流表及电源构成。

（2）原理　热敏电阻对温度变化很敏感，它的电阻率很明显地随着温度的变化而变化，当温度升高时，热敏电阻的阻值下降；当温度降低时，热敏电阻的阻值增加。随着热敏电阻值的增减，仪表上产生的电流也就不同，这样就可把电流表上的读数直接刻成温度读数。

（3）使用方法　使用时仪器应放平，使用前开关应拨到"关"处，调整好仪表盖上的调整器，使起刻线与指针重合。然后调整满度，将右面开关调到"满度"处，使指针与满度刻线重合。若采用多量程仪表，首先确定测温范围，定出左面开关的量程数。这时再将右面开关转向"满度"处，调整满度。将感温元件接触被测部位，然后将右面开关由"满度"转向"测量"，仪表指针迅速移动，待稳定后所指示的温度，即是被测部位的温度。测温结束后，将右面开关由"测量"转到"关"，切断电源。有时调满度时不能重合，有可能仪表接触不佳；也可能电池电压不足，更换新电池即可。测定坚固物体表面温度时，在测定处贴一块胶布，可以提高测定的准确性。

在使用各种温度计的时候，应注意以下几个问题。

（1）温度计的校正方法

① 零点校正　将欲校正的温度计的感温部分与二等标准水银温度计一并插入恒温水浴槽中，放入蒸馏水冰块或者干净的雪花，校正零点，经 5～10min 后记录读数。

② 刻度校正　提高水浴温度，记录标准温度计 20℃、30℃、40℃、50℃时的读数，先读标准温度计，后读被校正温度计，读后复读标准温度计一次，即可得到相应的校正温度。

（2）摄氏温度及华氏温度的换算公式

温差单位 Δ　$1℃=1.80℉$　$1℉=\dfrac{1}{1.80}℃$

摄氏温标 0℃＝华氏温标 32℉

华氏温标的符号为 θ，摄氏温标的符号为 t，用数值方程：

$$t/℃=(\theta/℉-32)/1.8$$
$$\theta/℉=t/℃\times1.8+32$$

（3）畜舍内舍温的测定高度与位置

牛舍：0.5～1.0m，固定于各列牛床的上方；散养舍固定于休息区。

猪舍：0.2～0.5m，装在舍中央猪床的中部。

笼养鸡舍：笼架中央高度，中央通道正中鸡笼的前方。

平养鸡舍：鸡床的上方。

因测试目的不同，可增加畜床、天棚、墙壁表面、门窗处及舍内各分布区等测试点。家畜舍温测试，所测得数据要具有代表性，应该具体问题具体分析，选择适宜的温度测定点。

（4）气温观测时注意事项

① 测温仪表应悬挂或放置于不受阳光、暖气等辐射热影响的地方，排除对测温不利的因素。

② 使用测温仪表前，要仔细阅读说明书，正确操作，并且在使用前要进行校正，记录校正值。

③ 观测时，需将仪表在测定地点放置 10min 后才能读数（半导体点温度计不用），读数时屏住呼吸，视线与水银柱平齐，先读小数，后读整数，记录后重读一次。

④ 观测次数应根据实验次数的要求来定，测定舍内温度一般每天三次（即 6～7 时、14～15 时、21～22 时）。

⑤ 测温计经常有水银"断柱"现象，遇到这种情况时，可紧握温度计用力甩动几次，断柱即可接合。

（二）气湿的测定

在任何温度下空气中都含有水汽，表示空气中水汽含量即空气潮湿程度的物理量称为"空气湿度"，简称"气湿"。

1. 表示气湿的指标

（1）水汽压 水汽压指大气中水汽本身所产生的压力，单位为帕斯卡（Pa）。在一定温度下，大气中水汽含量的最大值是一个定值，超过这个定值，多余的水汽就凝结为液体或固体，该值随气温的升高而增大。当大气中水汽达到最大值时的状态称为饱和状态，这时的水汽压称为"饱和水汽压"（表 5-2）。

表 5-2 在不同温度下的饱和水汽压

（引自：冯春霞. 家畜环境卫生. 北京：中国农业出版社，2001）

温度/℃	−10	−5	0	5	10	15	20	25	30	35	40
饱和水汽压/Pa	287	421	609	868	1219	1689	2315	3136	4201	5570	7316
饱和水汽压/(g/m³)	2.16	3.26	4.85	6.80	9.40	12.83	17.30	23.05	30.57	39.60	51.12

（2）绝对湿度 绝对湿度指单位体积的空气中所含水汽的质量，单位为 g/m³。空气中水汽含量越大，绝对湿度越大，它直接表示空气中水汽的绝对含量。

（3）相对湿度 相对湿度是空气中实际水汽压与同温度下饱和水汽压之比，以百分率表示，即：

$$相对湿度 = \frac{实际水汽压}{饱和水汽压} \times 100\%$$

相对湿度说明水汽在空气中的饱和程度，是一个常用的指标。通常空气相对湿度大于80% 为高湿，小于 40% 为低湿。在空气中水汽含量不变时，环境温度越高，相对湿度越小。

（4）饱和差 指在一定的温度下饱和水汽压与同温度下的实际水汽压之差。饱和差越大，表示空气越干燥；饱和差越小，则表示空气越潮湿。

（5）露点 空气中水汽含量不变，且气压一定时，因气温下降，使空气达到饱和时的温度称为"露点"。空气中水汽含量越多，则露点越高，反之则越低。

由于影响湿度变化的因素（气温、蒸发等）有周期性的日变化和年变化，所以，空气湿度也有日变化和年变化现象。在一日中和一年中，温度最高的时候，绝对湿度最高。相对湿度的日变化与气温相反，在一天中温度最低时，相对湿度最高，在早晨日出前往往达到饱和而凝结为露、霜和雾。相对湿度的年变化受季风的影响，在我国，夏季有来自海洋的潮湿空气，冬季有来自陆地的干燥空气，所以最高值出现在夏季，最低值出现在冬季。

图 5-5 普通干湿球
温度表

2. 气湿的测定方法

用来测量气湿的仪器主要有干湿球温度表、通风干湿表、毛发湿度表、氯化锂露点湿度计、自记湿度计等。

(1) 干湿球温度表

① 构造 由两支相同的温度表组成，其中一支的球部包裹纱布并将纱布下端伸入水槽中，称为湿表；另一支不包纱布的称为干表，如图 5-5 所示。

② 原理 湿球球部分包纱布湿润后表面有一层水膜，空气未饱和时，湿球表面的水分不断蒸发，所消耗的热量直接取自湿球周围的空气，使得湿球温度低于干球温度，它们的差值称作"干湿球差"。干湿球差的大小，取决于湿球表面的蒸发速度，而蒸发速度又决定于空气的潮湿程度。若空气比较干燥，水分蒸发快，湿球失热多，则干湿球差大；反之若空气比较潮湿，则干湿球差小。因此，可以根据干湿球差来确定空气湿度。此外，蒸发速度还与气压、风速等有关。气压高、风速小，蒸发就慢；反之，气压低，风速大，蒸发就快。

③ 使用方法 将校正过的干湿球湿度表加好蒸馏水，悬挂于待测地点，15～30min 后观测两球的温度，计算出干湿球差，用仪器所附数据直接读出相对湿度。转动干湿球温度计中间的圆滚筒，在其上端找出干湿球温度的差数，然后在实测湿球温度的水平位置做一水平线，与中央圆筒旁竖行相交点的读数，即相对湿度百分数。还可以用公式计算出相对湿度。

水汽压的计算：

$$e = E_w - AP(t - t_w)$$

式中，e 为测试时空气中的水汽压，kPa；E_w 为湿球温度下的饱和水汽压，kPa（查表 5-3）；P 为测试时大气压，kPa；A 为干湿表系数（因气流速度而定，查表 5-4）；t 为干球温度，℃；t_w 为湿球温度，℃。

只要测得 t、t_w 和 P，根据 t_w 值从饱和水汽压表中查得 E_w，将它们代入上式就可算出 e 值。进一步可计算出相对湿度 R。

相对湿度的计算：

$$R = \frac{e}{E} \times 100\%$$

式中，R 为相对湿度，%；e 为空气中的水汽压，kPa；E 为干球温度下的饱和水汽压，kPa（查表 5-3）。

例：干球温度（t）为 20.0℃，湿球温度（t_w）为 16.50℃，气压（P）为 1003kPa，气流速度为 0.2m/s，求水汽压（e）和相对湿度（R）。

解：查表 5-3，知 $E_w = 18.6$kPa，$E = 23.2$kPa，查表 5-4，知 $A = 0.00110$，代入以上公式得：

$$e = 18.6 - 0.0011 \times 1003 \times (20.0 - 16.5)$$
$$= 14.74(\text{kPa})$$

$$R = \frac{14.74}{23.2} \times 100\% = 64\%$$

表 5-3　不同温度时的最大水汽压　　　　　　　　　　　　　　　　　　kPa

温度/℃	0	0.1	0.2	0.3	0.4	0.5	0.6	0.7	0.8	0.9
−5	4.2	4.2	4.1	4.1	4.1	4.1	4.0	4.0	4.0	3.9
−4	4.5	4.5	4.5	4.4	4.4	4.4	4.3	4.3	4.3	4.2
−3	4.9	4.9	4.8	4.8	4.7	4.7	4.7	4.6	4.6	4.6
−2	5.3	5.2	5.1	5.1	5.1	5.1	5.0	5.0	5.0	7.9
−1	5.7	5.6	5.6	5.5	5.5	5.5	5.4	5.4	5.3	5.3
0	6.1	6.2	6.2	6.3	6.3	6.4	6.4	6.5	6.5	6.6
1	6.6	6.6	6.7	6.7	6.8	6.8	6.9	6.9	7.0	7.0
2	7.1	7.1	7.2	7.2	7.3	7.3	7.4	7.4	7.5	7.5
3	7.6	7.6	7.7	7.7	7.8	7.9	7.9	8.0	8.0	8.1
4	8.1	8.2	8.2	8.3	8.4	8.4	8.5	8.5	8.6	8.7
5	8.7	8.8	8.8	8.9	9.0	9.0	9.1	9.2	9.2	9.3
6	9.3	9.4	9.5	9.5	9.6	9.7	9.7	9.8	9.9	9.9
7	10.0	10.1	10.1	10.2	10.3	10.3	10.4	10.5	10.5	10.6
8	10.7	10.8	10.8	10.9	11.0	11.1	11.1	11.2	11.3	11.4
9	11.4	11.5	11.6	11.7	11.7	11.8	11.9	12.0	12.1	12.2
10	12.2	12.3	12.4	12.5	12.5	12.6	12.7	12.8	12.9	13.0
11	13.1	13.1	13.2	13.3	13.4	13.5	13.6	13.7	13.8	13.9
12	13.9	14.0	14.1	14.2	14.3	14.4	14.5	14.7	14.7	14.8
13	14.9	15.0	15.1	15.2	15.3	15.4	15.5	15.6	15.7	15.8
14	15.9	16.0	16.1	16.2	16.3	16.4	16.5	16.6	16.7	16.8
15	16.9	17.0	17.1	17.3	17.4	17.5	17.6	17.7	17.8	17.9
16	18.1	18.2	18.3	18.4	18.5	18.6	18.7	18.9	19.0	19.1
17	19.2	19.3	19.5	19.6	19.7	19.8	20.0	20.1	20.2	20.3
18	20.5	20.6	20.7	20.9	21.0	21.1	21.3	21.4	21.5	21.7
19	21.8	21.9	22.1	22.2	22.3	22.5	22.6	22.8	22.9	23.0
20	23.2	23.3	23.5	23.6	23.8	23.9	24.1	24.2	24.4	24.5
21	24.7	24.8	25.0	25.1	25.3	25.4	25.6	25.7	25.9	26.1
22	26.2	26.4	26.5	26.7	26.9	27.0	27.2	27.3	27.5	27.7
23	27.9	28.0	28.2	28.4	28.5	28.7	28.9	29.1	29.2	29.4
24	29.6	29.8	29.9	30.1	30.3	30.5	30.7	30.9	31.0	31.2
25	31.4	31.6	31.8	32.0	32.2	32.3	32.5	32.7	32.9	33.1
26	33.3	33.5	33.7	33.9	34.1	34.3	34.5	24.7	34.9	35.1
27	35.3	35.5	35.8	36.0	36.2	36.4	36.6	36.8	37.0	37.3
28	37.5	37.7	37.9	38.1	38.4	38.6	38.8	39.0	39.2	39.5
29	39.7	39.9	40.2	40.4	40.6	40.9	41.1	41.3	41.6	41.8

注：1. 最大水汽压亦称"饱和压"或"饱和湿度"。

2. 用本表也可以查知露点，例如，当水汽压为 4.1kPa 时，其露点为 −5.2℃。

表 5-4　干湿表的系数值

气流速度/(m/s)	系数值(A)	气流速度/(m/s)	系数值(A)	气流速度/(m/s)	系数值(A)
0.13	0.00130	0.30	0.00100	2.30	0.00070
0.16	0.00120	0.40	0.00090	3.00	0.00069
0.20	0.00110	0.80	0.00080	4.00	0.00067

（2）通风干湿表

① 构造　由两支温度表组成，其中一支感应部分制成湿球；在上部有一个用发条驱动的小型通风机；两支温度表外有金属支架，起着保护作用；温度表球部安装在镀镍的双层金

图 5-6　通风干湿球温度表

属风管内，可避免辐射热和外界气流的影响，如图 5-6 所示。风管与仪器上部的小型通风机相连，当小通风机开动时，空气以一定流速（一般为 2～4m/s）从风管下端进入，流经干湿球温度表的球部，以消除外界因风速的变化而产生的影响。因此测定的结果准确性较高，可在室内外用，也可在有辐射热源的地方使用。

通风干湿表还有三个附件：固定在墙上用来悬挂仪器的支架，测定时防止外界气流影响的防风罩，用来湿润湿球纱布的橡皮球吸管。

② 原理　湿球表面水分不断向周围空气中蒸发，从而吸收其热量，而降低湿球温度表的温度，与干球温度表形成一个温差。

③ 使用方法　测定时，将仪器挂在支架上，悬挂高度视要求而定，仪器挂好以后，必须经过一定的时间（夏季至少要有 15min，冬季至少要有 30min）以后，才能开始观测。观测前，先湿润湿球温度计的纱布，用吸管吸取蒸馏水进行湿润，水分不宜过多。湿润纱布时间：夏季在观测前 4min，冬季在观测前 15min（有冻结时应使之融化掉）。用钥匙将小风机上弦，小风机开动 3～5min，待温度示数稳定后方可读数，将读数进行订正，根据订正后的干球温度和湿球温度就可以按上面计算公式计算相对湿度，此公式中 A 为 0.00067。仪器本身带有计算好的相对湿度表，也可根据干湿球差和湿球温度从相对湿度表中查出相对湿度。读数时，要从下风方向去接近仪器，不要用手接触保护管，身体也不要与仪器靠得太近。当风速大于 4m/s 时，为了防止外界气流的影响，应将防风罩套在通风机的迎风面上。

（3）毛发湿度表

① 构造　毛发湿度表有圆形的、长架式的。用脱脂毛发作感应元件。

② 原理　毛发表面有很多微孔，充满着脂肪颗粒、色素和空气，经过脱脂后微孔里的空气与大气相通，空气潮湿时，空气中的水汽进入微孔中使毛发伸长（相对湿度从 0％增大到 100％时毛发伸长 2.5％左右），空气干燥时毛发缩短，利用脱脂毛发的长度随空气中相对湿度的变化而改变的这一特性而制成毛发湿度表。

③ 使用方法　打开毛发湿度表盒盖，将毛发湿度表平稳地放置于测定地点。20min 后待指针稳定后读数，读数时视线需垂直刻度面。毛发湿度表的精度较差，故日平均温度高于 -10℃时，它的读数只作参考，只在气温为 -10℃ 以下时，它的读数经订正后才能作为正式记录使用。

（4）氯化锂露点湿度计

① 构造　由玻璃纤维测头和指示仪表组成，玻璃纤维测头为感应部分。

② 原理　利用水含有无机盐（氯化锂）时水汽压降低的原理。含氯化锂的玻璃纤维测头容易吸收空气中的水汽，吸收水汽后，电阻减小，在闭合回路中，被加热，加热后测头放出水汽，使玻璃纤维逐渐干燥，成为电阻很大的结晶体，加热停止。最后达到湿热平衡状态，测头的水汽压和空气中水汽压相等，即此时测头的温度为露点。

③ 使用方法　使用时先将仪器机械调零，把干燥后的氯化锂测头插入"露点"插座内，把空气温度测头插入"温度"插座内，将挡位旋钮置于"预热"，经 15min 后，即可旋至"露点"位置读取露点温度，空气温度可在"空气"位置直接读数。

（5）自记湿度计　自记湿度计（图 5-7）能连续自

图 5-7　自记湿度计

动记录空气中的相对湿度。构造、原理与自记温度计类似，所不同的是以脱脂毛发来代替自记温度计的双金属片。

（三）气流的测定

相邻两个地区的温差会产生空气流动，称为气流。气温高的地区，气压较低，气温低的地区，气压较高，空气从高气压地区向低气压地区的水平流动，被称为"风"。气流的状态通常用"风速"和"风向"来表示。

风速是指单位时间内，空气水平流动的距离，一般用 m/s 来表示。两地区气压之差越大，风速也越大。在同样压差下，两地距离越近，风速越大。风向是指风吹来的方向，常以 8 个方位来表示，即东（E）、南（S）、西（W）、北（N）、东南（SE）、西南（SW）、东北（NE）、西北（NW）。我国大部分地区夏季盛行东南风，多雨；冬季多西北风或东北风，西北风较干燥，东北风多雨雪。

用来测量气流的仪器主要有风向标、轻便式三杯风向风速表、热球式电风速计、卡他温度表等。

1. 气流方向的测定

（1）舍外风向的测定　常用风向标来测定舍外风向。风向标是一种头为箭形、尾部分叉，在垂直主轴上可任意旋转的仪器。测定时，风压加在尾部的分叉上，箭头指示的方向即为风向。

（2）舍内风向的测定　常用"发烟法"来测定舍内风向。产生烟雾的方法可以用纸烟、蚊香或用氯化氨（浓氨水与浓盐酸反应制得）等，利用烟雾在舍内的漂流方向来判断气流方向。

2. 气流速度的测定

舍外气流速度较大，可用风速表测定；舍内气流较小，一般在 0.3~0.5m/s 之间，宜用热球式电风速计或卡他温度表测定。

（1）轻便式三杯风向风速表　轻便式三杯风向风速表（图 5-8）用于测量风向和 1min 时间内的平均风速。测量范围为 1~30m/s。

① 构造　由风向仪、风速表和手柄三部分组成。

② 原理　感受风压部分为三个固定在十字架上的轻质铝球，铝球的凹面相同，在风压的作用下，铝球围绕中心轴转动，转动的速度体现了风速的大小。可直接从仪表盘读出即时风速或可根据仪器所带计时装置读出平均风速。

图 5-8　轻便式三杯风向风速表

图 5-9　热球式电风速计

③ 使用方法　将仪器垂直安置在四周无高大障碍物的地方，安置高度以便于观测为限，机壳侧面向风，也可以手持使用。用手指压下启动杆，风速指针就回到零位。放开启动杆后，红色时间小指针就开始走动，内部机构已经开始工作。随后风速指针也开始走动，经1min后风速指针停止转动。接着时间指针转到最初位置也停止下来，风速测量结束。风速指针所示数称为指示风速，以这个数值从风速检定曲线中查出实际风速值即为所测之平均风速。

（2）热球式电风速计　热球式电风速计（图5-9）使用方便，灵敏度高，反应速度快，可测0.05～10.0m/s的微风速度。

① 构造　由热球式测杆和测量仪表两部分组成。

② 原理　测杆探头有一个直径0.8mm的玻璃球，球里装有加热玻璃球用的镍铬丝线圈和串联的热电偶。热电偶的两端连接在支柱上，直接暴露在气流中，当电流通过球部线圈时，玻璃球温度升高。升高的程度和气流的速度有关，流速小时升高的程度大，反之升高的程度小，升高的程度通过热电偶在电流表上表示出来。用电流表的读数表示气流速度。

③ 使用方法　使用时先机械调零。将"校正开关"置于"断"位，把测杆插头插在插座上，测杆垂直向上放置，螺塞压紧使测杆密闭，这时探头的风速等于零；将"校正开关"拨到"满度"，用"满度调节"旋钮进行满度调节；将"校正开关"拨到"零"位，用"粗调"、"细调"两个旋钮来调节零位。然后拉动测杆塞，使测杆探头露出，测定时使有红点的一侧朝风向，从仪表上读出风速的大小，再加上仪表的校正值，得出所测风速。每当测定30min后，必须重复调节满度和零位，保证测量的准确性。测定完毕后，压紧测杆塞，使探头回到密闭的测杆内，将"校正开关"置于"断"的位置。热球式电风速计是精密仪器，使用时禁止用手触摸测杆探头。仪器装有四节电池，分为两组，一组是三节串联，一组是单节，在调整满度时，如果电表不灵，表明单节电池需要更换；在调整零位时，如果电表不灵，表明三节串联电池需要更换。

（3）卡他温度表　卡他温度表是一种长约20cm的酒精温度表，用来测定舍内（室内）微小风速。按其测定范围可分低温（35～38℃）和高温（51.5～54.5℃）两种。

① 构造　分为球部、毛细管和安全球三部分。球部为圆柱体、内部盛有红色酒精。其中毛细管部分有两个刻度。

低温卡他温度表：其上部为38℃，下部为35℃，测定范围气温小于30℃。

高温卡他温度表：其上部为54.5℃，下部为51.5℃，测定范围气温为25～50℃。

毛细管背面上端刻有F的为卡他系数，即管内酒精从38℃下降到35℃（或从54.5℃下降到51.5℃）时，从球部表面单位面积（1cm²）所散失热量的毫卡数。即$F = M/S$（M为总散热量，S为球部面积）。系数的大小主要与卡他温度表球部的特性有关，不同的表则F值也不同。

② 原理　卡他温度表加热后膨胀，酒精上升到安全球；离开热源后，酒精受冷回缩。酒精下降的快慢，除了和当时的气温有关外，还和气流有很大关系：气流大，散热快，则下降所需的时间少；反之，气流小，散热慢，下降所需的时间长。记录时间t（s）、气温T（℃），依公式可求出气流速度。

③ 使用方法　准备一个装有热水的容器，高温（51.5～54.5℃）用75℃左右热水，低温（35～38℃）用55℃左右热水，将卡他温度表下端球部浸在热水中，使球部的红色酒精上升到安全球的1/2～2/3处，注意不能充满顶端安全球，以免胀破。

把加热的卡他温度表从热水中取出，用纱布擦干，否则影响准确度。悬挂于待测地点，不能阳光直射卡他温度表球部，附近也不应有其他人工热源。观看读数时，观测者站在风向的两侧，不能挡风，否则会影响结果的准确性。视线要与刻度线平行，用秒表记录酒精从上部刻度到下部刻度所用时间，反复测定四次，舍弃第一次结果，取后三次结果的平均值作为冷却时间 t，同时记录测定地点的气温 T。

求卡他冷却值（H）：

$$H = F/t$$

式中，H 为卡他冷却值；F 为卡他温度表系数；t 为冷却时间，s。

求温度差：

低温卡他温度表 $\qquad\qquad Q = 36.5 - T$

高温卡他温度表 $\qquad\qquad Q = 53 - T$

式中，Q 为温度差，℃；T 为测定地点的温度，℃；36.5 和 53 为卡他温度表的平均温度，℃。

求气流速度：

低温卡他温度表

$H/Q < 0.6$ 时 $\qquad\qquad V = [(H/Q - 0.2)/0.4]^2$

$H/Q > 0.6$ 时 $\qquad\qquad V = [(H/Q - 0.13)/0.47]^2$

高温卡他温度表

$H/Q < 0.6$ 时 $\qquad\qquad V = [(H/Q - 0.22)/0.35]^2$

$H/Q > 0.6$ 时 $\qquad\qquad V = [(H/Q - 0.11)/0.46]^2$

式中，V 为气流速度，m/s。

例 1：测定某鸡舍风速，使用系数为 400 的低温卡他温度表自 38℃ 降至 35℃ 的时间为 80s，舍内气温为 24℃，求其气流速度。

解：$F = 400$，$T = 24$，$H = 400/80 = 5$，$Q = 36.5 - 24 = 12.5$（℃），$H/Q = 5/12.5 = 0.4 < 0.6$

代入公式 $V = [(H/Q - 0.2)/0.4]^2 = [(0.4 - 0.2)/0.4]^2 = (0.2/0.4)^2$
$\qquad\qquad\qquad = 0.5^2 = 0.25$（m/s）

例 2：测定某猪舍风速，使用系数为 450 的高温卡他温度表自 54.5℃ 降至 51.5℃ 的时间为 35s，舍内气温为 35.5℃，求其气流速度。

解：$F = 450$，$T = 35.5$，$H = 450/35 = 12.85$，$Q = 53 - 35.5 = 17.5$（℃），$H/Q = 12.85/17.5 = 0.73 > 0.6$

代入公式 $\qquad V = [(H/Q - 0.11)/0.46]^2 = [(0.73 - 0.11)/0.46]^2$
$\qquad\qquad\qquad = (0.62/0.46)^2 = 1.35^2 = 1.82$（m/s）

（四）气压的测定

引起天气变化的气压改变，对家畜没有直接影响。只有在高海拔或低海拔地区，气压垂直分布发生显著变化时，才对家畜的健康和生产力有明显的影响。随着海拔的升高，空气中的氧分压不断降低，不适应高海拔的畜禽就会因组织缺氧和气压的机械作用而产生一系列的病理变化，即所谓的高山病。有些畜禽经过在低气压的高海拔地区长期生活后，心脏活动加强，生理机能逐渐适应气压变化而不再发生高山病。

测定气压的仪器基本上分为水银气压表和空盒气压表两种，水银气压表准确度高，但携带不方便，宜放于固定地点。空盒气压表准确度比水银气压表差，要用水银气压表来校正。但是空盒气压表携带方便，使用方法简单，适用于现场测定气压。

1. 水银气压表

根据水银槽能否上下移动又分为动槽式和定槽式两种水银气压表。

（1）构造　动槽式水银气压表包括保护部分——外管和玻璃套管、象牙针、调零螺旋。定槽式水银气压表包括保护部分——外管和玻璃套管，还有附属温度表——用来测定当时的气温，感应部分——包括真空玻璃管、水银、水银槽，读数部分——标尺、游标尺、游标尺调节螺旋。

（2）原理　水银气压表是一支装有水银的直立玻璃管，其上端封闭并成真空状态，下端开口并插入水银槽中，由于大气压力作用在水银槽中的水银面上，使水银上升至真空管中并达到一定的高度。当大气压升高时，玻璃管内的水银柱随之升高，大气压下降时，水银柱也随着下降。玻璃管外面套有一个金属保护套管，在靠近水银柱顶端部分有一个开口，旁边附有标尺和可用螺旋移动的游标尺。从标尺上可读出水银柱高度的整数值，从游标尺上可读出小数值。游标尺把1mm分为十个小格，不管游标尺怎样移动，总有一个小格与标尺上的数格重合，如果游标尺上的第4个小格与标尺上的数格重合，这就是0.4mm，如果游标尺上的第8个小格与标尺上的数格重合，则是0.8mm。

（3）使用方法

① 动槽式水银气压表　观测附属温度表，用手指轻弹套管使水银柱的凸面处于正常状态；调零，在水银槽的顶盖上固定着一支象牙针，指针向下，针尖就是该气压表的标尺刻度零点，旋转水银槽底部调节螺旋，使象牙针尖与其在水银中的倒影尖部刚好相接；调整游标尺，使游标尺的下缘与水银柱凸面刚好相切，通过游标尺下缘零点线所对标尺的刻度即可读出整数，再找到游标尺与标尺相重合的刻度线，则游标尺上该格刻度线的数值就是读数的小数部分；读数复视后，转动水银槽底部调节螺旋，使象牙针尖离开水银面2～3mm以上；对气压读数进行器差和温度差校正，加上相应校正值。

② 定槽式水银气压表　观测时不用调零，读温度表并记录；轻击套管，配合游标尺在标尺上进行准确读数，复检，再加上相应校正值即可。

2. 空盒气压计

（1）构造　由压力感应部分、传动机构和指示部分三部分构成。

（2）原理　空盒气压计（图5-10）是利用金属的弹性形变和大气压力相平衡的原理制成的。它的感应元件由一个或数个金属盒组成，盒内有极稀薄的空气，盒的表面是一层弹性波状薄壁，容易感应大气压的变化。当气压升高时，薄壁向内凹陷；气压降低时，则薄壁凸起。这种变化通过传动机构、指示部分反映在刻度盘上，指针所指刻度就是当时的大气压数值。

　　　　图5-10　空盒气压计

　图5-11　空盒气压表

（3）使用方法　测定时空盒气压计必须水平放置，防止由于任意方向倾斜而造成仪器读数误差。为消除传动机构中的摩擦，在读数前轻敲仪器的外壳或玻璃。读数时观测者视线必须与刻度盘平面垂直。同水银气压表一样，要进行器差和温差校正。

目前生产中也经常使用原理类似但操作更方便的空盒气压表（图5-11）。

三、畜舍有害气体的监测

畜舍内空气中的有害气体主要为氨、硫化氢和二氧化碳等。它们由舍内有机物质（饲料、垫料及粪尿等）分解和动物呼吸产生。其直接危害是可以导致动物生产力和防疫机能降低。有害气体浓度的高低，与饲养管理密切相关，若畜舍内通风换气良好，粪尿清理方法得当，其浓度就较低；反之亦然。

（一）畜舍有害气体的来源与危害

1. 氨（NH$_3$）

氨为气体，具有刺激性臭味，极易溶于水。常温下，1 体积的水可以溶解 700 体积的氨；0℃时，1L 水可以溶解 907g 氨。

（1）来源　畜舍内空气中的氨，主要由各种含氮有机物（饲料、垫料、粪尿等）分解形成。据测定，氨浓度低者为 4.56～26.6mg/m^3，而浓度高者可以达到 114～380mg/m^3。其浓度的高低，取决于动物的密集程度、舍内地面结构、舍内通风换气和管理水平等。舍内地面结构不良或有裂缝，污物清理不及时，通风、排水不合理等都可以导致畜舍内空气中氨的浓度增高。氨产生于地面，越靠近地面，浓度越高，故对动物的危害极大。

（2）危害　氨极易溶于水，常溶解或吸附在动物呼吸道黏膜、眼结膜上，并对其产生刺激作用。导致眼结膜和呼吸道黏膜充血、水肿，分泌物增多，喉头水肿，严重者可以引起支气管炎、肺水肿、肺出血等。氨在肺部被吸收后进入机体，与血红蛋白结合形成碱性高铁血红素，使血液运氧功能降低，导致动物机体缺氧。动物在低浓度氨的长期作用下，对疾病的抵抗力下降，采食量、日增重、生产力都降低。

鸡对氨比较敏感，特别是雏鸡。低浓度的氨长期作用可以导致雏鸡生长变慢，肉鸡的肉品质降低，发病率和死亡率升高。氨可以引起蛋鸡的产蛋率、平均蛋重、蛋壳强度和饲料利用率降低。雏鸡在没有氨的环境中接触新城疫病毒仅有 40% 被感染，而在氨浓度为 15.2mg/m^3 的舍内饲养 3d 的雏鸡被感染率为 100%。

（3）标准　我国畜禽场环境质量标准（NY/T 388—1999）规定，畜禽舍内氨的最高浓度分别为雏禽舍 10mg/m^3，成禽舍 15mg/m^3；猪舍 25mg/m^3；牛舍 20mg/m^3。

2. 硫化氢（H$_2$S）

硫化氢是一种无色、有腐蛋臭味的刺激性气体，易挥发且易溶于水。在 0℃ 时，1 体积的水可以溶解 4.65 体积的硫化氢。

（1）来源　畜舍内空气中的硫化氢，主要由含硫有机物分解产生。当动物采食富含蛋白质的饲料而消化不良时，可以从肠道排出大量的硫化氢。由于硫化氢产生于地面且比空气重，故越接近地面，浓度越高。据测定，地面上方 30.5cm 处的硫化氢浓度为 5.29mg/m^3，而在 122cm 处浓度仅为 0.623mg/m^3。在产蛋鸡舍内，当破损蛋较多而不及时清除时，硫化氢浓度显著增高。

（2）危害　硫化氢易溶于动物的呼吸道黏膜和眼结膜上的水分中，对黏膜和结膜产生刺激作用，可以引起眼结膜炎，表现为流泪、角膜浑浊、畏光等症状，同时可以导致呼吸道危害，如鼻炎、气管炎、喉部灼伤、肺水肿。长期处于低浓度硫化氢环境中，动物可以出现植物性神经紊乱，偶尔发生多发性神经炎，并可以导致抗病力下降，动物易发胃肠病、心脏衰弱等。高浓度的硫化氢可以直接抑制呼吸中枢，引起动物窒息和死亡。

猪在低浓度硫化氢长期作用下，感到不舒适，生长缓慢。猪舍空气中硫化氢浓度为 30.4mg/m^3 时，猪表现为畏光，食欲丧失，神经质；硫化氢浓度为 76～304mg/m^3 时，猪表现为突然呕吐，丧失知觉，因呼吸中枢和血管运动中枢麻痹而死亡。在脱离硫化氢的影响后，猪仍然易患肺炎等呼吸道疾病。

(3) 标准　我国畜禽场环境质量标准（NY/T 388—1999）规定，畜禽舍内硫化氢的最高浓度分别为雏禽舍 $2mg/m^3$；成禽舍 $10mg/m^3$；猪舍 $10mg/m^3$；牛舍 $8mg/m^3$。

3. 二氧化碳（CO_2）

二氧化碳为无色、无臭气体，难溶于水。

(1) 来源　畜舍内空气中的二氧化碳，主要是动物自身呼出的。例如，一头体重 100kg 的育肥猪，1h 可以呼出二氧化碳 43L；一头体重 600kg、日产乳 30 kg 的奶牛，1h 可以呼出二氧化碳 200L；1000 只母鸡 1h 可以呼出二氧化碳 1700L。因此，畜舍内空气中的二氧化碳常常比大气中高出许多倍。即使通风良好的舍内，二氧化碳也往往比大气中高出 50% 以上。

(2) 危害　二氧化碳对动物机体没有毒害作用，其在畜舍内空气中浓度高表明舍内缺氧。动物长期生活在缺氧的环境中，引起精神委靡，食欲降低，体质下降，生产力降低，抗病力减弱。

实验表明，畜舍内空气中二氧化碳浓度为 2% 时，猪无明显症状；为 4% 时，猪呼吸变为深而快，牛血液中发生二氧化碳积累，雏鸡没有明显生理反应；为 5.8% 时，雏鸡呈轻微痛苦状；为 10% 时，猪严重气喘，呈昏迷状态，牛严重气喘，雏鸡痛苦显著；为 17.4% 时，鸡窒息死亡；为 20% 时，体重 68kg 的猪超过 1h，就有致死的危险；为 25% 时，牛窒息死亡。

畜舍内空气中的二氧化碳浓度很少达到有害的程度。但是它常与舍内空气中氨、硫化氢和微生物含量成正相关。二氧化碳浓度的卫生学意义在于：它可以表明畜舍内空气的污浊程度，同时也可以表明舍内空气中很可能有其他有害气体存在。因此，二氧化碳的增减可以作为畜舍内卫生评定的一项间接指标。

(3) 标准　我国畜禽场环境质量标准（NY/T 388—1999）规定，畜禽舍内二氧化碳的最高浓度为 $1500mg/m^3$。

4. 一氧化碳（CO）

一氧化碳是无色、无臭、无味的气体，分子量为 28.011，比空气略轻，与标准状态下空气的相对密度是 0.967，难溶于水。

(1) 来源　畜舍空气中一般没有一氧化碳。当含碳物质在燃烧不完全时，才会产生一氧化碳。所以，冬季舍内若生火供暖，特别是排烟不良时，舍内一氧化碳的含量会急剧增加。

(2) 危害　吸入少量一氧化碳就可引起中毒。$625mg/m^3$ 一氧化碳在短时间内即可引起急性中毒。马吸入含 CO $750mg/m^3$ 的空气，在 20～25min 内死亡；狗吸入含 CO $675～1250mg/m^3$ 的空气，在 20min 内死亡；小鸡在含 0.2% 一氧化碳的空气中，2～3h 即中毒死亡。当空气中一氧化碳含量超过 3% 时，可使家禽急性中毒而窒息死亡。

一氧化碳是一种对血液和神经有害的毒物。一氧化碳随空气被吸入肺泡后，通过肺泡进入血液循环，与血红蛋白有巨大的亲和力，比氧与血红蛋白的亲和力大 200～300 倍。因此，一氧化碳一经交换进入血液循环，即与氧结合形成碳氧血红蛋白（COHb）。这种碳氧血红蛋白不易分离，并且阻碍氧合血红蛋白的离解，使血液的带氧功能严重受阻，造成机体急性缺氧症，发生血液及神经细胞机能障碍，机体各部脏器功能失调，出现呼吸、循环和神经系统的病变。中枢神经系统对缺氧最敏感，缺氧后可发生血管壁细胞变性，渗透性增高，严重者有脑水肿，大脑及脊髓有不同程度充血、出血及血栓形成。碳氧血红蛋白的离解比氧合血红蛋白慢 3600 倍，故中毒后有持久毒害作用。

(3) 标准　我国卫生标准规定一氧化碳一次最高允许浓度为 $3.0mg/m^3$，日平均最高容

许浓度 $1.0mg/m^3$。

（二）有害气体的控制措施

消除畜舍中的有害气体是改善畜舍空气环境的一项重要措施。由于造成畜舍内高浓度有害气体的原因是多方面的，因此，消除舍内有害气体必须采取多方面的综合措施。

1. 及时清除畜舍内的粪尿污水

粪尿是氨和硫化氢的主要来源，将它们及时清除，不使它们在舍内分解腐烂。有些畜牧场每天定时将猪赶到舍外去排粪尿，可防止舍内空气恶化。最好设计合理的畜舍内排水系统，使污水、尿液自动流出舍外。

2. 防止畜舍潮湿

氨气和硫化氢都易溶于水，当舍温在露点以下时，水汽能够凝结在墙壁、天棚上，此时，氨、硫化氢就吸附在墙壁、天棚上，当舍温升高后，氨、硫化氢又逸散到舍内空气中，故舍内在低温季节应采取升高舍温和合理的换气措施。

3. 合理通风换气

此措施可将有害气体及时排出。如有换气设备的封闭式猪舍，氨浓度在 $27mg/m^3$ 以下，而无换气设备的可达 $1342mg/m^3$ 以上。

4. 使用垫料

在畜床上铺以垫料可吸收一定量的有害气体，吸收能力的大小与垫料的种类有关。麦秸、稻草或干草等对有害气体有良好的吸收能力。

知识拓展

垫料、垫草可保温、吸收有害气体、改善畜舍内小气候，是寒冷地区常用的一种简便易行的防寒措施。铺设垫草可改进冷硬地面的温热特性，而且可以保持畜体清洁、健康，甚至补充维生素 B_{12}。选择垫草时应注意其可用性和经济性。

---

5. 合理设计地面

畜舍地面应有一定的坡度，材料不透水，以免粪尿积存，腐败分解。采用漏缝地板时，应特别注意。

当采用上述各种措施后，还未能降低畜舍内的氨浓度时，在畜舍地面上撒过磷酸钙，或在家畜日粮中添加丝兰属植物提取物或沸石，可降低畜舍内的氨浓度。应用过磷酸钙对降低鸡舍内氨浓度有良好作用，在蛋鸡舍内，每只鸡可以使用 16g；肉鸡舍内，每只鸡可以使用 10g。

（三）畜舍中有害气体的测定

1. 二氧化碳的测定

（1）原理　氢氧化钡与空气中的二氧化碳作用，生成碳酸钡白色沉淀。利用过量的氢氧化钡来吸收空气中的二氧化碳，然后用剩余的氢氧化钡来滴定草酸。根据吸收二氧化碳前后，滴定草酸的氢氧化钡浓度之差，求得二氧化碳的含量。

$$Ba(OH)_2 + CO_2 == BaCO_3 \downarrow + H_2O$$
$$Ba(OH)_2 + C_2H_2O_4 == BaC_2O_4 + 2H_2O$$

（2）试剂

氢氧化钡溶液：称取氢氧化钡 $[Ba(OH)_2 \cdot 8H_2O]$ 7.16g 定容于 1000mL 容量瓶中，此溶液 1mL 可结合二氧化碳 1mg。由于氢氧化钡溶液不稳定，使用前需用草酸标准溶液标定其浓度。

图 5-12　二氧化碳测定器

草酸标准溶液：称取分析纯草酸（$C_2H_2O_4 \cdot 2H_2O$）2.8636g 定容于 1000mL 容量瓶中，此溶液 1mL 相当于二氧化碳 1mg。

1％酚酞酒精溶液：称取 1g 酚酞，溶于 65mL 95％的酒精中，振荡溶解后加蒸馏水定容于 100mL 容量瓶中。

（3）仪器设备　二氧化碳测定器（图 5-12）、氢氧化钡储藏瓶、碱滴定管、胶管、弹簧夹、烧杯、二连球、钠石灰管、滴定台、三角瓶、吸耳球、移液管、石蜡、电炉、量筒、试剂瓶、气压表、气温计、电子天平。

（4）操作步骤

① 氢氧化钡溶液的标定　利用虹吸原理，通过氢氧化钡储藏瓶带有钠石灰的二连球装置向已排出二氧化碳的滴定管中注入 50mL 氢氧化钡溶液。取 100mL 三角瓶 2 个，各准确加入 20mL 草酸标准溶液，各加入 2～3 滴酚酞，用氢氧化钡溶液滴定，至呈现微红色保持 1～2min 不褪色为止，两次标定取平均值，记录氢氧化钡溶液用量 A。

② 二氧化碳测定器小瓶装入氢氧化钡溶液 100mL　用装有钠石灰的排气管向小瓶打气 20～30 次，以除去瓶中的二氧化碳，快速注入 100mL 氢氧化钡溶液，用连接管塞紧。

③ 采集被检空气　将二氧化碳测定器大瓶中注满清水，在待测处将水倒净。将小瓶、连接管与大瓶连成一体。记录大瓶体积、现场采气时气温和气压。

④ 吸收检样中二氧化碳　旋转小瓶使侧耳部与连接管小孔重合，小瓶中氢氧化钡溶液流入大瓶，充分振荡 3～5min，再将大瓶中氢氧化钡溶液倒回小瓶中，又从小瓶倒入大瓶，继续振荡，如此反复三次。最后，将吸收二氧化碳的钡液集中到小瓶，旋转连接管，使小孔与侧耳错开，卸下大瓶，小瓶在下，连接管在上，静置 40min 以上。

⑤ 滴定　另取三角瓶 2 个，加入 20mL 草酸标准液和 2～3 滴酚酞，用移液管移取 50mL 沉淀好的氢氧化钡上清液，注入已排除二氧化碳的碱式滴定管中，立刻开始滴定，直至呈微红色保持 1～2min 不褪色为止，两次滴定取平均值，记录所消耗的氢氧化钡溶液用量 A'。

（5）计算

① 采样体积计算　二氧化碳测定器大瓶的体积 V_1，在标准状态下（0℃、101.3kPa）体积 V_0 根据公式：

$$P_0V_0/T_0 = P_1V_1/T_1$$

可求出：

$$V_0 = V_1[273/(273+t)](P_1/101.3)$$

式中，P_1 为采样时气压，kPa；V_1 为采样体积，mL；t 为采样时气温，℃。

② 计算被检空气中二氧化碳浓度

$$CO_2(\%) = [(B/A - B'/A') \times 100 \times 0.509/V_0] \times 100\%$$

式中，A 为吸收 CO_2 前标定时 $Ba(OH)_2$ 用量，mL；A' 为吸收 CO_2 后滴定时 $Ba(OH)_2$ 用量，mL；B 为标定时 $H_2C_2O_4$ 用量，mL；B' 为滴定时 $H_2C_2O_4$ 用量，mL；V_0 为二氧化碳测定器大瓶在标准状态下的体积，mL；100 为吸收被检空气中 CO_2 时，所用 $Ba(OH)_2$ 的量，mL；0.509 为 CO_2 由质量换算为体积时的系数。

例：采气大瓶的容量为 1000mL，采气时气温为 12℃，气压为 100.5kPa，吸收 CO_2 前氢氧化钡液 23.7mL 与草酸溶液 20mL 中和，吸收 CO_2 后氢氧化钡溶液 25.3mL 与草酸 20mL 中和，求空气中 CO_2 的含量。

解：采气大瓶在标准状态下的体积为：

$$V_0 = V_1[273/(273+t)](P_1/101.3)$$

气温 12℃，气压 100.5kPa 时，算得系数为 0.950。V_1 为 1000mL，则：

$$V_0 = 1000 \times 0.950 = 950 \ (mL)$$

空气中二氧化碳的浓度为：

$$CO_2(\%) = [(B/A - B'/A') \times 100 \times 0.509/V_0] \times 100\%$$
$$= [(20/23.7 - 20/25.3) \times 100 \times 0.509/950] \times 100\%$$
$$= 0.29 \ (\%)$$

（6）注意事项

① 测定过程中，要注意防止含有 CO_2 的空气同 $Ba(OH)_2$ 的接触，它直接影响测定的准确度。向二氧化碳测定器小瓶装氢氧化钡溶液、吸收 CO_2 后氢氧化钡沉淀上清液的吸取、滴定等都要注意这个问题。

② 采气的部位要选好，一般以畜禽呼吸带为准。离地高度：猪、羊一般为 0.5m；马、牛一般为 1～1.5m。如果采用排气取样，要彻底排气；如果采用盛水取样，必须倒净水，否则都要影响准确度。

③ 二氧化碳测定器为玻璃仪器，使用时要注意安全，防止破碎。

④ 也可应用一些新型二氧化碳检测仪来测定畜舍中二氧化碳的浓度，如袖珍型二氧化碳/温度分析仪（图 5-13），可检测二氧化碳和温度，非常适合于手持式操作。

图 5-13 袖珍型二氧化碳/温度分析仪

2. 氨的测定

（1）原理　空气中氨可被硫酸吸收，根据硫酸标准溶液在吸氨前后浓度变化之差，可以求得空气中氨的含量。

$$2NH_3 + H_2SO_4 == (NH_4)_2SO_4$$
$$2NaOH + H_2SO_4 == Na_2SO_4 + 2H_2O$$

（2）试剂和材料

0.005mol/L 硫酸溶液：用 5mL 移液管移取 0.27mL 98% 浓硫酸，定容于 1000mL 容量瓶中（浓硫酸密度为 1.84g/cm³）。

0.01mol/L 氢氧化钠溶液：准确称取 0.40g 氢氧化钠，定容于 1000mL 容量瓶中。

1% 酚酞酒精溶液：称取 1g 酚酞，溶于 65mL 95% 的酒精中，振荡溶解后加蒸馏水定容于 100mL 容量瓶中。

多孔玻板吸收管、干燥管、三角瓶、移液管、吸耳球、滴定台、胶管、弹簧夹、气压表、气温计、碱滴定管、量筒、试剂瓶等。

（3）仪器设备

大气采样器（流量范围 0.5～1.5L/min）：大气采样器是现场采集气体用的仪器，由收集器、流量计和抽气动力三部分组成。

收集器：一般采用盛有吸收液的吸收管，用以采集有害物质的样品。常用的有气泡吸收管、冲击式吸收管和多孔玻板吸收管。

流量计：用来测量空气流量，常用转子流量计，当气体由下向上流动时，转子被吸起，吸的越高流量越大。根据转子的位置读出气体的流量。

抽气动力：常用的小流量采样动力多为微电机带动真空泵，使用方法参阅仪器说明书。

（4）操作步骤

① 标定 H_2SO_4 溶液　用 25mL 移液管吸取 0.005mol/L H_2SO_4 溶液 20mL 置于三角瓶

中,再加入 2~3 滴酚酞酒精溶液,用 0.01mol/L NaOH 滴定至出现微红色并在 1~2min 内不褪色,记录 NaOH 溶液用量 A。

② 采气及吸氨 用 25mL 移液管向多孔玻板吸收管中加入 0.005mol/L H_2SO_4 溶液 20mL,注意不能使液体外流。在干燥管中加入变色硅胶,然后按照进气方向正确地把多孔玻板吸收管与干燥管连接,再连接到大气采样器。接通电源,把大气采样器计时旋钮逆时针旋转到 10min,迅速调整转子流量计到 1.0L/min,采样体积 V_1 为 10L,并同时记录采样当地的气温和气压。所采气体经多孔玻板吸收管流入干燥管,再经干燥管流入大气采样器。当空气中含有氨时,则可被多孔玻板吸收管中的 H_2SO_4 吸收。

③ 滴定 采样结束后,将多孔玻板吸收管中已吸收氨的 20mL H_2SO_4 溶液倒入 100mL 的三角瓶中,加酚酞酒精溶液 2~3 滴,用 0.01mol/L NaOH 滴定至出现微红色并在 1~2min 内不褪色,记录 NaOH 溶液用量 A'。

(5) 计算 换算采样空气体积 V_1 为标准状态下体积 V_0,利用公式:

$$P_0V_0/T_0 = P_1V_1/T_1$$

求出:

$$V_0 = V_1[273/(273+t)](P_1/101.3)$$

式中,P_0、V_0、T_0 为标准气体状态;P_1、V_1、T_1 为测定时气体状态。

计算被检空气中氨的浓度:

$$\rho_{NH_3} = [(A-A')\times 0.17/V_0]\times 1000$$

式中,ρ_{NH_3} 为质量浓度,mg/m^3;A 为标定 H_2SO_4 溶液时 NaOH 的用量,mL;A' 为滴定吸收 NH_3 后 H_2SO_4 溶液时 NaOH 的用量,mL;V_0 为被测空气的标准体积,mL;0.17 为 1mL H_2SO_4 可吸收 0.17mg 的氨。

例:在某猪舍采气量 V_1 为 10L,采气时气温为 18℃,气压为 100.5kPa,标定 H_2SO_4 溶液时 NaOH 的用量 A 为 20mL,滴定吸收 NH_3 后 H_2SO_4 溶液时 NaOH 的用量 A' 为 18.7mL,求空气中氨的含量。

解:$V_0 = V_1[273/(273+t)](P_1/101.3)$

气温 18℃,气压 100.5kPa 时,算得系数为 0.931。V_1 为 10mL,则:

$$V_0 = 10\times 0.931 = 9.31 \text{（mL）}$$

空气中氨的浓度为:

$$NH_3(mg/m^3) = [(A-A')\times 0.17/V_0]\times 1000$$
$$= [(20-18.7)\times 0.17/9.31]\times 1000$$
$$= 23.7$$

(6) 注意事项

① 安装多孔玻板吸收管、干燥管、大气采样器时,要弄清空气的进出方向,以免空气被吸入,影响实验进程。

② 连接多孔玻板吸收管、干燥管、大气采样器之间的胶管时要严密,否则影响采气体积。

③ 畜舍中氨气的测定也可应用便携式氨气检测仪(图 5-14)进行。

图 5-14 便携式氨气检测仪

> **知识拓展**
>
> 鸡舍内氨的体感检测法:人进入鸡舍内若能闻到氨气味而眼、鼻无刺激感,浓度约为 7.6~11.4mg/m³;当鼻子有刺激感、眼流泪时,浓度约为 19.0~26.6mg/m³;若呼吸困难、睁不开眼且泪流不止时,浓度为 34.2~49.4mg/m³。

3. 硫化氢的测定

（1）定性检查法　用 5% 的醋酸铅溶液浸泡脱脂棉和滤纸 1h，取出后放通风处自然风干，保存于密闭的广口瓶中。当检查硫化氢是否存在时，将醋酸铅浸泡过的脱脂棉或滤纸条悬挂于待测地点。如有硫化氢存在时，将在脱脂棉或滤纸条上生成黑色的硫化铅，反应如下：

$$Pb^{2+} + S^{2-} =\!=\!= PbS\downarrow$$

（2）定量检查法（硝酸银法）

① 原理　硫化氢与硝酸银作用生成黄褐色硫化银胶体溶液，根据溶液颜色的深浅确定硫化氢的含量。反应如下：

$$H_2S + 2AgNO_3 \longrightarrow Ag_2S + 2HNO_3$$

② 试剂和仪器设备

吸收液：溶解 2g 亚砷酸钠（$NaAsO_2$）于 100mL 5% 碳酸铵溶液中，加蒸馏水定容至 1000mL。

0.1mol/L 硫代硫酸钠溶液：称取 25g $Na_2S_2O_3 \cdot 5H_2O$ 于 500mL 烧杯中，加入 300mL 新煮沸已冷却的蒸馏水，待完全溶解后，加入 0.2g Na_2CO_3（或 0.4g NaOH），然后用新煮沸已冷却的蒸馏水稀释至 1000mL，储于棕色瓶中，在暗处放置 7～14d 后标定。

1% 淀粉溶液：称取 1g 可溶性淀粉于 25mL 蒸馏水中，摇动均匀倒入 75mL 50～60℃ 的蒸馏水中继续加热至沸腾，煮沸 1min，放冷装入细口瓶中备用。

1% 硝酸银溶液：1g 硝酸银溶解在 90mL 水中，加入 10mL 浓硫酸。在放置过程中，如产生硫酸银沉淀，须将沉淀过滤后使用。

标准液：取 6.0mL 0.1mol/L 硫代硫酸钠溶液，用煮沸放冷的蒸馏水定容至 100mL，此溶液 1mL≈0.21mg 硫化氢，将此溶液稀释 10 倍，则此溶液 1mL≈20μg 硫化氢。

多孔玻板吸收管、10mL 比色管、大气采样器。

③ 操作步骤　串联三个各装有 5mL 吸收液的多孔玻板吸收管。用大气采样器以 0.5L/min 的速度采气 2L。

制备标准管：先加吸收液，后加标准液（表 5-5），立即倒转混匀。

表 5-5　标准管制备

管号	0	1	2	3	4	5	6	7	8	9	10
标准液/mL	0	0.1	0.2	0.3	0.4	0.5	0.6	0.7	0.8	0.9	1.0
吸收液/mL	5	4.9	4.8	4.7	4.6	4.5	4.4	4.3	4.2	4.1	4.0
硫化氢含量/μg	0	2	4	6	8	10	12	14	16	18	20

比色：从第一吸收管取检样 2.5mL 于比色管中，另加原吸收液至 5mL；将第二、三吸收管的样品分别倒入 2 支比色管中，供分别与标准管进行比色用。然后向所有的样品管及标准管中各加入 0.10mL 淀粉溶液，摇匀，再加入 1.0mL 硝酸银溶液，摇匀，静置 5min 后比色。

④ 计算

$$X = (2C_1 + C_2 + C_3)/V_0$$

式中，X 为空气中硫化氢的浓度，mg/m^3；C_1、C_2、C_3 分别为第一、二、三吸收管所取样品中硫化氢的含量，μg；V_0 为换算为标准状态下采样空气的体积，L。

［附］硫代硫酸钠溶液浓度的标定

准确称取干燥的碘酸钾（KIO_3）0.1500g 于 250mL 碘量瓶中，加蒸馏水 100mL，微热使其全部溶解，放冷后再加入3g碘化钾及10mL冰醋酸，放置5min，此时生成碘，溶液呈棕色。用0.1mol/L硫代硫酸钠溶液滴定析出的碘，摇动三角瓶至颜色变为淡黄色，加入1mL 1%淀粉溶液，呈蓝色，继续滴定至蓝色刚刚褪去。记录硫代硫酸钠溶液体积V（mL）。

$Na_2S_2O_3$溶液的浓度：

$$C = \frac{W}{V \times \frac{214.00}{6 \times 1000}} = \frac{W}{V \times 0.03567}$$

式中　C——硫代硫酸钠标准溶液的浓度，mol/L；

　　　W——碘酸钾的质量，g；

　　　V——硫代硫酸钠标准溶液消耗量，mL；

　214.00——碘酸钾的分子量；

　　　6——硫代硫酸钠与碘酸钾的比例系数。

四、畜牧场水质监测

在畜牧业生产过程中，饲料的清洗和调制、动物舍内冲洗及用具的清洗、动物体表的清洁和改善环境等方面都需要大量的水。在水质不良或水体受到污染时，可以导致动物发生介水性传染病和某些寄生虫病、生物地球化学性地方病和化学性中毒。为保证动物健康和提高生产力，必须在饮水的质和量上充分满足动物的需要。

（一）水质卫生评定指标

1. 物理性状指标

水质的物理性状包括水的色、浑浊度、臭、味和温度等。当水体被污染时，其物理性状常常恶化。水质的物理性状可以作为水是否被污染的参考指标（表5-6）。

表5-6　水质物理性状评定

性状	清洁水	污　染　水	中国饮水卫生标准
色	无色	呈棕色或棕黄色；表明含有腐殖质；呈绿色或黄绿色；表明含大量藻类；深层地下水放置后呈黄褐色；表明含有较多的Fe^{2+}	水色度不超过15度
浑浊度	透明	浑浊度增加，说明其中混有泥沙、有机物、矿物、生活污水和工业废水等	散射浑浊度单位不超过1度
臭	无异臭	当水受到污染时，会产生异臭味。一般分无、微弱、弱、明显、强、很强六个水臭强度等级	不能有异臭
味	适口而无味	当水受到污染时，会产生异味。呈现咸、涩、苦等味时，说明水中含有相应的盐类较多。水味强度的描述，同水臭强度的描述一样分为六个等级	不能有异味

2. 化学性状指标

（1）pH值　一般天然水的pH值为7.2～8.5。在水源受到有机物及各种酸碱性废水污染时，pH值能发生明显变化。水的pH值过高，可以导致水中溶解盐类析出而恶化水的物理性状，降低氯化消毒效果。水的pH值过低时，能增强水对金属的溶解作用。我国生活饮用水卫生标准（GB 5749—2006）规定生活饮用水的pH值为6.5～8.5。

（2）硬度　水的硬度是指溶于水中的钙、镁等盐类的总含量。可以分为暂时硬度和永久硬度。经过煮沸生成沉淀、能被除去碳酸盐的硬度称为暂时硬度；煮沸后不能除去的非碳酸盐硬度称为永久硬度，二者之和称为总硬度。

水的硬度以"度"表示。我国规定：1L 水中含有相当于 10mg 氧化钙的钙、镁离子量称为 1 度。小于 8 度的称为软水；8～16 度的称为中等硬水；17～30 度的称为硬水；大于 30 度的称为极硬水。

地面水一般比地下水硬度低。地面水被生活污水和工业废水污染后，可以引起硬度增高。我国生活饮用水卫生标准（GB 5749—2006）规定总硬度（以 $CaCO_3$ 计）的限值为 450mg/L。

（3）铁　地下水含铁量比地面水高。铁对动物机体没有毒害作用，但是水含铁过高时具有特殊气味，影响饮用。水中含重碳酸亚铁超过 0.3mg/L 时，易被氧化为黄褐色的氢氧化铁，使水浑浊。我国生活饮用水卫生标准（GB 5749—2006）规定，饮用水中含铁量不可超过 0.3mg/L。

（4）锰　微量的锰可以使水呈现颜色，并有异味，锰含量高时，可使水呈现黑色。锰的慢性中毒，可以导致肝脏脂肪变性，其他脏器充血。我国生活饮用水卫生标准（GB 5749—2006）规定，饮用水中锰含量不可以超过 0.1mg/L。

（5）铜　天然水中含铜量很少，只有流经含铜地层或被工业废水污染的水，铜的含量才会增高。水中含铜量 1.5mg/L 时，有金属异味。长期饮用高铜量的水，可以导致肝脏病变。我国生活饮用水卫生标准（GB 5749—2006）规定，饮用水中含铜量不可以超过 1.0mg/L。

（6）锌　水中含锌量超过 5mg/L 时，呈现金属异味；达到 10mg/L 时，可以引起水浑浊。我国生活饮用水卫生标准（GB 5749—2006）规定，饮用水中含锌量不可以超过 1.0mg/L。

（7）挥发性酚类　主要来自工业废水。可以使水呈现臭味。挥发性酚类可以导致动物慢性中毒，如神经衰弱、消化紊乱和贫血。长期摄入，影响生长发育。我国生活饮用水卫生标准（GB 5749—2006）规定，饮用水中挥发性酚类（以苯酚计）含量不可以超过 0.002mg/L。

（8）阴离子合成洗涤剂　主要来自生活污水和工业废水。化学性质稳定，难以分解，可以使水产生异臭、异味和泡沫，并影响水的净化处理。我国生活饮用水卫生标准（GB 5749—2006）规定，饮用水中阴离子合成洗涤剂含量不可以超过 0.3mg/L。

（9）含氮化合物　当天然水被动物粪便污染时，其中的含氮化合物在水中微生物的分解作用下，逐渐转化为简单的化学物质。氨是无氧分解的终产物。若有氧存在，氨可以进一步被微生物转化为亚硝酸盐、硝酸盐。在含氮有机物逐渐转化为氨氮、亚硝酸盐氮和硝酸盐氮（简称"三氮"）的过程中，水中有机物不断减少，随动物粪便进入水中的病原微生物也逐渐消失。因此，"三氮"的测定，有助于了解水体污染和自净的情况。"三氮"在水中出现的卫生学意义见表 5-7。

表 5-7　"三氮"在水中出现的卫生学意义

氨氮	亚硝酸盐氮	硝酸盐氮	卫生学意义
+	−	−	表示水受到新近污染
+	+	−	水受到较新近污染,分解在进行中
+	+	+	一边污染,一边自净
−	+	+	污染物分解,趋向自净
−	−	+	分解完成(或来自硝酸盐土层等)
+	−	+	过去污染已基本自净,目前又有新污染
−	+	−	水中硝酸盐被还原成亚硝酸盐
−	−	−	清洁水或已自净

（10）溶解氧（DO） 空气中的氧气溶解于水中被称为溶解氧。溶解氧的量和空气中的氧分压及水温有关。正常情况下，清洁地面水的溶解氧接近饱和，地下水含氧量很少。在水体被有机物污染时，有机物的有氧分解将消耗或耗尽水中的溶解氧。有机物无氧分解可以导致水质恶化。因此，溶解氧含量的高低可以作为判定水体是否被有机物污染的间接指标。

（11）生化需氧量（BOD） 水中有机物被需氧菌作用、分解所消耗的溶解氧量称为生化需氧量。水中有机物越多，生化需氧量就越大。有机物的生物氧化过程很复杂，这一过程全部完成，需要较长时间。因此，在实际工作中都以 20℃ 时培养 5d 后 1L 水中减少的溶解氧量（mg/L）表示，称其为 5d 生化需氧量（BOD_5，下同）。清洁地面水的 BOD_5 一般不超过 2mg/L。

（12）耗氧量（COD） 指用化学方法氧化 1L 水中的有机物所消耗的氧量。它是测定水被有机物污染程度的一项间接指标，只能反映出水中易氧化的有机物含量。能被氧化的物质包括易被氧化的有机物和还原性无机物，而不包括稳定的有机物。测定 COD 时，完全脱离了有机物被水中微生物分解的条件，所以没有生化需氧量准确。

（13）氯化物 天然水中一般都含有氯化物，其含量高低随地区而异。在同一地区内，水中氯化物的含量一般相当稳定，若突然增加，水体很可能被动物粪便或工业废水等污染，特别是氮化物也同时增加，更能说明水体被污染的可能。我国生活饮用水卫生标准（GB 5749—2006）规定氯化物的限值为 200mg/L。

（14）硫酸盐 天然水中多数含有硫酸盐。若水中硫酸盐含量突然增加时，说明水有被生活污水、工业废水等污染的可能性。我国生活饮用水卫生标准（GB 5749—2006）规定硫酸盐的含量不可以超过 250mg/L。

3. 毒理学性状指标

毒理学性状是指水中所含有的某些毒物，若其含量超过标准会直接危害动物机体，引起相应的中毒症状（表 5-8）。

表 5-8　水质毒理学性状评定

性状	水中来源	危害	GB 5749—2006 生活饮用水卫生标准限值
氟化物	主要来自工业废水	水中含氟量低于 0.5mg/L 时会引起龋齿，而超过 1.5mg/L 时可导致动物氟中毒	不可超过 1.0mg/L，适宜浓度为 0.5～1.0mg/L
氰化物	主要来自工业废水	长期饮用含氰化物较高的水，可以导致动物慢性中毒，表现出甲状腺机能低下的一系列症状	0.05mg/L
砷	主要来自工业废水，其次来自地层	天然水中微量的砷对机体无害，而含量增高时，会导致动物中毒	0.01mg/L
硒	主要来自土壤	二甲基硒可引起呼吸系统刺激和炎症。硒还对细胞呼吸酶系统有催化作用，干扰中间代谢引起中毒	0.01mg/L
汞	主要来自工业废水，其次来源于农业生产中有机汞杀菌剂	沉积于水底淤泥中的无机汞，在厌氧微生物的作用下转化为毒性更强的甲基汞，溶于水中的甲基汞经生物富集作用，最后通过食物链对动物造成危害	0.001mg/L
镉	主要来自锌矿和镀镉废水	是剧毒性物质，且有协同作用，可使进入体内的其他毒物的毒性增大。还有致癌、致畸、致突变作用	0.005mg/L
铬	主要来自工业废水	除了引起动物中毒外，还有致癌作用	0.05mg/L（按六价铬计）
铅	主要来自含铅工业废水	可引起溶血，也可使大脑皮质兴奋和抑制的正常功能紊乱，引起一系列的神经系统症状	0.01mg/L

4. 细菌学性状指标

饮用水要求流行病学上安全，因此，饮水的细菌学指标应该符合要求。实际工作中主要测定水中细菌总数和大肠菌群的量。

（1）细菌总数　指 1mL 水在普通琼脂培养基中，于 37℃，经过 24h 培养后，所生长的各种细菌菌落的总数。其值越大，表明水被污染的可能性越大，水中有病原菌存在的可能性也越大。细菌总数只能表明水中有病原菌存在的可能性，相对地评价水质状况。我国生活饮用水卫生标准（GB 5749—2006）规定，饮用水中菌落总数不可以超过 100CFU/mL。

（2）大肠菌群　水体中大肠菌群的量，可以用以下两种指标表示。

大肠菌群指数：指 1L 水中含有大肠菌群的数目。

大肠菌群值：指含有 1 个大肠菌群的水的最小容积（mL）。

以上两种指标的关系如下：

$$大肠菌群指数 = \frac{1000}{大肠菌群值}$$

大肠菌群是直接反映水体受到动物粪便污染的一项重要指标。我国生活饮用水卫生标准（GB 5749—2006）规定，生活饮用水中不得检出总大肠菌群。

（3）游离性余氯　饮用水氯化消毒后，水中还应该存在部分游离性余氯，以保持继续消毒的作用。饮用水中余氯，是评价消毒效果的一项指标，余氯存在表明水已经消毒、可靠。我国生活饮用水卫生标准（GB 5749—2006）规定，氯化消毒 30min 后，水（井、消毒池等）中游离性余氯含量不低于 0.3mg/L，自来水管网末梢水中余氯不低于 0.05mg/L。

（二）畜牧场水质卫生评定方法

1. 水样的采集与保存

（1）水样的采集　水样供物理、化学检验所用，采集应具有代表性，并且在采集过程中不改变其理化特性。水样量根据检测项目而定，一般采集 2～3L 就可满足通常水质理化分析的需要。

采集水样的容器，可用硬质玻璃瓶或聚乙烯塑料瓶。水样中含有多种油类时，以用玻璃瓶为宜；欲测微量金属离子含量时，以塑料瓶为好。采样前先将容器洗净，采样时再用水样冲洗 3 次，然后采集水样。

采集自来水及具有抽水设备的井水时，应先放水数分钟，使积留于水管中的杂质流去，然后将水样收集于瓶中。采集无抽水设备的井水或江、河、水库等地面水的水样时，可使用水样采集器。采样时，将采样器浸入水中，使采样瓶瓶口位于水面下 20～30cm，然后拉开瓶塞，使水进入瓶中。

供卫生细菌学检验用的水样，所用容器必须先进行消毒、灭菌，并需保证水样在运送、保存过程中不受污染。

（2）水样的保存　采样和分析的间隔时间不能太长。有些项目的测定，应现场进行。有些项目则需加入适当的保存剂，加酸保存可防止金属形成沉淀；加碱可防止氰化物等组分挥发。也可以低温保存水样，这样可抑制细菌的作用和减慢化学反应的速率。

2. pH 值的测定

pH 值是水中氢离子浓度倒数的对数值。水的 pH 值可用酸度计和 pH 试纸测定。用酸度计测定能够准确读出水的 pH 值，pH 试纸测定简单易行，但准确度较差。

（1）酸度计法

① 原理　以玻璃电极为指示电极，饱和甘汞电极为参比电极，插入溶液中组成原电池，在 25℃时，每相差 1 个 pH 单位，产生 59.1mV 电位差，在仪器上直接以 pH 的读数表示。

温度差异在仪器上有补偿装置。

② 试剂　下列标准缓冲溶液均需用新煮沸并放冷的蒸馏水配制。配成的溶液应储存在聚乙烯塑料瓶或硬质玻璃瓶内。此类溶液可以稳定1～2个月。

pH标准缓冲溶液甲：称取10.21g在105℃烘干2h的苯二甲酸氢钾（$KHC_8H_4O_4$），溶于蒸馏水中，并稀释至1000mL，此溶液的pH值在20℃时为4.00。

pH标准缓冲溶液乙：称取3.40g在105℃烘干2h的磷酸二氢钾（KH_2PO_4）和3.55g磷酸氢二钠（Na_2HPO_4），溶于蒸馏水中，并稀释至1000mL。此溶液的pH值在20℃时为6.88。

pH标准缓冲溶液丙：称取3.81g硼酸钠（$Na_2B_4O_7 \cdot 10H_2O$），溶于蒸馏水中，并稀释至1000mL。此溶液的pH值在20℃时为9.22。

以上三种标准缓冲溶液的pH值随温度变化而稍有差异。

③ 仪器设备　酸度计等。

④ 操作步骤　玻璃电极在使用前放入蒸馏水中浸泡24h以上。用pH标准缓冲溶液校正仪器刻度。用洗瓶以蒸馏水缓缓淋洗两电极数次，再以水样淋洗6～8次，然后插入水样中，最后直接从仪器上读出被测水样的pH值。

⑤ 注意事项　甘汞电极内为氯化钾的饱和溶液，当室温升高后，溶液可能由饱和状态变为不饱和状态，故应保持一定量氯化钾晶体。

（2）pH试纸法　使用广泛pH试纸（pH范围1～12）或精密pH试纸（pH范围5.5～9.0）测定，取其中一条，浸入水样，取出后与标准色板对照，记录水样pH值。

3. 总硬度的测定

水的硬度原系指沉淀肥皂的程度。在一般情况下水质中钙、镁离子含量越高，沉淀肥皂的程度越大，所以多采用乙二胺四乙酸二钠容量法测定水质中的钙、镁离子的总量，并经过换算，以每升水中氧化钙的毫克数表示。

（1）原理　乙二胺四乙酸二钠（EDTA—Na_2）在pH=10的条件下与水中钙、镁离子生成无色可溶性络合物，指示剂铬黑T能与钙、镁离子生成紫红色络合物。这两种络合物相比，EDTA—Na_2与钙、镁离子形成的络合物较稳定。当水样中加入铬黑T指示剂后，水样中的钙、镁离子与铬黑T生成紫红色络合物，而后用EDTA—Na_2滴定溶液，到终点时，EDTA—Na_2能夺取与铬黑T结合的钙、镁离子，而使铬黑T游离出来，溶液即由紫红色变为蓝色。

（2）试剂和材料

铬黑T指示剂：①液体指示剂。称取0.5g铬黑T，溶于10mL缓冲液中，用95％乙醇稀释至100mL，置于冰箱中保存，此指示剂可稳定一个月。②固体指示剂。称取0.5g铬黑T，加100g氯化钠或氯化钾，研磨均匀，储于棕色瓶内，密塞备用，可较长期保存。

缓冲溶液（pH=10）：①称取16.9g分析纯氯化铵，溶于143mL分析纯浓氢氧化铵中。②称取1.179g分析纯乙二胺四乙酸二钠和0.780g分析纯硫酸镁（$MgSO_4 \cdot 7H_2O$），共溶于50mL蒸馏水中。加入2mL上述氯化铵、氢氧化铵溶液和5滴铬黑T指示剂，此时溶液呈紫红色（若为蓝色，应再加极少量硫酸镁使其呈紫红色）。用EDTA—Na_2溶液滴定至溶液由紫红色变为蓝色。③将①、②两溶液混匀，并用蒸馏水稀释至250mL。

0.0100mol/L乙二胺四乙酸二钠标准溶液：称取3.72g分析纯乙二胺四乙酸二钠溶于蒸馏水中，定容至1000mL，并按下述方法标定其准确浓度。①锌标准溶液，准确称取0.6～0.8g的锌粒，溶于1∶1盐酸中，置于水浴上温热至完全溶解，移入容量瓶中，定容至1000mL。按下式计算：$M_1 = m/M$，式中，M_1为锌标准溶液的物质的量浓度，mol/L；m

为锌的质量，g；M 为锌的相对分子质量 65.37。②吸取 25.00mL 锌标准溶液于三角瓶中，加入 25mL 蒸馏水，加氨水调解溶液至近中性，加 2mL 缓冲溶液，再加 5 滴铬黑 T 指示剂，用 EDTA—Na$_2$ 溶液滴定至溶液由紫红色变为蓝色。按下式计算：$M_2 = M_1 V_1 / V_2$，式中，M_2 为 EDTA—Na$_2$ 溶液的物质的量浓度，mol/L；M_1 为锌标准溶液的物质的量浓度，mol/L；V_1 为锌标准溶液体积，mL；V_2 为 EDTA—Na$_2$ 溶液体积，mL。③校正 EDTA—Na$_2$ 溶液的物质的量浓度为 0.0100mol/L，此溶液 1mL 相当于 0.5608mg CaO。

5%硫化钠溶液：称取 5.0g 硫化钠（Na$_2$S·9H$_2$O）溶于蒸馏水中，并定容至 100mL。

1.0%盐酸羟胺溶液：称取 1.0g 盐酸羟胺（NH$_2$OH·HCl），溶于蒸馏水中，并定容至 100mL。

（3）仪器设备 电子分析天平、三角瓶、滴定台、滴定管、移液管、烧杯、试剂瓶、洗瓶、容量瓶、吸耳球等。

（4）操作步骤 吸取 50.0mL 水样（若硬度过大，可少取水样用蒸馏水稀释至 50mL；若硬度过小，改取 100mL），置于三角瓶中。加入 1～2mL 缓冲溶液及 5 滴铬黑 T 指示剂（或一小勺固体指示剂），立即用 EDTA—Na$_2$ 标准溶液滴定，充分振摇，至溶液由紫红色变为蓝色，即表示到达终点。

（5）计算

$$C = V_2 \times 0.5608 \times 1000 / V_1$$

式中，C 为水样的总硬度（CaO），mg/L；V_2 为 EDTA—Na$_2$ 标准溶液的消耗量，mL；V_1 为水样体积，mL。

（6）注意事项

① 水中若有大量铁、铜、锌、铅、铝等金属离子存在时，会干扰测定，需要加入 1mL 5%硫化钠溶液和 5 滴 1%盐酸羟胺溶液作为掩蔽剂，以消除干扰。注意操作过程中要先加入掩蔽剂，再加入指示剂。

② 络合反应速度较慢，滴定时滴加速度不能太快，特别是临近终点时，要边滴边摇晃。

③ 滴定时，注意保持溶液 pH=10。

④ 配制缓冲溶液时，加入 EDTA—Mg 是为了使某些含镁较低的水样滴定终点更敏锐。如果备有市售 EDTA—Mg 试剂，则可直接取 1.25g EDTA—Mg，配入 250mL 缓冲溶液中。

⑤ 铬黑 T 指示剂配成溶液后较易失效。如果在滴定时终点不敏锐，而且加入掩蔽剂后仍不能改善，则应重新配制指示剂。

4. 氯化物的测定（硝酸银容量法）

（1）原理 硝酸盐与氯化物作用，生成氯化银白色沉淀，当多余的硝酸银存在时，则与铬酸钾指示剂反应，生成红色的铬酸银，表示反应到达终点。

$$NaCl + AgNO_3 \longrightarrow AgCl \downarrow + NaNO_3$$
$$2AgNO_3 + K_2CrO_4 \longrightarrow Ag_2CrO_4 \downarrow + 2KNO_3$$

（2）试剂和材料

5%铬酸钾指示剂：称取 5g 铬酸钾溶于少量蒸馏水中，加蒸馏水定容至 100mL。

硝酸银标准溶液：取分析纯硝酸银置于 105℃烘箱中 30min，取出置于干燥器内冷却后，称取 2.3950g，溶于少量蒸馏水并定容至 1000mL。此溶液 1mL 相当于 0.5g 氯化物（Cl$^-$）。

1% 酚酞酒精溶液：将 1g 酚酞，溶于 65mL 95%酒精中，加蒸馏水至 100mL。

0.025mol/L H$_2$SO$_4$ 溶液：吸取 1.4mL 浓 H$_2$SO$_4$ 加入盛有 500mL 蒸馏水的烧杯中，然后于容量瓶中定容至 1000mL。

0.05mol/L NaOH 溶液：称取 2.0g NaOH 溶于蒸馏水中，于容量瓶中定容至 1000mL。

（3）仪器设备　电子分析天平、三角瓶、滴定台、滴定管、洗瓶、容量瓶、移液管、吸耳球、烧杯、试剂瓶。

（4）操作步骤　取 50mL 水样加入三角瓶中（若氯化物含量高可取适量水样，用蒸馏水稀释至 50mL），另取一个三角瓶加入蒸馏水 50mL。分别向三角瓶中加入酚酞指示剂 2～3 滴，用 0.025mol/L H_2SO_4 和 0.05mol/L NaOH 将溶液调节至红色刚变为无色。分别向三角瓶中加入 1mL 铬酸钾溶液，用硝酸银进行滴定，同时不断振荡，直至产生淡橘黄色为止，分别记录用量。

（5）计算

$$C = (V_2 - V_1) \times 0.5 \times 1000/V$$

式中，C 为水样中氯化物（Cl^-）浓度，mg/L；V 为水样体积，mL；V_1 为蒸馏水空白消耗硝酸银标准溶液用量，mL；V_2 为水样消耗硝酸银标准溶液用量，mL；0.5 为 1mL 硝酸银标准溶液相当于 0.5g 氯化物（Cl^-）。

（6）注意事项

① 因为有微量硝酸银和铬酸钾反应后才能指示终点，因此需要同时取蒸馏水做空白滴定来减去误差。

② 临近滴定终点时，必须逐滴加入硝酸银，边滴加边摇晃。

③ 本法滴定时不能在酸性和强碱性条件下进行。酸性中铬酸根浓度大大降低，在碱性溶液中，银离子将形成氧化银沉淀。因此若水样 pH 低于 6.3 或大于 10 时应预先用酸或碱调节至中性或弱碱性，再进行滴定。

5. 耗氧量测定

水样耗氧量的测定，常采用酸性高锰酸钾滴定法。

（1）原理　在酸性条件下，高锰酸钾具有很高的氧化性，水溶液中多数的有机物都可以被氧化，过量高锰酸钾用过量的草酸还原；过量的草酸再用高锰酸钾逆滴定。根据消耗高锰酸钾的量来计算水的耗氧量。

$$2KMnO_4 + 5H_2C_2O_4 + 3H_2SO_4 \longrightarrow K_2SO_4 + 2MnSO_4 + 10CO_2 \uparrow + 8H_2O$$

（2）试剂和材料

1∶3 硫酸溶液：将 1 份浓硫酸加到 3 份蒸馏水中，煮沸，滴加高锰酸钾溶液至溶液保持微红色。

0.0500mol/L 草酸溶液：称取 6.3032g 分析纯草酸（$H_2C_2O_4 \cdot 2H_2O$）溶于少量蒸馏水中，定容至 1000mL，置于暗处保存。

0.0050mol/L 草酸溶液：将 0.0500mol/L 草酸溶液准确稀释 10 倍，置于冰箱保存。

0.02mol/L 高锰酸钾溶液：称取 3.3g 分析纯高锰酸钾，溶于少量蒸馏水中，定容至 1000mL，煮沸 15min，静置 2d 以上，然后用玻璃砂芯漏斗过滤或用虹吸法将澄清液移入棕色瓶中，放暗处保存，并按下述方法标定浓度：①吸取 10.0mL 高锰酸钾溶液，置于三角瓶中，加入 40mL 蒸馏水及 2.5mL 1∶3 硫酸溶液，加热煮沸 10min。②取下三角瓶，迅速自滴定管加入 15mL 0.0500mol/L 草酸标准溶液，再立即滴加高锰酸钾溶液，不断振荡，直至出现微红色为止，不必记录用量。③将三角瓶继续加热煮沸，加入 10.0mL 0.0500mol/L 草酸标准溶液，迅速用高锰酸钾溶液滴定至微红色，记录用量，计算高锰酸钾溶液的准确浓度。④高锰酸钾校正溶液的浓度为 0.0200mol/L。

0.0020mol/L 高锰酸钾溶液：将 0.0200mol/L 高锰酸钾溶液准确稀释 10 倍。

（3）仪器设备　电子分析天平、三角瓶、容量瓶、万用电炉、酸性滴定管、滴定台、烧杯、移液管、吸耳球。

（4）操作步骤　测定前需预先处理三角瓶：向 250mL 三角瓶内加入 50mL 蒸馏水，再加入 1mL 1：3 硫酸溶液及少量高锰酸钾溶液，并加入数粒玻璃珠防止暴沸，加热煮沸数分钟，溶液应保持微红色（如褪成无色，应重做一次，至溶液保持微红色为止），将溶液倾出，用蒸馏水将三角瓶洗净。

取 100mL 待测水样（若水样中有机物含量较高，可取适量水样用蒸馏水稀释至 100mL）置于处理过的三角瓶中，加入 5mL 1：3 硫酸溶液，用滴定管加入 10.0mL 0.0020mol/L 高锰酸钾溶液，并加入数粒玻璃珠防止暴沸。

将三角瓶均匀加热，从开始沸腾计时，准确煮沸 10min。如加热过程中红色明显减退，需将水样稀释重做。取下三角瓶，趁热自滴定管加入 10.0mL 0.0050mol/L 草酸溶液，充分振荡使红色褪尽。再于白色背景上，自滴定管加入 0.0020mol/L 高锰酸钾溶液，至溶液呈微红色即为终点，记录用量 V_1（mL）。V_1 超过 5mL 时应另取少量水样用蒸馏水稀释重做。

向滴定至终点的水样中，趁热（70～80℃）加入 10.0mL 0.0050mol/L 草酸溶液，立即用 0.0020mol/L 高锰酸钾溶液滴定至微红色，记录用量 V_2（mL）。如高锰酸钾溶液浓度是准确的 0.0020mol/L，滴定时用量应为 10.0mL，否则应求校正系数 K 加以纠正，$K = 10/V_2$。如水样用蒸馏水稀释，则另取 100mL 蒸馏水，同上述步骤滴定，记录高锰酸钾溶液的消耗量 V_0（mL）。

（5）计算

$$耗氧量\ O_2(mg/L) = [(10 + V_1)K - 10] \times 0.08 \times 1000/V_3$$

如水样用蒸馏水稀释，则采用下式计算水样的耗氧量：

$$耗氧量\ O_2(mg/L) = \{[(10 + V_1)K - 10] - [(10 + V_0)K - 10]R\} \times 0.08 \times 1000/V_3$$

式中，0.08 为 1mL 0.0020mol/L 高锰酸钾溶液所相当氧的毫克数；V_3 为水样体积，mL；R 为稀释水样时蒸馏水在 100mL 体积中所占的比例。

例如将 25mL 水样用蒸馏水稀释至 100mL，则：$R = (100 - 25)/100 = 0.75$

（6）注意事项　本测定必须严格遵守操作步骤，如按顺序加入试剂、准确掌握煮沸时间等。

6. 氨氮的测定

水中的氨氮一般采用纳氏比色法来测定。

（1）原理　在碱性条件下，水中氨与纳氏试剂中碘汞离子作用，生成棕黄色碘化氧汞铵络合物，其颜色深浅与氨氮含量成正比。

$$2K_2[HgI_4] + 3KOH + NH_3^- \longrightarrow NH_2Hg_2OI + 7KI + 2H_2O$$

（2）试剂和材料

无氨蒸馏水：1L 蒸馏水中加入 2mL 化学纯浓硫酸和少量化学纯高锰酸钾，然后蒸馏，收集蒸馏液。

氨氮标准溶液：①储备液。将分析纯氯化铵置于 105℃ 烘箱内烘烤 1h，冷却后称取 3.8190g，溶于少量无氨蒸馏水中，并定容至 1000mL，此溶液 1.00mL 含 1.00mg 氨氮（N）。②标准溶液（临用时配制）。吸取氨氮贮备溶液 10.00mL，用无氨蒸馏水定容至 1000mL，此溶液 1.00mL 含 0.01mg 氨氮（N）。

50% 酒石酸钾钠溶液：取 50g 酒石酸钾钠（$KNaC_4H_4O_6 \cdot 4H_2O$）溶于 100mL 无氨蒸馏水中，加热煮沸，除去试剂中可能存在的氨。待其冷却后，用无氨蒸馏水补充至 100mL。

纳氏试剂：称取 100g 碘化汞（HgI_2）及 70g 碘化钾，溶于少量无氨蒸馏水中，将此溶液缓缓倒入冷却的 500mL 32% 氢氧化钾溶液中，并不停搅拌，加蒸馏水定容至 1000mL，储于棕色瓶中，用橡皮塞塞紧，避光保存。测定时使用其上清液。本试剂有毒，应谨慎使用。

比色管架、比色管、吸耳球、移液管、烧杯、玻璃棒、全玻璃蒸馏器。

（3）仪器设备 电子分析天平，分光光度计等。

（4）操作步骤 取水样 50mL 于 50mL 比色管中。另取 50mL 比色管 10 支，分别加入氨氮标准液 0mL、0.1mL、0.3mL、0.5mL、0.7mL、1.0mL、3.0mL、5.0mL、7.0mL、10.0mL 于比色管中，用无氨蒸馏水稀释至 50mL。

向水样及标准溶液比色管中分别加入 1mL 酒石酸钾钠溶液，混匀，再加 1.0mL 纳氏试剂，混合均匀后放置 10min。然后目视比色，记录与水样颜色相似的标准管中加入氨氮标准溶液的量。如采用分光光度计，则用 420nm 波长，1cm 比色皿，以纯水作参比，测定吸光度；如水样中氨氮含量低于 0.03mg/L，改用 3cm 比色皿。

（5）计算

$$氨氮\ N(mg/L) = V_1 \times 0.01 \times 1000/V$$

式中，V_1 为与水样颜色相似的标准管中氨氮标准溶液量，mL；V 为水样体积，mL；0.01 为氨氮标准溶液 1mL 含 0.01mg 氨氮（N）；1000 为 mL 与 L 之间的换算关系。

（6）注意事项

① 水样中氨氮含量大于 1mg 时，加入纳氏试剂后会产生红褐色沉淀，有碍比色，此时必须用无氨蒸馏水稀释重做。

② 如待测水样有颜色或浑浊，需先处理。取 100mL 水样加入 10% 硫酸锌 1mL，加 50% 氢氧化钠 0.5mL，待沉淀澄清后取上清液 50mL。

③ 水样中含有余氯时，可与氨结合成氯胺，需经脱氯后再使用纳氏试剂。脱氯可用现配的硫代硫酸钠溶液（取 3.5g 硫代硫酸钠用无氨蒸馏水稀释至 1000mL），此溶液 1mL 可除去 500mL 水样中 1mg/L 的余氯。

④ 酒石酸钾钠起掩蔽剂的作用，防止水样中含有其他杂质，对结果产生干扰。

7. 亚硝酸盐氮的测定

水中亚硝酸盐氮含量测定方法很多，通常选用重氮化偶合比色法。该方法操作简便、快速，适用于天然水、地面水和一般污染水样。

（1）原理 水样中亚硝酸盐和对氨基苯磺酸起重氮化作用，再与盐酸 α-萘胺起偶氮反应，生成紫红色的偶氮染料，其颜色深浅与亚硝酸盐氮含量成正比。

$$NH_2—C_6H_4—SO_3H + NO_2^- + 2H^+ \longrightarrow N\equiv N^+—C_6H_4—SO_3H$$

$$N\equiv N^+—C_6H_4—SO_3H + NH_2—C_{10}H_7 \longrightarrow$$

$$SO_3H—C_6H_4—N=N—C_{10}H_7—NH_2（紫红色偶氮染料）$$

（2）试剂和材料

对氨基苯磺酸溶液：称取 0.6g 对氨基苯磺酸（$NH_2C_6H_4SO_3H$），溶于 70mL 热蒸馏水中，冷却后加入 20mL 浓盐酸，用蒸馏水稀释至 100mL。储于棕色瓶中，冰箱保存。

醋酸钠缓冲溶液：称取 16.4g 醋酸钠（CH_3COONa）或 27.2g $CH_3COONa \cdot 3H_2O$，蒸馏水溶解后稀释至 100mL。

亚硝酸盐氮标准液：①储备溶液。准确称取已干燥的亚硝酸钠 0.2463g，溶于蒸馏水中并定容至 1000mL；1L 内加 2mL 氯仿保存。此溶液 1.00mL 含 50.0μg 亚硝酸盐氮。②标准溶液。取 10.00mL 亚硝酸盐氮储备溶液，用蒸馏水稀释至 500mL，再从中吸取出 10.00mL，用蒸馏水定容至 100mL。1.00mL 含 0.10μg 亚硝酸盐氮。

氢氧化铝悬浮液：称取 125g 化学纯硫酸铝钾 [$KAl(SO_4)_2 \cdot 12H_2O$]，溶于 1000mL

蒸馏水中，加热至 60℃后，缓慢加入 55mL 浓氨水，生成氢氧化铝沉淀，充分反应后静置，弃去上清液，反复用蒸馏水洗涤沉淀，至倾出液中无氯离子为止（用硝酸银检定不出现浑浊即可），最后加入 300mL 蒸馏水成悬浮液，使用前振荡均匀。

无亚硝酸盐氮蒸馏水的配制：取普通蒸馏水，加入氢氧化钠使其呈碱性，蒸馏，收集蒸馏液。

盐酸 α-萘胺溶液：称取 0.10g 盐酸 α-萘胺，定容至 100mL。

比色管架、比色管、吸耳球、移液管、烧杯、玻璃棒。

（3）仪器设备 电子分析天平、分光光度计等。

（4）操作步骤 取水样 50mL 于比色管中。若水样浑浊或色度较深，可先取 100mL 待测水样，加入 2mL 氢氧化铝悬浮液，搅拌后静置数分钟，过滤，取上清液 50mL 供测定。另取 50mL 比色管 8 支，分别加入亚硝酸盐氮标准液 0mL、0.5mL、1.0mL、2.5mL、5.0mL、7.5mL、10.0mL、12.5mL，用无亚硝酸盐氮蒸馏水稀释至 50mL。向水样管及标准液管中分别加入 1mL 对氨基苯磺酸溶液，3min 后再各加 1mL 醋酸钠缓冲溶液及 1mL 盐酸 α-萘胺溶液。混合均匀后放置 10min，目视比色，记录与水样颜色相似的标准管加入亚硝酸盐氮标准溶液的量。如采用分光光度计，用 520nm 波长，1cm 比色皿，以纯水作参比，测定吸光度；如亚硝酸盐氮含量低于 0.2μg/L 时，改用 3cm 比色皿。

（5）计算

$$亚硝酸盐氮 N(mg/L) = V_1 \times 0.10/V$$

式中，V_1 为与水样颜色相似的标准管加入亚硝酸盐氮标准溶液的量，mL；V 为水样体积，mL；0.10 为亚硝酸盐氮标准溶液 1.00mL 含 0.10μg 亚硝酸盐氮。

（6）注意事项 洁净地面水中，亚硝酸盐氮含量一般不得超过 0.001mg/L。水样中亚硝酸盐氮含量较高时，加入试剂后溶液显黄色或暗红色，此时应另取水样，用蒸馏水稀释后再测定。环境温度较低时，反应速度较慢，可用水浴加热或用手握助温，以加速反应速度。

8. 硝酸盐氮的测定

水中硝酸盐氮可用二磺酸酚法及镉柱还原法测定。二磺酸酚法干扰离子较多，特别是氯离子有严重干扰，预处理的步骤繁琐。但是该方法测量范围较大，显色稳定，在控制好实验条件的情况下，测定结果准确度高。镉柱还原法操作比较简单，不受氯离子的干扰。

（1）原理 利用二磺酸酚在无水情况下与硝酸根离子作用，生成硝基二磺酸酚，所得反应物在碱性溶液中发生分子重排，生成黄色化合物，在 420nm 波长处测定吸光度。

（2）试剂和材料

二磺酸酚试剂：称取 15g 苯酚，置于 250mL 三角瓶中，加入 105mL 浓硫酸，瓶上放一小漏斗，置沸水浴内加热 6h。试剂应为浅棕色稠液，保存于棕色瓶内。

硝酸盐氮标准液：①储备溶液。称取 7.218g 硝酸钾（KNO_3），溶于蒸馏水中，并定容至 1000mL。加 2mL 氯仿作保存剂，至少可稳定 6 个月。此储备溶液 1.00mL 含 1.00mg 硝酸盐氮。②标准溶液。吸取 5.00mL 硝酸盐氮标准储备溶液，置于瓷蒸发皿内，在水浴上加热蒸干，然后加入 2mL 二磺酸酚，迅速用玻璃棒摩擦蒸发皿内壁，使二磺酸酚与硝酸盐充分接触，静置 30min，加入少量蒸馏水，移入 500mL 容量瓶中并用蒸馏水稀释至刻度。此溶液 1.00mL 含 10.0μg 硝酸盐氮。

硫酸银标准溶液：称取 4.397g 硫酸银（Ag_2SO_4）溶于蒸馏水中，并用蒸馏水定容至 1000mL。此溶液 1.00mL 可与 1.00mg 氯离子作用。

0.5mol/L 硫酸溶液：取 2.8mL 浓硫酸，加入适量蒸馏水中，并稀释至 100mL。

1.0mol/L 氢氧化钠溶液：称取 40g 氢氧化钠，溶于适量蒸馏水中，并稀释至 1000mL。

0.02mol/L 高锰酸钾溶液：称取 0.316g 高锰酸钾，溶于蒸馏水中，并稀释至 100mL。浓氨水。

乙二胺四乙酸二钠溶液：称取 50g EDTA—Na₂，用 20mL 蒸馏水调成糊状，然后加入 60mL 浓氨水，充分搅动使之溶解。

氢氧化铝悬浮液（见亚硝酸盐氮测定）。

比色管、蒸发皿、三角瓶。

（3）仪器设备　电子分析天平和分光光度计等。

（4）操作步骤

① 水样预处理。在计算水样体积时，应将预处理时所加各种溶液的体积扣除。a. 去除颜色：如水样的色度超过 10 度，可于 100mL 水样中加入 2mL 氢氧化铝悬浮液，充分振摇后静置数分钟，再进行过滤。弃去最初滤出的少量水样。b. 去除氯化物：将 100mL 水样置于 250mL 三角瓶中，根据已测出的氯离子含量，加入相当量的硫酸银溶液（为了防止银离子的加入量过多，给测定带来干扰，在计算银离子加入量时，可按保留水样中 1mg/L 氯离子的量计算）。将三角瓶放入 80℃ 左右的热水中，用力振摇，使氯化银沉淀凝聚，冷却后用慢速滤纸过滤或离心，使水样澄清。c. 除去亚硝酸盐氮影响：如水样中亚硝酸盐氮含量超过 0.2mg/L，则需先向 100mL 水样中加入 0.5mol/L 硫酸溶液 1.0mL，混匀后滴加 0.02mol/L 高锰酸钾溶液，至淡红色保持 15min 不褪为止，使亚硝酸盐变为硝酸盐。在最后计算测定结果时，需减去这一部分亚硝酸盐氮（用重氮化偶合比色法测定）。

② 吸取 25.0mL（或适量）原水样或经过预处理的澄清水样，置于 100mL 蒸发皿内，用 pH 试纸检查，滴加氢氧化钠溶液，调节溶液至近中性，置于水浴上蒸干。取下蒸发皿，加入 1.0mL 二磺酸酚试剂，用玻璃棒研磨，使试剂与蒸发皿内残渣充分接触，静置 10min。

③ 向蒸发皿内加入 10mL 蒸馏水，在搅拌下滴加 3～4mL 浓氨水，使溶液显出最深的颜色。如有沉淀产生，可过滤，或者滴加乙二胺四乙酸二钠溶液至沉淀溶解。将溶液移入 50mL 比色管中，用蒸馏水稀释至刻度，混合均匀。

④ 另取 50mL 比色管 10 支，分别加硝酸盐氮标准溶液 0mL、0.10mL、0.30mL、0.50mL、0.70mL、1.00mL、3.00mL、5.00mL、7.00mL、10.00mL，各加 1.0mL 二磺酸酚试剂，再各加入 10mL 蒸馏水，并在搅拌下滴加 3～4mL 浓氨水，至溶液的颜色最深，用蒸馏水稀释至刻度。

⑤ 将水样管与标准管进行比色，如果采用分光光度计，则用 420nm 波长，1cm 比色皿，以蒸馏水为参比，测定样品和标准系列溶液的吸光度。如各份水样中硝酸盐氮含量低于 20μg 时，改用 3cm 比色皿测定。

⑥ 绘制校准曲线，在曲线上查出样品管中硝酸盐氮的含量。

（5）计算

$$C = M/V$$

式中，C 为水样中硝酸盐氮（N）的浓度，mg/L；M 为从校准曲线上查得的样品管中硝酸盐氮的含量，μg；V 为水样体积，mL。

9. 溶解氧的测定（碘量法）

（1）原理　向水样中加入硫酸锰及碱性碘化钾，则水样中溶解的氧将低价锰氧化为高价锰。在硫酸酸性条件下，高价锰氧化碘离子而释放出碘，用硫代硫酸钠溶液滴定释放出的碘，即可计算出溶解氧含量。亚铁、硫化物及有机物质对此法均有干扰，可在采样时先用高锰酸钾在酸性条件下将水样中的还原物质氧化，并用草酸除去过量的高锰酸钾。

$$2MnSO_4 + 4NaOH \longrightarrow 2Mn(OH)_2 \downarrow + 2Na_2SO_4$$

$$2Mn(OH)_2 + O_2 = 2H_2MnO_3$$
$$H_2MnO_3 + Mn(OH)_2 = Mn_2O_3 \downarrow + 2H_2O$$
$$2KI + H_2SO_4 = 2HI + K_2SO_4$$
$$Mn_2O_3 + 2H_2SO_4 + 2HI = 2MnSO_4 + I_2 + 3H_2O$$
$$I_2 + 2Na_2S_2O_3 = 2NaI + Na_2S_4O_6$$

（2）试剂和材料

硫酸锰或氯化锰溶液：称取 48g 硫酸锰（$MnSO_4 \cdot 4H_2O$）或 40g $MnSO_4 \cdot 2H_2O$ 或 36.4g $MnSO_4 \cdot H_2O$ 或 40g 氯化锰（$MnCl_2 \cdot 2H_2O$），溶于蒸馏水中，过滤后稀释至 100mL。

碱性碘化钾溶液：称取 50g 氢氧化钠及 15g 碘化钾，溶于蒸馏水中，并稀释至 100mL。静置 1～2d，倾出上层澄清液备用。

浓硫酸。

高锰酸钾溶液：称取 6g 高锰酸钾，溶于蒸馏水中，并稀释至 1000mL。

2%草酸钾溶液：称取 2g 草酸钾，溶于蒸馏水中，并稀释至 100mL。

0.5%淀粉溶液：将 0.5g 可溶性淀粉用少量蒸馏水调制成糊状，再加入刚煮沸的蒸馏水至 100mL。冷却后加入 0.1g 水杨酸或 0.4g 氯化锌保存。

0.025mol/L 硫代硫酸钠标准溶液：将经过标定的硫代硫酸钠溶液用适量蒸馏水稀释至 0.025mol/L（硫代硫酸钠溶液的标定方法，见空气中硫化氢的测定）。

溶解氧采样瓶（或用玻塞试剂瓶）、碘量瓶和滴定管。

（3）水样的采集和保存 测定溶解氧的水样，应用溶解氧瓶（或玻塞试剂瓶）单独采集。取样时先用水样冲洗 3 次，然后采样至瓶口，立即加入 2mL 硫酸锰溶液。加试剂时应将吸管的末端插至瓶中，然后慢慢上提，再用同样的方法加入 2mL 碱性碘化钾溶液。慢慢盖上瓶塞，注意勿使瓶塞下留有气泡。将瓶颠倒数次，此时会有黄色到棕色沉淀物形成。水样应在 4～8h 内分析。

当水样中含有亚铁或某些有机物时，在上述操作之前，要先往瓶中加入 0.7mL 浓硫酸及 1mL 高锰酸钾溶液。盖紧瓶盖颠倒混合，放置 15min。如若紫红色褪去，则补加高锰酸钾到紫红色保持不褪为止。过量的高锰酸钾用草酸溶液还原，至紫色刚刚褪去为止。

（4）操作步骤 将现场采集的水样加以振荡，待沉淀物尚未完全沉至瓶底时，加入 2mL 浓硫酸，盖好瓶塞，摇匀至沉淀物全部溶解为止。吸取 100mL 经过上述处理的水样，注入 250mL 碘量瓶中，用 0.025mol/L 硫代硫酸钠标准溶液滴定，至溶液呈淡黄色时，加入 1mL 0.5%淀粉溶液，继续滴定至蓝色褪尽为止，记录用量 V（mL）。

（5）计算

$$溶解氧 \, O_2 \, (mg/L) = MV \times 8 \times 1000/V_{水}$$

式中　M——硫代硫酸钠溶液浓度，mol/L；

　　　V——滴定时消耗硫代硫酸钠体积，mL；

　　　8——$\frac{1}{2}$氧（$\frac{1}{2}O$）的摩尔质量，g/mol；

　　　$V_{水}$——水样体积，mL；

　　　1000——mL 与 L 之间的换算关系。

➤ 工作页

子任务 5-1　畜牧场环境监测资讯单　见《学生实践技能训练工作手册》。

子任务 5-1　畜牧场环境监测记录单　见《学生实践技能训练工作手册》。

子任务 5-1　畜牧场环境监测考核单　见《学生实践技能训练工作手册》。

❖ 子任务 5-2　畜牧场总体评价

➢ 任务要求

以本校畜牧场作为实习现场，对畜牧场场址选择、畜牧场建筑物布局、畜牧场环境卫生设施以及畜舍卫生状况等方面进行现场观察、测量和访问，运用课堂学过的理论知识进行综合分析，做出卫生评价报告。

➢ 参考流程

畜牧场基本情况调查 ⇒ 畜牧场环境状况分析 ⇒ 畜牧场环境卫生评价

➢ 实践活动——畜牧场环境卫生调查与评价

一、调查与评价内容

主要包括以下几项。

1. 牧场位置

观察和了解牧场周围交通运输情况、居民点及其他工农业企业等的距离与位置。

2. 全场地形、地势与土质情况

观察和了解畜牧场场地形状及面积大小，地势高低，坡度和坡向，土质、植被等基本情况。

3. 水源情况

观察和了解畜牧场水源种类及卫生防护条件，给水方式，水质与水量是否满足需要。

4. 全场平面布局情况

① 全场不同功能区的划分及其在场内位置的相互关系。

② 畜舍的方位及间距、排列形式。

③ 饲料库、饲料加工间、产品加工间、兽医室、储粪池以及其他附属建筑的位置和与畜舍的距离。

④ 运动场的位置、面积、土质及排水情况。

5. 畜舍卫生状况

包括畜舍类型、样式、材料结构，通风换气方式与设备，采光情况，排水系统及防潮措施，畜舍防寒、防热设施及其效果，畜舍温度、湿度观测结果等。

6. 畜牧场环境污染与环境保护情况

包括畜牧场粪尿处理情况，场内排水设施及牧场污水排放、处理情况，绿化情况，场界与场内各区域的卫生防护设施，蚊蝇孳生情况及其他卫生状况等。

7. 其他情况

调查畜牧场畜禽传染病、地方病、慢性病等发病情况。

二、调查与评价方法

学生分成若干小组，按上述内容进行观察、测量和访问，并参考表 5-9 进行记录，最后综合分析，作出卫生评价结论。

表 5-9　畜牧场环境卫生调查表

调查者：　　　　　　　　调查日期：

畜牧场名称：		家畜种类与头数：	
位置：		全场面积：	
地形：		地势：	
土质：		植被：	
水源：		当地主风向：	
畜舍区位置：		畜舍栋数：	
畜舍方位：		畜舍间距：	
畜舍距调料间：		畜舍距饲料库：	
畜舍距产品加工间：		畜舍距兽医室：	
畜舍距公路：		畜舍距住宅区：	
畜舍类型：			
畜舍面积　长：	宽：	面积：	
畜栏有效面积　长：	宽：	面积：	
值班室面积　长：	宽：	面积：	
饲料室面积　长：	宽：	面积：	
其他室面积　长：	宽：	面积：	
舍顶　形式：	材料：	高度：	
天棚　形式：	厚度：	高度：	
外墙　材料：	厚度：		
窗　南窗数量：	每个窗尺寸：		
北窗数量：	每个窗尺寸：		
窗台高度：	采光系数：		
入射角：	透光角：		
大门　形式：	数量：	高：	宽：
通道　数量：	位置：	宽：	
畜床　材料：	卫生条件：		
粪尿沟　形式：	宽：	深：	
通风设备　入气管个数：	面积(每个)：		
出气管个数：	面积(每个)：		
其他通风设备：			
运动场　位置：	面积：	土质：	
卫生状况：			
畜舍小气候观测结果：	温度：	湿度：	
	气流：	照度：	
牧场一般环境状况：			
其他：			
综合评价：			
改进意见：			

三、卫生评价报告

主要从畜牧场场址选择、建筑物布局、畜舍建筑、牧场环境卫生等方面，分析所调查养殖场的选址及布局优缺点、畜牧场的环境卫生状况，做出正确评价，并提出切合实际的改进意见或措施。结论文字力求简明扼要。

➤ 工作页

子任务 5-2　畜牧场总体评价资讯单　见《学生实践技能训练工作手册》。

子任务 5-2　畜牧场总体评价记录单　见《学生实践技能训练工作手册》。

子任务 5-2　畜牧场总体评价考核单　见《学生实践技能训练工作手册》。

❖ 子任务 5-3　畜牧场环境保护

➤ 任务要求

1. 某地新建一个规模化养鸡场，需处理大量的粪便。请你设计出粪便的综合利用方案。
2. 为某一养鸡场制定消毒方案（种类、时间、药品、用具、所需时间）。

➤ 参考流程

畜牧场环境消毒 → 畜禽粪便有效利用 → 畜牧场生态养殖模式设计

➤ 资讯

随着畜牧业生产规模的不断扩大和集约化程度的不断提高，人类对畜禽养殖环境问题的关注越来越多。一方面，畜禽养殖离不开环境，畜舍小气候环境的好坏，直接影响着畜禽生产性能的高低和生存健康的好坏；另一方面，畜禽养殖在一定程度上又破坏了环境，大量集中的畜禽粪便、污水、死畜禽等如得不到及时处理与利用，就会污染畜舍周围空气、水源，给周围居民生活带来不便，也会污染畜禽舍本身。

目前，全国大中型畜禽养殖场已达 14000 多家，每年排放的粪水及粪便总量超过 19 亿吨，国家环境保护总局对全国 23 个省（区）、市畜禽养殖业污染状况的调查表明，畜禽粪便产生量为同期工业固体废弃物产生量的 2.4 倍。

广东省污染源普查领导小组（2010）公布了全省污染源家底：农业污染源的化学需氧量排放总量超过 103 万吨，占化学需氧量排放总量的 40%，其中畜禽养殖行业一年排放的化学需氧量为 92 万吨以上，占所有各类污染源化学需氧量排放总和的 35% 以上。另据统计，全省畜禽的排粪量为 851 万吨，排尿为 1335 万吨。

畜牧场环境污染的途径与危害主要包括：①臭气污染。畜禽粪便在厌氧的环境条件下分解成氨、硫酸、乙烯醇、二甲基硫醚、硫化氢、甲胺和三甲胺等恶臭气体，有腐烂洋葱臭、腐败蛋臭和鱼臭等臭味，这些气体危害人类健康，加剧空气污染。在恶臭物质中对人畜健康影响最大的是氨气和硫化氢。②对水体造成有机污染。畜禽粪尿、畜产加工业污水的任意排放极易造成水体的富营养化，使水质恶化。粪便、污水渗入地下还可造成地下水中的硝酸盐含量过高。年产肥猪 1 万头的猪场（按 6 个月出栏）每天排污量，相当于 5 万人的粪尿的 BOD_5 值，如此大量的需氧腐败有机物，不经处理排入水流缓慢的水体，如水库、湖泊等水域，水中的水生生物会大量繁殖，在水底层进行厌氧分解，产生 H_2S、NH_3、硫醇等恶臭物质，使水呈黑色，即水体的"富营养化"。含腐败有机物的污水排入水体，人们使用此水，易引起过敏反应。③传播人畜共患病。由动物传染给人的人畜共患病有 90 余种，这些人畜共患病的载体主要是畜禽粪便及其排泄物。如我国农村居民中高发的钩虫病、类丹毒病均与养殖场污染物处理不当有关，2004 年爆发的主要通过畜禽粪尿和分泌物传播的禽流感更揭示出畜禽养殖场污染存在的巨大隐患。④影响畜禽的自身生长。由粪便产生的氨、硫化氢等气体可使畜禽的生产性能下降。当具有高毒性的污染物高剂量进入空气、水体、土壤和饲料中，通过呼吸道、消化道及体表接触等多种途径进入机体时，可引起动物的急性中毒。当环境中低浓度的有毒有害污染物长期反复对机体作用时，可引起动物生长缓慢、抗病力下降。

科学正确处理好畜禽养殖与其环境之间的关系，提高畜禽废弃物利用率，降低畜牧业环境污染，走生态养殖之路已成为畜牧业发展的必然。畜牧场的环境保护，既要避免畜牧场被污染，又要防止畜牧场污染周围环境。在进行畜牧场环境保护时，必须重视畜牧场的主要污染源——畜产废弃物的处理，同时要注意场内的环境管理。

一、畜牧场环境消毒

消毒是指清除或杀灭外环境中的病原微生物及其他有害微生物，达到预防和阻止疫病发生、传播和蔓延的目的。畜牧场消毒是卫生防疫工作的重要部分。随着畜牧业集约化经营的发展，消毒对预防疫病的发生和蔓延具有更重要的意义。

（一）畜牧场环境消毒分类

根据目的不同，畜牧场消毒通常被分为经常性消毒、定期消毒、突击性消毒、临时消毒和终末消毒。

1. 经常性消毒

经常性消毒指在未发生传染病的条件下，为了预防传染病的发生，消灭可能存在的病原体，根据畜牧场日常管理的需要，随时或经常对畜牧场环境以及畜禽经常接触到的人以及一些器物如工作衣、帽、靴进行消毒。消毒的主要对象是接触面广、流动性大、易受病原体污染的器物、设施和出入畜牧场的人员、车辆等。

在场舍入口处设消毒池（槽）和紫外线杀菌灯，是最简单易行的经常性消毒方法，人员牲畜出入时，踏过消毒池（槽）内的消毒液以杀死病原微生物。消毒池（槽）须由兽医管理，定期清除污物，更换新配制的消毒液。另外，进场时人员经过淋浴并且换穿场内经紫外线消毒后的衣帽，再进入生产区，也是一种行之有效的预防措施，即使对要求极严格的种畜场，淋浴也是预防传染病发生的有效方法。

2. 定期消毒

定期消毒指在未发生传染病时，为了预防传染病的发生，对于有可能存在病原体的场所或设施如圈舍、栏圈、设备用具等进行定期消毒。当畜群出售畜舍空出后，必须对畜舍及设备、设施进行全面清洗和消毒，以彻底消灭微生物，使环境保持清洁卫生。

3. 突击性消毒

突击性消毒指在某种传染病爆发和流行过程中，为了切断传播途径，防止其进一步蔓延，对畜牧场环境、畜禽、器具等进行的紧急性消毒。由于病畜（禽）排泄物中含有大量病原体，带有很大危险性，因此必须对病畜进行隔离，并对隔离畜舍进行反复的消毒。要对病畜所接触过的和可能受到污染的器物、设施及其排泄物进行彻底的消毒。对兽医人员在防治和试验工作中使用的器械设备和所接触的物品亦应进行消毒。

突击性消毒所采取的措施是：①封锁畜牧场，谢绝外来人员和车辆进场，本场人员和车辆出入也须严格消毒；②与患病畜接触过的所有物件，均应用强消毒剂消毒；③要尽快焚烧或填埋垫草；④用含消毒液的气雾对舍内空间进行消毒；⑤将舍内设备移出，清洗、曝晒，再用消毒溶液消毒；⑥墙裙、混凝土地面用4%碳酸钠或其他清洁剂的热水溶液刷洗，再用1%新洁尔灭溶液刷洗；⑦素土地面用1%福尔马林浸润，风干后，先铺一层聚乙烯薄膜或沥青纸再铺上垫草，在严重污染地区，最好将表土铲去10～15cm；⑧将畜舍密闭，将设备用具移入舍内，用甲醛气体熏蒸消毒。

4. 临时消毒

临时消毒指在非安全地区的非安全期内，为消灭病畜携带的病原传播所进行的消毒。临时消毒应尽早进行，根据传染病种类和用具选用合适的消毒剂。

临时消毒所采取的措施是：①畜舍内的设备装置，能搬的搬走，能拆的拆开，搬移至舍外，小件浸泡消毒，大件喷洒消毒，育雏室的设备在刷洗后需熏蒸消毒；②屋顶、天棚及墙壁、地面均应将尘埃清扫干净，进行喷洒消毒；③垫草最好移走，如再用，需堆成堆，至少堆放 3d，第一次堆中温度要达到 50℃，然后内外对换，第二次堆中温度要达到 40℃，这样可使寄生虫发病率大为降低；④墙壁与混凝土地面用 4% 碳酸钠或其他清洁剂的热水溶液刷洗，再用新洁尔灭溶液刷洗；⑤畜舍及其设备清洗消毒后，再用甲醛气熏蒸，如旧垫草再用，需在舍内熏蒸消毒。

5. 终末消毒

终末消毒是发病地区消灭了某种传染病，在解除封锁前，为了彻底消灭病原体而进行的最后消毒。一般情况下只进行一次。消毒时，不仅病畜周围的一切物品和畜舍要进行消毒，对痊愈家畜的体表和畜舍也要同时进行。消毒剂的选用与临时消毒时相同。

(二) 畜牧场环境消毒方法

1. 物理消毒法

畜牧场常用物理消毒方法见表 5-10。

表 5-10 畜牧场常用物理消毒方法

方法	采取措施	适用范围或对象	注意事项
机械性清除	用清扫、铲刮、洗刷等机械方法清除降尘、污物及粘染在墙壁、地面以及设备上的粪尿、残余饲料、废物、垃圾等	适用于用其他方法消毒之前的畜舍清理	除了强碱(氢氧化钠溶液)外，一般消毒剂，即使接触少量的有机物(如泥垢、尘土或粪便等)也会迅速丧失杀菌力，对畜舍进行消毒前，必须进行彻底清理
日光照射	将物品置于日光下暴晒，利用太阳光中的紫外线、阳光的灼热和干燥作用使病原微生物灭活	适用于对畜牧场、运动场场地、垫料和可以移出室外的用具等进行消毒	阳光的杀菌效果受空气温度、湿度、太阳辐射强度及微生物自身抵抗能力等因素的影响。低温、高湿及能见度低的天气消毒效果差，高温、干燥、能见度高的天气杀菌效果好
辐射消毒	主要是利用紫外线灯照射杀灭空气中或物体表面的病原微生物	常用于种蛋室、兽医室等空间以及人员进入畜舍前的消毒	紫外线只能杀灭物体表面和空气中的微生物。当空气中微粒较多时，紫外线的杀菌效果降低。紫外线的杀菌效果还受环境温度的影响，消毒效果最好的环境温度为 20～40℃
高温消毒	利用高温环境破坏细菌、病毒、寄生虫等病原体结构，杀灭病原。主要包括火焰、煮沸和高压蒸汽等消毒形式	火焰消毒常用于畜舍墙壁、地面、笼具、金属设备等表面的消毒。对于受到污染的易燃且无利用价值的垫草、粪便、器具及病死畜禽尸体等应焚烧以达到彻底消毒目的；煮沸消毒常用于体积较小且耐煮物品如衣物、金属、玻璃等器具的消毒；高压蒸汽消毒常用于医疗器械等物品的消毒	一般病原微生物在 100℃ 沸水中 5min 即可被杀死，经 1～2h 煮沸可杀死所有的病原体 高压蒸汽消毒常用的温度为 115℃、121℃ 或 126℃，一般需维持 20～30min

2. 化学消毒法

化学消毒法是使用化学消毒剂，通过化学消毒剂的作用破坏病原体的结构以直接杀死病原体或使病原体的增殖发生障碍的过程。化学消毒法比其他消毒方法速度快、效率高，能在数分钟内进入病原体内并杀灭之。所以，化学消毒法是畜牧场最常用的消毒方法。

（1）畜牧场常用消毒剂种类　几种常用消毒剂的适用条件及使用方法见表5-11。

表5-11　畜牧场常用消毒剂的适用条件及使用方法

消毒剂名称	类别	常用浓度	适用温度	pH	使用方法
络合碘	碘伏	1:500	≥0℃	3	舍内带畜消毒
生石灰	碱	20%新鲜配制	≥0℃	≥13	喷洒、刷墙
氢氧化钠	碱	1%～5%	≥22℃	≥13	舍外环境消毒
戊二醛	醛类	1:300～1:1000	≥15℃	8	器械浸泡
二氯异氰尿酸钠	氯	1:800	≥0℃	6	舍内喷雾
过氧乙酸	氧化剂	0.05%～0.1%	≥0℃	3	舍内喷雾，空舍熏蒸
福尔马林（甲醛溶液）	醛类	5%～10%	≥15℃	3	舍内、器具的熏蒸消毒
来苏儿（煤酚皂溶液）	酚类	2%～5%	≥20℃	3	畜舍、笼具、剖检器械等的喷洒、冲洗和浸泡

（2）选择消毒剂的原则

① 适用性　不同种类的病原微生物构造不同，对消毒剂反应不同，有些消毒剂为"广谱"性的，对绝大多数微生物都具有杀灭效果，也有一些消毒剂为"专用"的，只对有限的几种微生物有效。因此，在购买消毒剂时，须了解消毒剂的药性，消毒的对象如物品、畜舍、食槽等特性，应根据消毒的目的、对象，根据消毒剂的作用机理和适用范围选择最适宜的消毒剂。

② 杀菌力和稳定性　在同类消毒剂中注意选择消毒力强、性能稳定，不易挥发、不易变质或不易失效的消毒剂。

③ 毒性和刺激性　大部分消毒剂对人、畜禽具有一定的毒性或刺激性，所以应尽量选择对人、畜无害或危害较小的，不易在畜产品中残留的并且对畜禽舍、器具无腐蚀性的消毒剂。

④ 经济性　应优先选择价廉、易得、易配制和易使用的消毒剂。

（3）化学消毒剂的使用方法

① 清洗法　用一定浓度的消毒剂对消毒对象进行擦拭或清洗，以达到消毒目的。常用于对种蛋、畜舍地面、墙裙、器具进行消毒。

② 浸泡法　是一种将需消毒的物品浸泡于消毒液中进行消毒的方法。常用于对医疗器具、小型用具、衣物进行消毒。

③ 喷洒法　将一定浓度的消毒液通过喷雾器或洒水壶喷洒于设施或物体表面以进行消毒。常用于对畜舍地面、墙壁、笼具及动物产品进行消毒。喷洒法简单易行、效力可靠，是畜牧场最常用的消毒方法。

④ 熏蒸法　利用化学消毒剂挥发或在化学反应中产生的气体，以杀死封闭空间中的病原体。这是一种作用彻底、效果可靠的消毒方法。常用于对孵化室、无畜禽的畜舍等空间进行消毒。

⑤ 气雾法　利用气雾发生器将消毒剂溶液雾化为气雾粒子对空气进行消毒。由于气雾发生器喷射出的气雾粒子直径很小（小于200nm），质量极小，所以，能在空气中较长时间飘浮并可以进入细小的缝隙中，因而消毒效果较好，是消灭气源性病原微生物的理想方法。如全面消毒畜舍空间，$1m^3$ 用5%过氧乙酸溶液2.5mL。

3. 生物消毒法

生物消毒法是利用微生物在分解有机物过程中释放出的生物热杀灭病原性微生物和寄生虫卵的过程。在有机物分解过程中，畜禽粪便温度可以达到 $60\sim70℃$，可以使病原性微生物及寄生虫卵在十几分钟至数日内死亡。生物消毒法是一种经济简便的消毒方法，能杀死大多数病原体，主要用于粪便消毒。

(三) 畜牧场常规消毒管理

1. 建立畜牧场消毒管理制度并严格执行

消毒的操作过程中，影响消毒效果的因素很多，如果没有一个详细、全面的消毒管理制度，并严格执行，消毒的随意性大，就不可能收到良好的消毒效果。所以养殖场必须制定消毒计划，按照消毒计划要求严格实施。

消毒计划（程序）的内容应该包括消毒的场所或对象，消毒的方法，消毒的时间次数，消毒药的选择、配比稀释、交替更换，消毒对象的清洁卫生以及清洁剂或消毒剂的使用等。

消毒计划落实到每一个饲养管理人员，要严格按照计划执行并要监督检查，避免随意性和盲目性；要定期进行消毒效果检测，通过肉眼观察和微生物学的监测，以确保消毒的效果，有效减少或消灭病原体。

2. 畜禽舍的消毒

(1) 带畜消毒　在日常管理中，对畜舍应经常进行定期消毒。消毒步骤通常为清除污物、清扫地面、彻底清洗器具和用品、喷洒消毒液，有时在此基础上还需以喷雾、熏蒸等方法加强消毒效果。可选用 $2\%\sim4\%$ 的氢氧化钠、$0.3\%\sim1\%$ 的菌毒敌、$0.2\%\sim0.5\%$ 的过氧乙酸或 0.2% 的次氯酸钠、0.3% 的漂白粉溶液进行喷雾消毒。这种定期消毒一般带畜进行，每隔两周或 $20d$ 左右进行一次。

(2) 空舍消毒　畜禽出栏后，应对畜禽舍进行彻底清扫，将可移动的设备、器具等搬出舍，在指定地点清洗、暴晒并用消毒液消毒。用水或用 4% 的碳酸钠溶液或清洁剂等刷洗墙壁、地面、笼具等，干燥后再进行喷洒消毒并闲置两周以上。在新一批畜禽进入畜舍前，可将所有洗净、消毒后的器具、设备及欲使用的垫草等移入舍内，以福尔马林（40% 甲醛溶液）熏蒸消毒，方法是取一个容积大于福尔马林用量数倍至十倍且耐高温的容器，先将高锰酸钾置于容器中（为了增加催化效果，可加等量的水使之溶解），然后倒入福尔马林，人员迅速撤离并关闭畜禽舍门窗。福尔马林的用量一般为 $25\sim40mL$，与高锰酸钾的比例以 5:3～2:1 为宜。该消毒法消毒时间一般为 $12\sim24h$，然后打开门窗通风 $3\sim4d$。如需要尽快消除甲醛的刺激气味，可用氨水加热蒸发使之生成无刺激性的六甲烯胺。此外，还可以用 20% 的乳酸溶液加热蒸发对畜舍进行熏蒸消毒。

如果发生了传染病，用具有特异性和消毒力强的消毒剂喷洒畜舍后再清扫畜舍，就可防止病原随尘土飞扬造成疾病在更大范围传播。然后以大剂量特异性消毒剂反复进行喷洒、喷雾及熏蒸消毒。一般每日一次，直至传染病被彻底扑灭，解除封锁为止。

(3) 饲养设备及用具的消毒　应将可移动的设施、器具定期移出畜舍，清洁冲洗，置于太阳下暴晒。将食槽、饮水器等移出舍外暴晒，再用 $1\%\sim2\%$ 的漂白粉、0.1% 的高锰酸钾及洗必泰等消毒剂浸泡或洗刷。

(4) 畜禽粪便及垫草的消毒　在一般情况下，畜禽粪便和垫草最好采用生物消毒法消毒。采用这种方法可以杀灭大多数病原体如口蹄疫、猪瘟、猪丹毒及各种寄生虫卵。但是对患炭疽、气肿疽等传染病的病畜粪便，应采取焚烧或经有效消毒剂处理后深埋。

(5) 畜舍地面、墙壁的消毒　对地面、墙裙、舍内固定设备等，可采用喷洒法消毒。如对圈舍空间进行消毒，则可用喷雾法。喷洒要全面，药液要喷到物体的各个部位。喷洒地面时，$1m^2$ 喷洒药液 2L，喷墙壁、顶棚时，$1m^2$ 喷洒药液 1L。

3. 畜牧场及生产区等出入口的消毒

在畜牧场入口处供车辆通行的道路上应设置消毒池，池的长度一般要求大于车轮周长 1.5 倍。在供人员通行的通道上设置消毒槽，池（槽）内用草垫等物体作消毒垫。消毒垫以 20％新鲜石灰乳、2％～4％的氢氧化钠或 3％～5％的煤酚皂液（来苏儿）浸泡，对车辆、人员的足底进行消毒，值得注意的是应定期（如每 7d）更换 1 次消毒液。

4. 工作服消毒

洗净后可用高压消毒或紫外线照射消毒。

资料卡

紫外线：紫外线具有杀菌作用、抗佝偻病作用、色素沉着作用，还可以提高机体的免疫力和抵抗力。紫外线照射，能使动物皮肤角质层增厚，能增强对外来的温度、机械及化学刺激的抵抗能力，同时真皮出现结缔组织的增生，毛囊也大量生长，皮肤的再生能力显著增强。在生产中，常用短波紫外线灯（275nm 以下）对空气和物体外表进行消毒，用长波紫外线灯（280～340nm）对动物进行照射以促进皮肤合成维生素 D，提高动物生产性能。

5. 运动场消毒

清除地面污物，用 10％～20％漂白粉液喷洒，或用火焰消毒，运动场围栏可用 15％～20％的石灰乳涂刷。

二、畜牧场水源保护

（一）水的净化消毒技术

一般的水必须经过人工净化与消毒，才能保证饮用安全，并满足饮用水的水质卫生要求。水的净化处理方法包括沉淀（自然沉淀和混凝沉淀）和过滤。净化的目的主要是除去水中的悬浮物和部分病原体，使水的物理性状得到改善。消毒的目的主要是为了杀灭水中的病原菌，防止介水传染病的发生。

1. 净化

（1）沉淀

① 自然沉淀　在水流减慢或静止时，水体中较大的悬浮物因自身重力作用逐渐沉到水底，使水慢慢变清，此过程称为自然沉淀。实际操作中，自然沉淀一般要在专用的沉淀池中进行，需要一定的时间。

② 混凝沉淀　水经过自然沉淀后，其中还有细小的悬浮物及胶质微粒存在，因带有负电荷，彼此相互排斥，很难自然沉淀。这时水中需要加入混凝剂，促使水中细小悬浮物及胶质微粒凝聚成絮状，加快沉降，此过程称为混凝沉淀。常用的混凝剂有铝盐（如明矾、硫酸铝等）和铁盐（如硫酸亚铁、三氯化铁等）。它们与水中的钙和镁的重碳酸盐作用，分别形成带正电荷的氢氧化铝和氢氧化铁的胶状物，它们能与水中带负电荷的微粒相互吸引而凝集，形成逐渐加大的絮状物而沉降。混凝沉淀的效果和水温、pH 值、浑浊度及不同的混凝剂有关。普通河水若用明矾进行混凝沉淀时，大约需要 40～60mg/L。

（2）过滤　过滤是指让水通过滤料得到净化的过程。实际工作中，常用砂作为滤料，称为砂滤。也可以使用矿渣、煤渣等，但是不可以使用含有对动物机体有害的化学物质做滤料。

滤料的作用有两个方面，其一是隔滤作用，即水中悬浮物粒子大于滤料的孔隙者，被阻隔在滤料中；其二是沉淀和吸附作用，即水中的细菌、胶体粒子等，通过滤层时沉淀在滤料表面上，同时，滤料表面由于胶体物质和细菌的沉淀而形成胶质生物滤膜，其吸附水中的微小粒子和微生物。通过过滤，可以除去水中80%～90%的细菌和99%左右的悬浮物，也可以除去水的异臭、色以及水中含有的阿米巴包囊、血吸虫尾蚴等。集中式供水需要修建砂滤池。分散式供水可以在河、湖或塘岸边修建渗滤井或水边砂滤井。需水量小的，也可以用简易的砂滤桶（缸）。在桶（缸）中分层装好滤料，水从桶（缸）的上部进入，通过各层滤料后由桶的下部排出。

滤料的铺法：从下往上，第一层（最下层）为直径1～2cm大小的碎石，厚度为10cm左右；第二层为二层棕皮；第三层为粗砂，厚度为10cm；第四层为细砂，厚度为22cm左右；第五层为一层棕皮；第六层（最上层）为碎石，厚度为10cm左右。滤料使用过久后，应该更换新滤料或用清水反复洗净后再利用。过滤的效果，取决于滤层的厚度、滤料的粒径、滤料的组合方式、滤水速度、原水的浑浊度及滤池的构造和管理等方面。

2. 消毒

水经过沉淀和过滤处理后，虽然细菌总量已经很少，但是仍然有病原菌存在的可能性，为了确保饮水安全，必须再经过消毒处理。饮水消毒的方法很多，如氯化法、煮沸法、紫外线照射法、臭氧法、超声波法、高锰酸钾法等。目前，广泛应用的是氯化消毒法，下面简述饮水的氯化消毒法。

（1）消毒剂　水的氯化消毒法常用的消毒剂为液态氯、漂白粉精和漂白粉。液态氯主要用于集中式供水的消毒。漂白粉精和漂白粉多用于小型水厂和一般分散式供水的消毒。漂白粉的杀菌能力决定于其含有"有效氯"的量。新配制的漂白粉含有效氯约35%～36%，因为其性质不稳定，易受日光、潮湿、二氧化碳的作用，使有效氯含量降低，当有效氯降低到15%时，就不能作为饮水消毒剂，所以应该密封保存在避光、干燥的环境中。漂白粉精含有效氯可以达到60%～70%，性质比漂白粉稳定，一般制成片剂待用。

（2）影响氯化消毒效果的因素

① 消毒剂用量和接触时间　为保证消毒效果，必须向水中加入足量的氯化消毒剂及保证有充分的与水接触时间。加入水中消毒剂的量，除了满足在消毒剂接触时间内与水中各种物质相作用所需要的有效氯量外，还应该在消毒后的水中保持一定量的余氯。就是加氯量等于需氯量加余氯量。消毒剂的实际用量随水质不同而异，所以在消毒前应进行水的加氯量测定。一般经过砂滤的地面水或普通地下水，加氯量（按有效氯计算）为1～2mg/L，充分接触30min后，水中余氯还应有0.2～0.4mg/L的含量。

② 水的pH值　pH值的高低可以影响生成次氯酸的浓度。若pH值低时主要以次氯酸的形式存在。pH值升高时，次氯酸可以离解成次氯酸根（表5-12）。次氯酸的杀菌能力是次氯酸根的80～100倍，所以在氯化消毒时，水的pH值不可以超过7。

表5-12　水中氯在不同pH值条件下生成HOCl及OCl⁻的量（20℃）

pH	HOCl/%	OCl⁻/%	pH	HOCl/%	OCl⁻/%
6.0	96.8	3.2	8.0	23.2	76.8
7.0	75.2	24.8	9.0	2.9	97.1

③ 水温　水的温度高时，氯化消毒效果好。在0～5℃时，杀灭一定量大肠杆菌所需要的时间是20～25℃的3倍。冬季水中的加氯量要适当增加，消毒剂和水接触的时间应该延长一些。

④ 水的浑浊度　水的浑浊度高时，影响氯化消毒效果。对浑浊度高的水应该先经过净

化处理后再进行消毒。

（3）消毒方法 根据不同水源水和不同的供水方法，消毒方法有多种。下面介绍分散式供水的消毒方法。

① 常量氯消毒法 就是按照常规加氯量（表 5-13）进行饮水消毒。一般对井水消毒是直接在井水中加入消毒剂。泉水、河、湖、塘、水库水等，要将水取到缸、池中进行消毒。

消毒时，应该首先计算出井（池）水的量，计算方法如下：

$$井（池）水量（m^3）＝水深（m）×井（池）底面积（m^2）$$

然后根据井（池）水量（m^3）及井（池）水加氯量计算出应该加入的漂白粉量（必要时应该测定漂白粉的有效氯含量）。将称好的漂白粉放入碗中，先稀释，静置，取上清液倒入井（池）中，漂白粉和井（池）水充分混匀 30min 后，水中余氯不能低于 0.3mg/L。一般每天消毒两次，早晨和午后取水前各消毒一次，如果用水量大，水质较差，应该酌情增加消毒次数。

表 5-13 不同水源水消毒的加氯量

水源种类	加氯量 /(mg/L)	加漂白粉量 /(g/m³)	水源种类	加氯量 /(mg/L)	加漂白粉量 /(g/m³)
深井水	0.5~1.0	2~4	湖、河水（清洁透明）	1.5~2.0	6~8
浅井水	1.0~2.0	4~8	湖、河水（水质浑浊）	2.0~3.0	8~12
土坑水	3.0~4.0	12~16	塘水（环境较好）	2.0~3.0	8~12
泉水	1.0~2.0	4~8	塘水（环境不好）	3.0~4.5	12~18

注：漂白粉按含 25% 有效氯计算。

② 持续氯消毒法 在井（池）中放置装有漂白粉或漂白粉精的容器（可以用无毒塑料袋、桶等），漂白粉不断从容器上小孔溢出，使水中经常保持一定的有效氯量。放入容器中的氯化消毒剂的量，为常量氯消毒法的一次加入量的 20~30 倍，放入一次，可以持续消毒 10~20d。采用此法消毒时，应该经常检测水中的余氯量。

③ 过量氯消毒法 一次向水中加入常量氯消毒法加氯量的 10 倍（10~20mg/L）进行饮用水消毒的方法。此法主要用于新井开始使用时，或旧井修理或淘洗、井被洪水淹没或落入污物、地区发生介水传染病等情况下。一般在加入漂白粉后，要等待 10~12h 后才能用水。若水中氯味太浓，可以不断地汲取旧水，直到井水失去显著氯味为止。也可以在水中按 1mg 余氯加入 3.5mg 硫代硫酸钠脱氯后再用水。

3. 水的特殊处理

水源水中若含铁、氟量过高，硬度超标或有异臭、异味时，有必要对水进行特殊的处理。

（1）除铁 水中的溶解性铁盐一般以重碳酸亚铁 $[Fe(HCO_3)_2]$、硫酸亚铁（$FeSO_4$）和氯化亚铁（$FeCl_2$）等形式存在，有时为有机胶体化合物（腐殖酸铁）。重碳酸亚铁可以应用曝气（氧化）法将其氧化为不溶解的氢氧化铁 $[Fe(OH)_3]$；氯化亚铁或硫酸亚铁可以在水中加入石灰（CaO），使其在高 pH 值条件下转化为氢氧化铁，再经过沉淀过滤除去；腐殖酸铁可以应用硫酸铝或聚羟基氯化铝等混凝沉淀除去。

（2）除氟 可以在水中加入硫酸铝（每除去 1mg 氟离子，需要加入 100~200mg 硫酸铝）或碱式氯化铝（1L 水中需要加入 0.5mg），经过混匀、沉淀而将氟除去。若水厂有过滤池，也可以采用活性氧化铝法。

（3）软化 水的硬度大于 25 度时，可以将石灰、碳酸钠及氢氧化钠等加入水中，使钙、镁化合物沉淀而降低硬度。也可以采用离子交换法、电渗析法等。

（4）除臭　用活性炭粉作滤料，可以通过过滤将水的异臭除去，或将活性炭粉加入水中混合沉淀，再经过砂滤除臭，也可以应用大量氯除臭。地面水因为水中藻类量大发臭时，可以在原水中加入硫酸铜（不超过 1mg/L）灭藻。

一般情况下，浑浊的地面水，需要经过沉淀、过滤和消毒处理后才能饮用；较清洁的地下水仅经过消毒处理就可饮用；水只有受到特殊有害物质污染时，才需要作特殊处理。

（二）畜牧场水源卫生防护

任何水源都有被污染的可能，因此，对选定的水源，必须进行卫生防护，以确保水质的卫生与安全。

1. 分散式给水水源的防护

分散式给水是指由各用水单位分别由不同水源（井、河、湖、塘等）分散取水。

（1）井水　避免在低洼沼泽及易积水处建井。水井周围 30m 范围内，不得有厕所、粪池、垃圾堆等污染源，井与畜舍的距离应在 30m 以上，水井的结构应合理，井壁、井底要坚固。

井的地面部分应设井栏和井台，井台须平整不渗水，并设有排水沟，在水井四周 3～5m 的范围内为卫生防护区，禁止在区内清洗衣物、倾倒污水、脏物或让畜禽接近。

我国广大农村最主要的地下水水源是水井。绝大部分水井是浅层地下水，深度不超过 10～20m，此种水井大部分构造比较简陋，如附近有工业污水排放点或排水沟、厕所、垃圾、猪圈等污染源，经雨水冲刷或由地面渗透，很容易受到污染，给人畜带来危害。因此，对水井加强卫生管理，是预防农村人、畜介水传染病的一项重要措施。为使水井安全卫生，水井必须有良好的卫生防护设施和严格的卫生管理制度。卫生防护一般要求如下。

① 水井位置　应便于取用，离住宅不应太远，服务半径不超过 150m。不宜建在依山或沼泽地带，以免暴雨时雨水和山洪冲入井内或将井淹没；井址周围要清洁，水井周围 30m 范围内不得设置渗水厕所、渗水坑、粪坑、垃圾堆和废渣堆等。

② 水井结构合理

a. 井底　下面先铺 30cm 河沙，上面铺 30cm 厚卵石块，也可以在沙上铺带孔的水泥或木板，以防打水时搅动泥沙。

b. 井壁　用砖、石块或其他材料砌筑。井壁下段设高 1m 的进水井壁，用砖石垒砌，不必用灰浆抹缝，周围充填厚约 30～60mm 的沙砾，以利地下水渗入井中；井壁上段距井口 3m 内用砖石密砌，用灰浆抹缝，外围充填 0.5m 厚的黏土夯实，做成紧实无缝的防水层，以防地面水漏入井内。

c. 井台　用不透水材料砌成，高出地面约 20cm，半径 1～3m，有向外倾斜的坡度，以便水向外流；在井台周围要有排水沟，及时排除积水。

d. 井栏　应高出井台 10～30cm，并与井壁密接无缝，防止污水流入井内。

e. 井盖　井口上应加盖，可固定在井栏上。为了便于防护，各地可就地取材，修建各种密封井，避免或减少井水受到污染。

（2）河水　取水点的位置应设在各种污水排放口、码头、工厂的上游。在取水点附近距岸 20m 以内，不得有厕所、粪池、污水坑、垃圾堆场。

（3）湖、塘水　在湖、塘四周不得有污染源，并将四周 30～50m 范围内划为卫生防护地带。

防护地带内应设置防护林和绿篱，建立人工屏障，保护和改善水源环境。为保证水的清洁，最好设置取水码头，以便在离岸较远处取水。采用分散式给水，在以江河为水源时，宜进行分段取水，即饮用水取水点设在没有污染的河段上游，其下游可依次设畜禽饮水点、粪具洗涤点等。池塘多的地区，可采用分塘用水。仅有一个池塘时，应禁止在池塘附近进行可能污染塘水的活动。较大的湖，应分区用水。

2. 集中式给水水源的防护

集中式给水通常称为自来水，是指由水源集中取水，对水进行净化和消毒后，通过输水管和配水管网送至各用水点。集中式给水的优点是有利于水源的选择和防护，易于保证水质，用水方便，便于卫生监督。但水质一旦遭受污染，危险性亦大。

集中式给水需水量大，在选用地面水时，多用江河、湖水作水源。为保证水质，在取水点周围半径100m范围内，不得有任何污染源；取水点上游1000m、下游100m水域内不得有污水排放口。在取水点，可设伸入江河、湖中的取水码头，或设置永久性的取水设备。

地下水受污染机会较少，是最好的水源。地下水埋藏越深，在卫生上越安全。当深层地下水的覆盖层为裂隙地层或以浅层地下水为水源时，取水点应设在污染源上游。取水设备宜采用管井（又名机井或钻孔井），它应用广，可取各层地下水。管井的井壁必须严密不漏，井外壁与地层间亦要保证严密。

三、畜牧场废弃物的处理与利用

随着畜禽养殖量的增加，畜禽的粪尿排泄量也不断增加。一个400头成年母牛的奶牛场，加上相应的犊牛和育成牛，每天排粪30～40t，全年产粪$1.1×10^4$～$1.5×10^4$t，如用作肥料，大约需要253.3～333.3hm²土地才能消纳；一个1万羽的蛋鸡场，包括相应的育成鸡在内，若以每天产粪$0.1×10^4$～$0.5×10^4$kg计算，全年可产粪$36×10^4$～$55×10^4$kg（表5-14），如不加处理很难有相应面积的土地来消纳数量如此巨大的粪尿，尤其在畜牧业相对比较集中的城市郊区。

表5-14 几种主要畜禽的粪尿产量（鲜量）
（引自：李如治. 家畜环境卫生学. 北京：中国农业出版社，2003）

种 类	体重/kg	每头（只）每天排泄量/kg			平均每头（只）每年排泄量/t		
		粪量	尿量	粪尿合计	粪量	尿量	粪尿合计
泌乳牛	500～600	30～50	15～25	45～75	14.6	7.3	21.9
成年牛	400～600	20～35	10～17	30～32	10.6	4.9	15.5
育成牛	200～300	10～20	5～10	15～30	5.3	2.7	8.2
犊牛	100～200	3～7	2～5	5～12	1.8	1.3	3.1
种公猪	200～300	2.0～3.0	4.0～7.0	6.0～10.0	0.9	2.0	2.9
空怀、妊娠母猪	160～300	2.1～2.8	4.0～7.0	6.1～9.8	0.9	2.0	2.9
哺乳母猪	—	2.5～4.2	4.0～7.0	6.5～11.2	1.2	2.0	3.2
培育仔猪	30	1.1～1.6	1.0～3.0	2.1～4.6	0.5	0.7	1.2
育成猪	60	1.9～2.7	2.0～5.0	3.9～7.7	0.8	1.3	2.1
育肥猪	90	2.3～3.2	3.0～7.0	5.3～10.2	1.0	1.8	2.8
产蛋鸡	1.4～1.8	0.14～0.16			55kg		
肉用仔鸡	0.04～2.8	0.13			到10周龄9.0kg		

畜牧场废弃物中，含有大量的有机物质，如不妥善处理则会引起环境污染、造成公害，危害人及畜禽的健康。另一方面，粪尿和污水中含有大量的营养物质（表5-15），尤其是集约化程度较高的现代化牧场，所采用的饲料含有较高的营养成分，粪便中常混有一些饲料残渣，在一定程度上是一种有用的资源。如能对畜粪进行无害化处理，充分利用粪尿中的营养素，就能化害为利，变废为宝。

表 5-15　各种畜禽粪便的主要养分含量

（引自：李如治. 家畜环境卫生学. 北京：中国农业出版社，2003）　　　　　　%

种类	水分	有机物	氮（N）	磷（P_2O_5）	钾（K_2O）
猪粪	72.4	25.0	0.45	0.19	0.60
牛粪	77.5	20.3	0.34	0.16	0.40
马粪	71.3	25.4	0.58	0.28	0.53
羊粪	64.6	31.8	0.83	0.23	0.67
鸡粪	50.5	25.5	1.63	1.54	0.85
鸭粪	56.6	26.2	1.10	1.40	0.62
鹅粪	77.1	23.4	0.55	0.50	0.95
鸽粪	51.0	30.8	1.76	1.78	1.00

原国家环保总局已发布《畜禽养殖业污染物排放标准》，着手治理畜禽养殖场和养殖区的污染难题。标准中规定，要根据养殖规模，分阶段逐步控制，鼓励种养结合和生态养殖，逐步实现全国养殖业的合理布局。

目前，国内外治理畜禽养殖场污染主要分为产前、产中和产后治理与利用。

（一）产前治理

发达国家对养殖场污染物的治理主要采用源头控制的对策，因为即使在对农民有巨额补贴的欧洲国家，能够采用污水处理设备的畜禽养殖场也很少，为此畜禽场面源控制，主要通过制定畜禽场农田最低配置（指畜禽场饲养量必须与周边可蓄纳畜禽粪便的农田面积相匹配）、畜禽场化粪池容量、密封性等方面的规定进行。在日本、欧洲大部分国家，强制要求单位面积的养殖畜禽数量，使畜禽养殖数量与地表的植物及自净能力相适应。

借鉴国外的经验，我国在新建畜禽养殖场时，应进行合理的规划，以环境容量来控制养殖场的总量规模，调整养殖场布局，划定禁养区、限养区和适养区，同时应加强对新建场的严格审批制度，新建场一般都要设置隔离或绿化带，并执行新建项目的环境影响评价制度和污染治理设施建设的"三同时"（养殖场建设应与污染物的综合利用、处理与处置同时设计、同时施工和同时投入使用）制度，还可以借鉴工业污染治理中的经验，从制定工艺标准、购买设备补贴以及提高水价等方面推行节水型畜牧生产工艺，从源头上控制集约化养殖场污水量。

（二）产中治理

1. 采取营养性环保措施

一是采用"理想蛋白质模式"，配制符合畜禽生理需要的平衡日粮，能够降低饲料粗蛋白水平，提高日粮中氮的利用率，减少粪尿中氮的排泄量；二是应用有机微量元素代替无机微量元素，提高微量元素的利用效率，降低微量元素的排出量，减少微量元素对环境的污染；三是应用酶制剂，提高畜禽对蛋白质、钙、磷、铜、锌等矿物微量元素的利用率；四是应用微生态制剂，在动物体内创造有利于畜禽生长的微生态环境，维持肠道正常生理功能，促进动物肠道内营养物质的消化和吸收，提高饲料利用率，同时，还能抑制腐败菌的繁殖，降低肠道和血液中内毒素及尿素酶的含量，有效减少有害气体产生。

2. 多阶段饲喂

多阶段饲喂法可提高饲料转化率，猪在肥育后期，采用二阶段饲喂比采用一阶段饲喂法的氮排泄量减少 8.5%。饲喂阶段分得越细，不同营养水平日粮种类分得越多，越有利于减少氮的排泄。

3. 强化管理

推广畜禽养殖场清洁生产技术，采用科学的房舍结构、生产工艺，实现固体和液体、粪与尿、雨水和污水三分离，降低污水产生量和降低污水氨、氮浓度。通过对生产过程中主要产生污染环节实行全程控制，达到控制和防治畜禽养殖可能对环境的污染的目的。

（三）产后处理与利用

产后处理即末端治理，主要是对畜禽粪尿及污水进行资源化、无害化处理与利用。

1. 粪便的无害化处理与利用

（1）厌氧处理——生产沼气 沼气是有机物质在厌氧环境中，在适宜的温度、湿度、酸碱度、碳氮比等条件下，通过厌氧微生物发酵作用而产生的一种可燃气体，其主要成分是甲烷 CH_4（60%～70%）、CO_2（25%～40%），同时还含有少量的 CO、H_2S、H_2 等。沼气经燃烧后能产生大量热能（$1m^3$ 的发热量为 20.9～27.17MJ），可作为生活、生产用燃料，也可用于发电。在沼气生产过程中，因厌气发酵可杀灭病原微生物和寄生虫，发酵后的沼液沼渣又是很好的肥料，因此，这是综合利用畜产废弃物、防止污染环境和开发新能源的有效措施。我国的沼气研究和推广工作发展很快，农村户用沼气技术已较普及。近年来，一些农牧场采用大中型沼气装置生产沼气，都获得较好的效益。

沼气的产生需创造以下几个条件：①沼气池应密闭，保持无氧环境；②配料要适当，纤维含量多的原料（秸秆、青草等）其消化速度和产气速度慢，但产气持续期长；纤维少的原料（人、畜粪），其消化速度和产气速度快，但产气持续期短；③原料的氮碳比也应适当，一般以 1:25 为宜；④原料的浓度要适当，原料太稀会降低产气量，太浓则使有机酸大量积累，使发酵受阻，原料与加水量的比例以 1:1 为宜；⑤保持适宜温度，甲烷细菌的适宜温度为 20～30℃，当沼气池内温度下降到 8℃时，产气量迅速下降；⑥保持池内 pH 值 7～8.5，发酵液过酸时，可加石灰或草木灰中和；⑦为促进细菌的生长、发育和防止池内表面结壳，应经常进料、出料和搅拌池底；⑧新建的沼气池，装料前应加入适宜的接种物以丰富发酵菌种，老沼气池的沼液是最理想的接种物，如果周围没有老沼气池，粪坑底脚的黑色沉渣、塘泥、城镇泥沟污水等也都是良好的接种物。

家畜粪便的产气量因畜种而异，人、几种家畜家禽粪便及其他发酵原料的产气量如表5-16 所示。

表 5-16 人、家畜家禽粪便及其他发酵原料的产气量

（引自：李震钟. 家畜环境卫生学附牧场设计. 北京：中国农业出版社，2005）

原料	日排鲜粪/kg	干重含量/%	1kg 干重产气量/m³	每日产气量/m³
人		18	0.15	0.016
猪	0.6	18	0.33	0.240
牛	4.0	17	0.28	1.190
鸡	25.0	70	0.25	0.018
秸秆	0.1	88	0.21	0.185
青草		16	0.40	0.064

生产沼气后产生的残余物——沼液和沼渣含水量高、数量大，且含有很高的 COD 值，若处理不当会引起二次环境污染，所以必须要采取适当的利用措施。常用的处理方法有以下几种。

① 用作植物生产的有机肥料 在进行园艺植物无土栽培时，沼气生产后的残余物是良好的液体培育基。

② 用作池塘水产养殖料 沼液是池塘河蚌育珠、滤食性鱼类养殖培育饵料生物的良好肥料，但一次性施用量不能过多，否则会引起水体富营养化而引起水中生物的死亡。

③ 用作饲料　沼渣、沼液脱水后可以替代一部分鱼、猪、牛的饲料。但与畜粪饲料化一样，要注意重金属等有毒有害物质在畜产品和水产品中残留的问题，避免影响畜产品和水产品的实用安全性。

（2）堆肥处理——用作肥料　堆肥技术是在自然环境条件下将作物秸秆与养殖场粪便一起堆沤发酵以供作物生长时利用。堆肥作为传统的生物处理技术经过多年的改良，现正朝着机械化、商品化方向发展，设备效率也日益提高。加拿大用作物秸秆、木屑和城市垃圾等与畜禽粪便一同堆肥腐熟后作商品肥。英国近年开展了利用庭院绿化废物与猪粪一同混合堆粪处理的试验研究。一些欧洲国家已开始将养殖工序由水冲式清洗粪便转回到传统的稻草或作物秸秆铺垫吸粪，然后实施堆肥的利用方式。

促进堆肥发酵的方法：

① 改善物质的性质　常采用降低材料中水分（温室干燥、固液分离等）和添加辅助材料（水分调整材料：锯屑、稻壳、返回堆肥等）的方法，提高其通气性，使整体得到均匀的氧气供给。

② 通风　可通过添加辅助材料，提高混合材料的空隙率，使其具有良好的通气性。此外，用强制通风，可促进腐熟，缩短处理时间。通风装置一般采用高压型圆形鼓风机（图5-15）。如能保证材料有恰当的含水率、空隙率，用涡轮风扇也可充分通风，且降低电费。

图 5-15　高压型圆形鼓风机

图 5-16　搅拌机

③ 搅拌、翻转　适度搅拌、翻转可使发酵处理材料和空气均匀接触，同时有利于材料的粉碎、均质化。

④ 太阳能的利用及保温　利用太阳热能，可促使堆肥材料中水分蒸发。密闭型发酵槽等可以设置在温室内，用透明树脂板作堆肥舍屋顶，尽可能利用太阳能，在冬季还可以防止被寒风冷却。

堆肥发酵设施：

① 开放型发酵设施　设置在温室等房子内，用搅拌机（图5-16）在0.4～2.0m的深度强制翻转搅拌处理，具有占地面积小，并可以用太阳能促进材料干燥等优点。另一方面，为防止冬季散热，可采用2m深的圆形发酵槽，发酵槽一半埋设在地下，即使在寒冷的冬季也可以维持良好的发酵状态。

② 密闭型发酵设施　原料在隔热发酵槽内搅拌、通风。有纵形和横形两种，占地面积比开放型小，为了维持一定的处理能力，材料在发酵槽内滞留天数比开放型短。适合以畜粪为主的材料的发酵。

③ 堆积发酵设施　操作者利用铲式装载机等进行材料的堆积、翻转操作，让其发酵。此法自动化程度低，每天的分解量少，占地面积较大。

（3）适当加工——用作饲料　自20世纪50年代美国首先以鸡粪作羊补充饲料试验成功后，日本、英国、法国、德国、丹麦、前苏联、泰国、西班牙、澳大利亚、中国等十几个国家和地区开展了畜禽粪便再利用研究。目前，已有许多国家利用畜禽粪便加工饲料，德国、美国的鸡粪饲料"插普蓝"已作为蛋白质饲料出售，英国和德国的鸡粪饲料进入了国际市场。猪粪也被用来喂牛、喂鱼、喂羊等，可降低饲料成本。

畜禽粪便中，最有价值的营养物质是含氮化合物。合理利用畜禽粪便中的含氮化合物，对解决蛋白质饲料资源不足问题有积极意义。但由于畜粪用作饲料的安全性问题，国内外也存在许多分歧。畜粪饲料安全性问题主要包括畜粪中可能含有高量重金属铜、铬、砷、铅等的残留，各种抗生素、抗寄生虫药物的残留及病原微生物与寄生虫、虫卵等。也有一些研究和实践表明：只要对畜粪进行适当处理并控制其用量，一般不会对动物造成危害。若处理不当或喂量过大，则可能会造成对家畜健康与生长的危害，并影响畜产品质量。

畜粪用作饲料的处理方法主要有：直接饲喂、干燥处理、发酵处理、青贮及膨化制粒。联合国粮农组织认为，青贮是安全、方便、成熟的鸡粪饲料化喂牛的一种有效方法。不仅可以防止畜粪中粗蛋白和非蛋白氮的损失，而且还可将部分非蛋白氮转化为蛋白质。青贮过程中几乎所有的病原体被杀灭，有效防止疾病的传播。将新鲜畜粪与其他饲草、糠麸、玉米粉等混合装入塑料袋或其他容器内，在密闭条件下进行青贮，一般经 20～40d 即可使用。制作时，注意含水量保持在 40% 左右，装料需压实，容器口应扎紧或封严，以防漏气。

2. 污水的处理与利用

一个年产一万头商品肉猪的养猪场采用漏缝地板方式饲养，每天将排放污水 200～300m³，年排放污水达 $7.5×10^4～11.0×10^4m^3$。畜牧场污水富含高浓度的有机物和大量病原体，其中 COD 高达 $1×10^4～1.2×10^4mg/L$，BOD 9500mg/L，悬浮物 $2.1×10^4～13×10^4mg/L$，氨氮（$NH_3—N$）3000mg/L，总氮 30g/L。为防止畜牧场污水对周围环境水体造成污染，必须有效地加强畜牧场管理，通过限制应用大量水冲洗畜粪、减少地表降水流入污水收集和处理系统等一系列措施，减少污水产生量。同时，通过污水多级沉淀和固液分离，减少污水中有机物含量，并对畜牧场排放的污水进行必要的处理。

污水排放方式分合流制和分流制。合流制是把生活、生产废水和降水合并排出；分流制是将三者分别排出。也可采用双流排放，即将降水并入生活污水管道或生产废水管道中。两种排放方式的生产废水，均应在排放前进行必要的处理。

畜牧场污水处理技术的基本方法按其作用原理可分为物理的、化学的和生物学处理等。

（1）物理处理法　通过物理作用，分离回收水中不溶解的悬浮状污染物质，主要包括重力沉淀、离心分离和过滤等方法，是利用格栅、化粪池或滤网等设施进行的简单物理处理方法。经物理处理的污水可除去 40%～65% 的悬浮物，并使 BOD_5 下降 25%～35%。污水流入化粪池，经 12～24h 后使 BOD_5 量降低 30% 左右，其中的杂质下沉为污泥，流出的污水则排入下水道。污泥在化粪池内应存放 3 个月至半年，进行厌气发酵。如果没有进一步的处理设施，还需进行药物消毒。

① 重力沉淀法　可利用污水在沉淀池中静置时，其不溶性较大颗粒的重力作用，将粪水中的固形物沉淀而除去。

② 离心分离法　含有悬浮物质的污水在高速旋转时，由于悬浮物和水的质量不同，离心力大小亦不同，而实现固液分离。该法对猪、鸡粪使用较困难，主要是因为粪便黏性大，投、取料不便。

③ 过滤法　是利用过滤介质的筛除作用使颗粒较大的悬浮物被截留在介质的表面，来分离污水中悬浮颗粒性污染物的一种方法。

物理处理法只能初步处理污水，对分离出的固态粪便多采用无防渗、防淋失设施的露天晾粪场处理，粪便的理化特征改变较小，整体处理效率和去除率低。

(2) 化学处理法　通过向污水中加入某些化学物质，利用化学反应来分离、回收污水中的污染物质，或将其转化为无害的物质。其处理的对象主要是污水中的溶解性或胶体性污染物。常用的方法有混凝法、化学沉淀法、中和法、氧化还原法等。

化学处理法因存在二次污染问题，故实际中应用较少。

(3) 生物学处理法　主要靠微生物的作用来实现。参与污水生物处理的微生物种类很多，包括细菌、真菌、藻类、原生动物、多细胞动物如轮虫、线虫、甲壳虫等。其中，细菌起主要作用，它们繁殖力强、数量多、分解有机物的能力强，很容易将污水中溶解性、悬浮状、胶体状的有机物逐步降解为稳定性好的无机物。根据处理过程中氧气的需求与否，可把微生物分为好氧微生物和厌氧微生物两类。

① 厌氧处理　常用处理养殖业粪污的厌氧工艺有以下几种。

a. 厌氧滤器（AF）　1969 年由 Young 和 McCarty 首先提出，1972 年国外开始在生产上应用。我国于 20 世纪 70 年代末期开始引进并进行了改进，其沼气产生率可达 $3.4m^3/(m^3 \cdot d)$，甲烷含量可达 65%。

b. 上流式厌氧污泥床（UASB）　1974 年由荷兰著名学者 Lettinga 等提出，1977 年在国外投入使用。1983 年北京市环境保护科学研究所与国内其他单位进行了合作研究，并对有关技术指标进行了改进，其对有机污水 COD 的去除率可达 90% 以上。

c. 污泥床滤器（UBF）　是 UASB 和 AF 的结合，具有水力停留时间短、产气率高、对 COD 去除率高等优点。

d. 两段厌氧消化　1971 年由 Ghosh 提出，把沼气发酵过程分为酸化和甲烷化两个阶段，并分别在两个消化器内进行。其特点在于消化器内可滞留大量厌氧活性污泥（具有极好的沉降性能和生物活性），提高了消化器内的负荷和产气率。

e. 升流式污泥床反应器（USR）　是厌氧消化器的一种，具有效率高、工艺简单等优点，目前已常被用于猪、鸡粪废水的处置，其装置产气率可达 $4m^3/(m^3 \cdot d)$，COD 去除率达 80% 以上。

② 好氧处理　好氧生物处理是在有游离氧（分子氧）存在的条件下，利用好氧微生物降解有机物，使其稳定、无害化的处理方法。

好氧生物处理方法又有天然好氧生物处理法和人工好氧生物处理法两类。天然条件下的好氧处理法一般不设人工曝气装置，主要利用自然生态系统的自净能力进行污水的净化，如河流、水库、湖泊等天然水体和土地处理等。人工条件下的好氧生物处理方法采取人工强化措施来净化污水，在生产上常用的有活性污泥法和生物膜法。

a. 活性污泥法（又称生物曝气法）　是在污水中加入活性污泥并通入空气进行曝气，使其中的有机物被活性污泥吸附、氧化和分解，达到净化的目的。活性污泥由细菌、原生动物及一些无机物和尚未完全分解的有机物所组成。当通入空气后，好气微生物大量繁殖，其中以细菌含量最多，许多细菌及其分泌物的胶体物质和悬浮物黏附在一起，形成具有很强吸附和氧化分解能力的絮状菌胶团，所以，在污水中投入这种活性污泥，即可使得水净化。

活性污泥法的一般流程是：污水进入曝气池，与回流污泥混合，靠设在池中的叶轮旋转、翻动，使空气中的氧进入水中，进行曝气，有机物即被活性污泥吸附和氧化分解。从曝气池流出的污水与活性污泥的混合液，再进入沉淀池，在此进行泥水分离，排出被

图 5-17　曝气系统

净化的水，而沉淀下来的活性污泥一部分回流入曝气池，剩余的部分则再进行脱水、浓缩、消化等无害化处理或厌气处理后利用（图 5-17）。

氧化渠（沟）是一种简易污水处理设施。在狭长的渠（或沟）中设置一曝气转筒。曝气转筒两端固定，顺水流方向转动，渠中曝气作用在转筒附近发生，其筒旋转使污水和渠内活性污泥混合，从而使污水净化。

b. 生物过滤法（又称生物膜法） 它是使污水流过一层表面充满生物膜的滤料，依靠生物膜上大量微生物的作用，并在氧气充足的条件下，氧化污水中的有机物。

普通生物滤池：生物滤池内设有用碎石、炉渣、焦炭或轻质塑料板、蜂窝纸等构成的滤料层，污水由上方进入，被滤料截留其中的是悬浮物和胶体物质，使微生物大量繁殖，逐渐形成由菌胶团、真菌菌丝和部分原生动物组成的生物膜。生物膜大量吸附污水中的有机物，并在通气良好的条件下进行氧化分解，达到净化的目的。

生物滤塔：滤塔（图 5-18、图 5-19）分层设置盛有滤料的格栅，污水在滤料表面形成生物膜，因塔身高，使污水与生物膜接触的时间增长，更有利于生物膜对有机物质的氧化分解。猪场污水经处理后，其 COD 从 $5300 \sim 3.25 \times 10^4$ mg/L 降为 $900 \sim 1400$ mg/L，SS 从 $1.5 \times 10^4 \sim 4.7 \times 10^4$ mg/L 降为 $400 \sim 500$ mg/L。所以生物滤塔具有效率高、占地少、造价低的优点。

图 5-18 卧式生物滤塔　　　　　　　　图 5-19 立式生物滤塔

生物转盘：由装在水平轴上的许多圆盘和氧化池（沟）组成（图 5-20），圆盘一半浸没在污水中，微生物即在盘表面形成生物膜，当圆盘缓慢转动时（$0.8 \sim 3.0$ r/min），生物膜交替接触空气和污水，于是污水中的有机物不断被微生物氧化分解。生物转盘可使 BOD_5 除去率达 90%。经处理后的污水，还需进行消毒，杀灭水中的病原微生物，才能安全利用。

图 5-20 生物转盘

（4）自然处理法 自然生物处理法就是利用天然的水体和土壤中的微生物来净化废水的方法，主要有水体净化法和土壤净化法两类。属于前者的有氧化塘（好氧塘、兼性塘、厌氧塘）和养殖塘；属于后者的有土地处理（慢速渗滤、快速渗滤、地面漫流）和人工湿地等。

北京师范大学环境科学研究所代利明、刘红等教授已将人工湿地技术用于畜禽养殖场粪污处理工程。

该方法的投资少、运行费用低，但其缺点是占地面积大、净化效率相对低。因此在有可利用的废弃的沟塘时，可考虑用此法。

3. 畜禽尸体的处理与利用

畜禽尸体含有较多的病原微生物，也容易分解腐败，散发恶臭，污染环境。特别是发生传染病的病死畜禽的尸体，若处理不善，其病原微生物会污染大气、水源和土壤，造成疾病的传播与蔓延。因此，必须及时地无害化处理病死畜禽尸体，坚决不能图私利而出售。

（1）焚烧法　焚烧是一种较完善的方法，但不能利用产品，且成本高，故不常用。但对一些带有对人、畜健康有极为严重的危害的传染病的病畜尸体，仍有必要采用此法。焚烧时，先在地上挖一十字形沟（沟长约 2.6m，宽 0.6m，深 0.5m），在沟的底部放木柴和干草作引火用，于十字沟交叉处铺上横木，其上放置畜尸，畜尸四周用木柴围上，然后洒上煤油焚烧，尸体烧成黑炭为止。也可用专门的焚烧炉焚烧。

（2）高温处理法　此法是将畜禽尸体放入特制的高温锅（温度达 150℃）内或有盖的大铁锅内熬煮，达到彻底消毒的目的。鸡场也可用普通大锅，经 100℃ 以上的高温熬煮处理。此法可保留一部分有价值的产品，但要注意熬煮的温度和时间，必须达到消毒的要求。

（3）土埋法　是利用土壤的自净作用使畜禽尸体无害化。此法虽简单但不理想，因其无害化过程缓慢，某些病原微生物能长期生存，从而污染土壤和地下水，并会造成二次污染，所以不是最彻底的无害化处理方法。采用土埋法，必须遵守卫生要求，埋尸坑远离畜舍、放牧地、居民点和水源，地势高燥，尸体掩埋深度不小于 2m。掩埋前在坑底铺上 2～5cm 厚的石灰，尸体投入后，再撒上石灰或洒上消毒药剂，埋尸坑四周最好设栅栏并做上标记。

（4）发酵法　将尸体抛入尸坑内，利用生物热的方法进行发酵，从而起到消毒灭菌的作用。尸坑一般为井式，深达 9～10m，直径 2～3m，坑口有一个木盖，坑口高出地面 30cm 左右。将尸体投入坑内，堆到距坑口 1.5m 处，盖封木盖，经 3～5 个月发酵处理后，尸体即可完全腐败分解。

在处理畜尸时，不论采用哪种方法，都必须将病畜的排泄物、各种废弃物等一并进行处理，以免造成环境污染。

4. 垫草、垃圾的处理

畜牧场废弃垫草及场内生活和各项生产过程产生的垃圾除和粪便一起用于产生沼气外，还可在场内下风处选一地点焚烧，焚烧后的灰用土覆盖，发酵后可变为肥料。

四、畜牧场其他环境管理

（一）消除恶臭

恶臭是存在于空气中能刺激嗅觉器官的臭气的总称。产生恶臭的原因很多，未经处理或处理不当的畜禽粪尿、污水、垃圾等是畜牧场恶臭的主要来源。恶臭不仅影响人畜健康，而且严重污染周围环境。消除畜舍和畜牧场的恶臭，应采取以下综合性措施。

1. 重视畜粪、污水的处理与利用

及时处理粪便，减少粪便储存时间；在储粪场和污水池搭建遮雨棚，粪便储存场地势应高出周围地面 30cm，以防止积水浸泡粪便或粪便淋洗流失；在粪堆表面覆盖草泥、锯末、稻草、塑料薄膜，以减少粪便分解产生的臭气挥发；在粪便中搅拌吸附性强的材料如锯末、稻草等，可有效减少臭气的产生；在干燥粪便过程中，可将臭气用风机抽出经专门管道输送到脱臭槽或使臭气通过浸湿的吸附性强的材料层脱臭；在粪便中加入适量的除臭剂，可有效减少臭气产生。

正确而及时地处理畜尸，进行场区绿化，利用植物吸收恶臭。

2. 采取营养措施，减少臭气产生

① 选择营养物质含量高、易消化的饲料配制日粮，可提高畜禽日粮养分的消化吸收率，减少臭气的产生。

② 在满足动物生长发育、繁殖和生产需要的前提下，尽量减少日粮中富余蛋白质含量，以减少粪便含氮化合物数量和臭气产生量。以理想蛋白质体系代替粗蛋白质体系配制日粮，可减少粪便蛋白质含量。适当降低日粮蛋白质含量和添加必需的氨基酸，既可不降低动物生产力，又可减少粪便臭气的产生量。

③ 适当控制畜禽日粮粗纤维的含量。许多实验证明，日粮粗纤维含量每增加 1%，有机物消化率就降低 1.5%，畜禽为满足营养需要，就必然要增加采食量和粪便排泄量。

④ 科学使用饲料添加剂。活菌制剂中的微生物（细菌、霉菌、酵母等）参与和改变粪便的分解途径，减少臭气产生。其他添加剂可提高日粮利用率，减少氮、磷、硫等元素的排泄量。

3. 使用除臭剂

使用除臭剂是除恶臭比较有效的方法。常用的畜用除臭剂有以下几种。

(1) 丝兰提取物　是从丝兰属植物中提取的具有除臭作用的物质。具有使用方便、添加量少、除臭效果好等特点。可以添加在饲料中，也可以制成液体，直接投放到畜舍地面或粪池中。该提取物 1978 年就已在养猪场应用。用丝兰提取物进行除臭试验表明，开始时氨的浓度为 $40mg/m^3$，使用丝兰提取物 3 周后降到 $30mg/m^3$，6 周后降到 $6mg/m^3$。丝兰提取物不仅能除臭，还能提高肥育猪、肉牛等的增重速度和饲料转化率。

(2) 沸石等硅酸盐矿石　沸石具有吸附铵离子、抑制氨挥发、又能吸附大量水分的特性，添加到饲料中，或撒在粪便及畜舍地面上，或饲喂用沸石做载体的矿物质添加剂，都可收到降低舍内湿度和除臭的效果。因此，沸石在集约化养殖和北方冬季的养殖中，是很有实用价值的干燥剂和除臭剂。

与沸石具有类似结构的其他硅酸盐，如膨润土、海泡石、凹凸棒石、硅藻土等，也可用作畜牧场除臭。

(3) 绿矾　又名七水硫酸亚铁，可抑制粪便的发酵与分解，使其不再散发恶臭。用法是先将硫酸亚铁压碎成粉状，撒在承粪板或粪池中，粪便接触到硫酸亚铁后，硫酸亚铁遇水溶解，使粪池变成酸性，粪便不再发酵和分解，从而不再产生臭气。

(4) EM 制剂　是一种由光合菌、放线菌、酵母菌和乳酸菌等 80 多种微生物复合培养而成的有效微生物群。EM 制剂不仅能增重、防病、改善畜产品品质，而且有除臭效果。在猪、鸡饲料中加入 EM 制剂，舍内的氨气浓度下降，臭味降低。据北京市环境监测中心对 EM 制剂除臭效果进行测试的结果，在猪饲料中使用了 EM 制剂一个月后，恶臭浓度下降了 97%。

国外用自然沸石和硫酸亚铁混合除臭，效果更好，硫酸亚铁可抑制粪便发酵与分解，而沸石具有吸水、吸氨特性，从而达到良好的除臭效果。实践证明，将沸石、煤灰和硫酸亚铁以 1:1:2 混合，不仅除臭效果更好，还能提高生产性能。此外，微胶囊化微生物和酶也可除臭，前者能产生一种分解蛋白质和淀粉的酶，使需氧微生物把有机物转化成无味的二氧化碳和水；后者能提高粪池内微生物活性，如纤维素酶能向微生物提供能量，从而加快粪尿的消化分解，达到除臭目的。

（二）灭鼠灭虫

鼠、蚊、蝇等是畜牧场生产中常见的虫害，鼠类不但在畜牧场内偷食饲料、破坏建筑物和场内设施，而且能传播疾病。蚊和蝇等的最大危害是传播病原，它们对家畜健康危害甚大。

1. 防治鼠害

（1）建筑防鼠　建筑防鼠是指采取措施，防止鼠类进入建筑物内。当畜舍的基础不坚实或封闭不严密时，鼠类常常通过挖洞或从门窗、墙基、天棚、屋顶等处咬洞窜入室内。因此，要求畜舍的基础要坚固，以混凝土砂浆填满缝隙并埋入地下 1m 左右；舍内铺设混凝土地面；门窗和通风管道周边不留缝隙，通风管口、排水口设铁栅等防鼠设施；屋顶用混凝土抹缝，烟囱应高出屋顶 1m 以上，墙基最好用水泥制成，用碎石和砖砌墙基，应用砂浆抹缝。墙面应平直光滑，以防鼠沿粗糙墙面攀登。砌缝不严的空心墙体，易使鼠藏匿营巢，要填补抹平。为防止鼠类爬上屋顶，可将墙角处做成圆弧形。墙体上部与天棚衔接处应砌实，不留空隙。瓦顶房屋应缩小瓦缝和瓦、橼间的空隙并填实。用砖、石铺设的地面和畜床，应衔接紧密并用水泥灰浆填缝。各种管道周围要用水泥填平。通气孔、地脚窗、排水沟（粪尿沟）出口均应安装孔径小于 1cm 的铁丝网，以防鼠窜入。

（2）器械灭鼠　器械灭鼠是畜牧场常用的捕鼠方法。常用器械有鼠夹、鼠笼、粘鼠板等，目前还有较为先进的电子捕鼠器。

器械捕鼠的优点是无毒害、对人畜安全，结构简单，使用方便，费用低而捕鼠效率高。

（3）化学药物灭鼠　使用化学灭鼠剂（毒饵）毒杀鼠类。

化学灭鼠效率高、使用方便、成本低、见效快，缺点是能引起人、畜中毒，既有初次毒性（如误食毒饵），又有二次毒性（即吃了已中毒的老鼠而中毒）。有些鼠对药剂有选择性、拒食性和耐药性。

（4）中草药灭鼠　采用中草药灭鼠，可就地取材，成本低，使用方便，不污染环境，对人畜较安全。但含有效成分低，杂质多，适口性较差。常用灭鼠中草药有山管兰、天南星、狼毒等。

（5）灭鼠注意事项　畜牧场的鼠类活动以孵化室、饲料库、畜舍和加工车间最多，这些部位是防除鼠害的重点。饲料库可用熏蒸剂毒杀。畜舍在投喂饲料时应尽量做到勤添不过量，并定时清扫。机械化养禽场，因实行笼养，只要防止毒饵混入饲料中，即可采用一般方法使用毒饵。在采用全进全出制的生产工艺时，可在舍内空舍消毒时进行灭鼠。为防止有些猪吃死鼠，养猪场灭鼠时可先进行并圈，空出鼠患严重的圈舍投放毒饵，以后轮番逐圈处理。鼠尸应及时清除，以防被人、畜误食而发生二次中毒。投放毒饵时，应对家畜进行适当隔离，待家畜外出放牧或运动时，在圈中投放，归圈前撤除以保家畜安全。毒饵的配制，可根据实际情况，选用鼠长期吃惯了的食物作饵料，并突然投放，以假乱真，以毒代好，可收到良好的效果。

2. 防治害虫

畜牧场粪便和污水等废弃物极适于蚊、蝇等有害昆虫的孳生，如不妥善处理则可成为其繁殖孳生的良好场所。防治畜牧场害虫，可采取以下措施：

（1）环境灭虫　搞好畜牧场环境卫生，保持环境清洁和干燥是环境防除害虫的重要措施。

蚊虫需在水中产卵、孵化和发育，蝇蛆也需在潮湿的环境及粪便废弃物中生长。因此，进行环境改造，清除孳生场所是简单易行的方法，抓好这一环节，辅以其他方法，能取得良好的防除效果。

填平无用的污水池、土坑、水沟和洼地是永久性消灭蚊蝇孳生的好办法。保持排水系统畅通，对阴沟、沟渠等定期疏通，勿使污水潴积。对储水池等容器加盖，以防蚊蝇飞入产卵。对不能清除或加盖的防火储水器，在蚊蝇孳生季节，应定期换水。永久性水体（如鱼塘、池塘等），蚊虫多孳生在水浅而有植被的边缘区域，修整边岸，加大坡度和填充浅湾，能有效地防止蚊虫孳生。

经常清扫环境，不留卫生死角，及时清除家畜粪便、污水，避免在场内及周围积水，保持畜牧场环境干燥、清洁。排污管道应采用暗沟，粪水池应尽可能加盖。

采用腐熟堆肥和生产沼气等方法对粪便污水进行无害化处理，铲除蚊蝇孳生的环境条件。

（2）药物灭虫　指使用天然或合成的毒物，以不同的剂型（粉剂、乳剂、油剂、水悬剂、颗粒剂、缓释剂等），通过各种途径（胃毒、触杀、熏杀、内吸等），毒杀或驱逐蚊蝇等害虫的过程。

化学杀虫剂在使用上虽存在抗药性、污染环境等问题，但它们具有使用方便、见效快、并可大量生产等优点，因而仍是当前防除蚊蝇的重要手段。定期用杀虫剂杀灭畜舍、畜体及周围环境的害虫，可以有效抑制害虫繁衍孳生。应优先选用低毒高效的杀虫剂，避免或尽量减少杀虫剂对家畜健康和生态环境的不良影响。常用的杀虫剂有：菊酯类杀虫剂、昆虫激素、马拉硫磷。

（3）生物防除　利用有害昆虫的天敌灭虫。例如可以结合畜牧场污水处理，利用池塘养鱼，鱼类能吞食水中的孑孓和幼虫，具有防治蚊子孳生的作用。另外蛙类、蝙蝠、蜻蜓等均为蚊、蝇等有害昆虫的天敌。此外，应用细菌制剂——内菌素杀灭血吸虫的幼虫，效果良好。

（4）物理防除　可使用电灭蝇灯杀灭苍蝇蚊子等有害昆虫。这种灭蝇灯是利用昆虫的趋光性，发出荧光引诱苍蝇等昆虫落在围绕在灯管周围的高压电网上，用电击杀灭蚊蝇。

（三）绿化环境

环境绿化可以明显改善场区小气候状况、净化空气、防疫防火和降低噪声。

1. 畜牧场绿化带的种类及特点

（1）场界绿化带　在畜牧场场界周边以高大的乔木或乔、灌木混合组成林带。该林带一般由2~4行乔木组成。场界绿化带的树种以高大挺拔、枝叶茂密的杨、柳、榆树或常绿针叶树木等为宜。

（2）场内隔离林带　在畜牧场各功能区之间或不同单元之间，可以用乔木和灌木混合组成隔离林带，防止人员、车辆及动物随意穿行，以防止病原体的传播。这种林带一般中间种植1~2行乔木，两侧种植灌木，宽度以3~5m为宜。

（3）道路两旁林带　位于场内外道路两旁，一般由1~2行树木组成。树种应选择树冠整齐美观、枝叶开阔的乔木或亚乔木，例如槐树、松树、杏树等。

（4）运动场遮荫林带　位于运动场四周，一般由1~2行树木组成。树种应选择树冠高大、枝叶茂盛、开阔的乔木。

（5）草地绿化　畜牧场不应有裸露地面，除植树绿化外，还应种草、种花。

2. 绿化植物的选择

我国地域辽阔，自然环境条件差异很大，花草树木种类多种多样，可供环境绿化的树种除要求适应当地的水土光热环境以外，还需要具有抗污染、吸收有害气体等功能。

（1）树种　洋槐树、法国梧桐、小叶白杨、毛白杨、加拿大白杨、钻天杨、旱柳、垂柳、榆树、木举、朴树、泡桐、红杏、臭椿、合欢、刺槐、油松、桧柏、侧柏、雪松、樟树、大叶黄杨、榕树、桉树、银杏树、樱花树、桃树、柿子树等。

（2）绿篱植物 常绿绿篱可用桧柏、侧柏、杜松、小叶黄杨等；落叶绿篱可用榆树、鼠李、水腊、紫穗槐等；花篱可用连翘、太平花、榆叶梅、珍珠梅、丁香、锦带花、忍冬等；刺篱可用黄刺梅、红玫瑰、野蔷薇、花椒、山楂等；蔓篱则可选用地锦、金银花、蔓生蔷薇和葡萄等。

绿篱植物生长快，要经常整形，一般高度以 100～120cm、宽度以 50～100cm 为宜。

无论何种形式都要保证基部通风和足够的光照。

（3）牧草 紫花苜蓿、红三叶、白三叶、黑麦草、无芒雀麦、狗尾草、羊茅、苏丹草、百脉根、草地早熟禾、燕麦草、垂穗披碱草、串叶松香草等。

（四）预防疾病的卫生管理措施

畜牧场环境卫生状况与畜禽疾病的发生率和畜牧场生产效益密切相关，环境卫生状况差，易导致疾病流行，增大疫病防治费用和生产成本。

为了确保畜牧场生产安全，减少疾病发生，应从多方面做好畜牧场的环境卫生管理。

1. 建立完善的防疫机构和制度

按照卫生防疫的要求，根据畜牧场实际，制定完善的畜牧场卫生防疫制度，建立健全包括家畜日常管理、环境清洁消毒、废弃物及病畜和死畜处理以及计划免疫等在内的各项规章制度。建立专职环境卫生监督管理与疫病防治队伍，确保严格执行畜牧场各项卫生管理制度。

2. 做好各项卫生管理工作

（1）确保畜禽生产环境卫生状况良好 畜舍应及时清扫、洗刷；应及时清除粪便和排出污水；应加强通风换气，保持良好的空气卫生状况；应保证地面、墙壁、舍内设施及用具的清洁卫生；确保人畜饮水卫生；应定期对畜牧场环境、畜舍及用具进行消毒；应对粪便和污水进行无害化处理；妥善处理畜禽尸体及其他废弃物，防止疾病传播。

（2）防止人员和车辆流动传播疾病 畜牧场应谢绝外来人员参观，尽量减少外来人员进入生产区；必须进入畜牧场的外来人员只有按照畜牧场卫生防疫要求，经严格消毒、换衣换帽后才可进入生产区。场内工作人员必须严格遵守各项卫生工作制度，每次进入生产区前，必须在生产区更衣室更换消毒过的专用工作衣、帽、鞋，经过消毒后才可进入生产区。工作人员进入畜舍前应再次更换经消毒过的工作服、帽和鞋。工作人员在上班期间不可串岗、串舍。工作人员必须进入其他生产小区或畜舍时，来去均需消毒。场内领导和技术人员因工作需要需进入各生产小区时，应按幼小畜禽、种畜、生产群的顺序进行，并应在进入各小区或畜舍前更衣、消毒。生产区内专用的工作服应严禁穿、带出区外。进入生产区的各类人员均不可将与生产无关的物品，尤其是各类动物性食品带入生产区。

（3）严防饲料霉变或掺入有毒有害物质 应认真做好饲料质量监控工作，确保饲料质量安全、可靠，符合卫生标准。应严格检验饲料原料，防止被农药、工业三废和病原微生物等污染的原料以及有毒原料和霉变原料进入生产过程；应做好饲料的储藏和运输工作，确保饲料不发生霉变和不混入有毒有害物质。

（4）做好畜禽防寒防暑工作 环境过冷或过热，都可对畜禽健康产生危害，直接或间接诱发多种疾病。做好畜舍冬季防寒工作和夏季防暑工作，对于提高动物机体抵抗力，减少疾病发生具有重要意义。

3. 加强卫生防疫工作

（1）做好计划免疫工作 免疫是预防家畜传染病最为有效的途径。各畜牧场应根据本地区畜禽疾病的发生情况、疫苗的供应条件、气候条件及其他有关因素和畜群抗体检测结果，制定本场畜群免疫接种程序，并按计划及时接种疫苗进行免疫，以减少传染病的发生。

（2）严格消毒 按照卫生管理制度，严格执行各种消毒措施。为了便于防疫和切断疾病传播途径，畜牧场应尽量采用"全进全出"的生产工艺，即同一栋畜舍畜禽同期进场，同期出栏。出栏后对畜舍、用具、场地等进行全面的清洁和彻底消毒，并经过一定的闲置期后，再接纳下一批畜禽。一般闲置期至少为2周以上。

（3）隔离 对畜牧场内出现的病畜，尤其是确诊为患传染性疾病或不能排除患传染病可能的病畜应及时隔离，进行治疗或按兽医卫生要求及时妥善处理。由场外引入的畜禽，应首先隔离饲养，隔离期一般为2～3周，经检疫确定健康无病后方可进入畜舍。

（4）检疫 对于引进的畜禽，必须进行严格的检疫，只有确定无疾病和不携带病原后，才可进入畜牧场；对于要出售的动物及动物性产品，也须进行严格检疫，杜绝疫病扩散。

五、生态养殖模式的推广

生态养殖是指在一定的土地面积上（如一亩田、一口塘、一块耕地、一个庭院等），以生态学理论为依据，以提高单位面积的生物产量和经济效益、生态环境效益为主要目的，以养殖业为核心的多物种共栖，多层次结构和多级物质循环利用的综合性技术。

20世纪80年代以来，我国生态养殖技术发展迅速，出现了一大批牧业生态县、生态村及生态养殖场，也总结出了几种具有代表性的生态养殖模式。大力推广生态养殖模式，有利于畜牧场的环境卫生建设，改善畜禽生存状态。

（一）北方"四位一体"能源生态模式

"四位一体"能源生态模式，系典型的农村沼气能源生态模式之一，由农业部科教司2002年10月推出。它是在农户庭院或田园内建日光温室，在温室的一端地下建沼气池，沼气池上建猪舍和厕所，温室内种植蔬菜或水果。该模式使沼气池、保护地栽培大棚蔬菜、日光温室养猪及厕所等四个因子，合理配置，形成了以太阳能、沼气为能源，以人畜粪尿为肥源，种植业（蔬菜）、养殖业（猪、鸡）相结合的复合农业生态工程（图5-21）。根据辽宁省推广应用"四位一体"农业生态工程的实践证明，它具有明显的经济效益、生态效益与社会效益。

图 5-21 北方"四位一体"能源生态模式示意图

（二）南方"猪-沼-果"能源生态模式

"猪-沼-果"能源生态模式，是根据我国南方地区气候特点，以农户为基本单元，利用房前屋后的山地、水面、庭院等场地，主要建设畜禽舍、沼气池和果园等几部分，同时使沼气池的建设与畜禽舍和厕所三结合，构成"养殖-沼气-种植"三位一体庭院经济格局（图5-22），形成生态良性循环，增加农民收入。

图 5-22　南方"猪-沼-果"能源生态模式示意图

宁波市鄞州区五乡镇联合村史洪启牧场，年出栏生猪 3000 头，采用"猪-沼-果（柑橘）"模式处理猪场污水，以建造沼气池为纽带，把猪场污水通过沼气池的处理变成沼液，通过安装排灌系统到橘园，作为橘树的日常用肥，实行沼液零排放，使牧场污水变废为宝。沼气池产生的沼气用于牧场日常生活用气，及猪舍保温、照明等，真正做到资源综合利用，一举多得。

（三）"五配套"能源生态模式

"五配套"能源生态农业模式是解决西北干旱地区用水，促进农业持续发展，提高农民收入的重要模式。其主要内容是，户建一个沼气池、一个果园、一个暖圈（猪舍）、一个蓄水窖和一个看营房。以农户庭院为中心，以节水农业、设施农业与沼气池和太阳能的综合利用作为解决当地农业生产、农业用水和日常生活所需能源的主要途径，并以发展农户房前屋后的园地为重点，以塑料大棚和日光温室等为手段，来增加农民经济收入，实现脱贫致富奔小康。该模式形成了农、牧、沼、果配套发展的良性循环体系，以牧促沼，以沼促果、果牧结合，其运行机制如图 5-23 所示。

图 5-23　"五配套"模式运行机制图

图 5-24　"四级净化，五步利用"模式简图

以一个 5 亩左右的果园为基本生产单元为例，在果园或农户住宅前后配套一口 8～10m³ 的水窖，一座 10～20m² 的猪舍或禽舍（4～6 头猪，20～40 只鸡），一种节水保墒措施（渗灌或秸秆覆盖），一幢 10～15m² 的简易看护房。这其中，沼气是核心，起着联结种植与养殖、生活与生产的纽带作用；水窖除供人、畜、沼气池用水外，还可弥补果园渗灌、穴灌用水；养猪、养鸡实现了以牧促沼、以沼促果、果牧结合；节水保墒措施是多蓄、少耗、巧用水的有效办法。据陕西省的调查统计，推广使用"五配套"模式技术以后，可使农户从每公

顷的果园中获得增收节支 3 万元左右的效益。

（四）"四级净化，五步利用"生态模式

辽宁盘锦西安生态养殖场，对猪粪便经过"四级净化，五步利用"（图 5-24），既实现了无污染清洁生产，又提高了经济效益。

该生态养殖场在猪舍附近建成了面积各为 16668m²，深约 0.5～1.0m 的水葫芦和细绿萍水生生物处理塘。同时建有面积约 26668m² 的养鱼池和 266680m² 的水稻田，构成一个简单可行的污染物生物生态处理循环体系。

1. 一级净化，一步利用

猪舍用井水洗刷后，粪尿水从地沟排出，其中部分固体粪便捞出作为鱼的饵料，粪尿水则进入水葫芦池。水葫芦是喜氮植物，具有较强的净化污水功能。水葫芦吸收污水中大量的有效态氮，供自身生长，然后可作为青饲料或青贮料喂猪，节省了饲料成本。猪粪水在水葫芦池里大约停留 7d，其末端有泵将一级净化粪水泵入细绿萍池进行二级净化。

2. 二级净化，二步利用

细绿萍自身能固氮，主要吸收利用剩余的磷、钾等营养元素，促进其自身大量繁殖生长。细绿萍营养丰富，是猪和鱼的很好的青饲料。粪尿污水在细绿萍池又经过 7d 时间的有效净化和吸收，有的悬浮物沉淀，有的被分解转化。

3. 三级净化，三步利用

经过二级净化的污水达到渔业用水标准时，放入养鱼池，这时水中的氮磷成分已经基本耗竭，SS 及 COD 也都达到灌溉水质标准，主要含有大量与细绿萍共生的浮游动物，成为鱼、蚌的天然饲料。

4. 四级净化，四步利用

污水水质最后达到农田灌溉水质标准时将处理后的污水引入农田灌溉稻田使用。低浓度的氮、磷、钾等营养元素供作物生长吸收利用，进一步降低污染，实现污染物质的再生利用。

5. 五步利用

灌入稻田肥水，经过沉降、曝气，水体清澈，当水稻排水时，使之流回猪舍，再作冲洗粪尿的水。

五步利用技术的核心是将污水中有效的营养成分进行转化和利用，实现污水的废物资源化，同时也满足了环境生态的无害化要求，保护了周边环境，实现了经济利益、环境生态利益和社会效益的协调统一。经测定，污水经过四级净化后，COD、BOD 的净化率均达到 87.7% 以上，有效氮和速效磷的去除率超过了 56%。总体处理效果优于同面积的生物氧化塘处理水平。

此模式由于占地面积大、处理周期长，加之在北方，所以在冬季受温度的限制比较明显。

> **工作页**

子任务 5-3　畜牧场环境保护资讯单　见《学生实践技能训练工作手册》。
子任务 5-3　畜牧场环境保护记录单　见《学生实践技能训练工作手册》。
子任务 5-3　畜牧场环境保护考核单　见《学生实践技能训练工作手册》。

附 录

附录一 畜禽场环境污染控制技术规范

（NY/T 1169—2006，2006-07-10 发布，2006-10-01 实施）

1 范围

本标准规定了畜禽场选址、场区布局、污染治理设施以及控制畜禽场恶臭污染、粪便污染、污水污染、病原微生物污染、药物污染、畜禽尸体污染等的基本技术要求和畜禽场环境污染监测控制技术。

本标准适用于目前正在运行生产的畜禽场和新建、改建、扩建畜禽场的环境污染控制。

2 引用标准

下列文件中的条款通过本标准的引用而成为本标准的条款。凡是注日期的引用文件，其随后所有的修改单（不包括勘误的内容）或修订版均不适用于本标准，然而，鼓励根据本标准达成协议的各方研究是否可使用这些文件的最新版本。凡是不注日期的引用文件，其最新版本适用于本标准。

GB 5084　农田灌溉水质标准　　　GB 7959　粪便无害化卫生标准

GB 13078　饲料卫生标准　　　　　GB 18596　畜禽养殖业污染物排放标准

GB/T 19525.2　畜禽场环境质量评价准则

农业部文件农牧发〔2002〕1号《食品动物禁用的兽药及其它化合物清单》

农业部公告〔2002〕第176号《禁止在饲料和动物饮水中使用的药物品种目录》

3 术语和定义

下列术语和定义适用于本标准。

3.1 畜禽场 按养殖规模，本标准规定：鸡5000只，母猪存栏≥75头，牛≥25头为畜禽场，该场应设置有舍区、场区和缓冲区。

3.2 环境污染 是指人类活动使环境要素或其状态发生变化，环境质量恶化，扰乱和破坏了生态系统的动态平衡和人类的正常生活条件的现象。本规范所指环境污染是以畜禽活动为主体所造成的污染即畜禽场环境污染，主要包括恶臭污染、粪便污染、污水污染、病原微生物污染、药物污染、畜禽尸体污染等。

3.3 恶臭污染物 指一切刺激嗅觉器官，引起人们不愉快及损害生活环境的气体物质。

3.4 环境质量评价 指依照一定的评价标准和评价方法对一定区域范围内的环境质量进行说明和评定。

3.5 环境影响评价 狭义地说是建设项目可行性研究工作的重要组成部分，是对特定建设项目预测其未来的环境影响，同时提出防治对策，为决策部门提供科学依据，为设计部门提供优化设计的建议。广义地讲是指人类进行某项重大活动（包括开发建设、规划、计划、政策、立法）之前，采用评价手段预测该项活动可能给环境带来的影响。

4 畜禽场环境污染控制技术要求

4.1 选址、布局要求

4.1.1 按照国标GB/T 19525.2对畜禽场环境质量进行评价，正确选址、合理布局。

4.1.2 按建设项目环境保护法律、法规的规定，进行环境影响评价，实施"三同时"制度。

4.2 污染治理设施的要求

已建、新建、改建及扩建畜禽场的排水、通风、粪便堆场和污水贮水池、绿化等满足如下要求，不符合要求者应予以改造。

4.2.1 畜禽场排水 畜舍地面应向排水沟方向做1%～3%的倾斜；排水沟沟底须有2‰～5‰的坡度，且每隔一定距离设一深0.5m的沉淀坑，保持排水通畅。

4.2.2 畜舍通风 根据畜禽舍内的养殖品种、养殖数量，配备适当的通风设施，使风速满足畜禽对风速的要求。

4.2.3 粪便堆场和污水贮水池 粪便堆场和污水贮水池应设在畜禽场生产及生活管理区常年主导风向的下风向或侧风向处，距离各类功能地表水源不得小于 400m，同时采取搭棚遮雨和水泥硬化等防渗漏措施。粪便堆场的地面应高出周围地面至少 30cm。

实行种养结合的畜禽场，其粪便存储设施的总容积不得低于当地农林作物生产用肥的最大间隔时间内本畜禽场所产生粪便的总量。

4.2.4 绿化要求 在畜禽场周围和场区空闲地种植环保型树、花、草，绿化环境、净化空气，改善畜禽舍小气候，加强防疫，家畜养殖场场区绿化覆盖率达到 30%，并在场外缓冲区建 5~10m 的环境绿化带。

4.3 恶臭污染控制

4.3.1 采用配合饲料，调整饲料中氨基酸等各种营养成分的平衡，提高饲料养分的利用效率，减少粪尿中氨氮化合物、含硫化合物等恶臭气体的产生和排放；合理调整日粮中粗纤维的水平，控制吲哚和粪臭素的产生。

4.3.2 提倡在饲料中添加使用微生物制剂、酶制剂和植物提取液等活性物质以减少粪便恶臭气体的产生。

4.3.3 畜舍内的粪便、污物和污水及时清除和处理，以减少粪尿存储过程中恶臭气体的产生和排放。

4.3.4 在畜禽粪便中添加沸石粉、丝兰属植物提取物等，达到除臭和抑制恶臭的扩散的目的。

4.3.5 畜禽场根据实际情况可适当增加垫料厚度，也可在垫料中选择添加沸石粉、丝兰属植物等材料达到除臭效果。

4.4 粪便污染控制

4.4.1 已建、新建、改建以及扩建的畜禽场必须同步建设相应的粪便处理设施。

4.4.2 采用种养结合的畜禽场，粪便还田前必须经过无害化处理，按照土壤质地以及种植作物的种类确定施肥数量。

4.4.3 施入农田后粪便应立即混合到土壤内，裸露时间不得超过 12h，不得在冻土或冰雪覆盖的土地上施粪。

4.4.4 提倡干清粪工艺收集粪便，减少污水量。实现清污分流，雨污分流，减少污水处理量。

4.4.5 对于没有足够土地消纳粪便的畜禽场，可根据本场的实际情况采用堆肥发酵、沼气发酵、粪便脱水干燥等方法对粪便进行处理。

4.5 污水污染控制

4.5.1 采用种养结合的畜禽场，可将污水无害化处理后用于农田灌溉，实现污水的循环利用，灌溉用水水质应达到 GB 5084 的要求。

4.5.2 对没有足够土地消纳污水的畜禽场，可根据当地实际情况选用下列综合利用措施：

4.5.2.1 经过生物发酵后，浓缩制成商品液体有机肥料。

4.5.2.2 进行沼气发酵，对沼渣、沼液实现农业综合利用，避免二次污染。沼渣及时运至粪便储存场所，沼液尽量还田利用。

4.5.3 污水的处理提倡采用自然、生物处理的方法。经过处理的污水若排放到周围地表则应达到 GB 18596 要求。

4.5.4 污水运送方式

管道运送：定期检查、维修管道，避免出现跑、冒、滴、漏现象。

车辆运送：必须采用封闭运送车，避免运输过程中洒、漏。

4.5.5 污水的消毒

使用次氯酸钠消毒时其"余氯"灌溉旱作时应小于 1.5mg/L，灌溉蔬菜时应小于 1.0mg/L。

4.6 病原微生物污染控制

4.6.1 对畜禽粪尿中以及病死畜体中的病原微生物进行处理应分别达到 GB 7959 和 GB 16548 规定的要求。

4.6.2 饲料中病原微生物污染控制技术

4.6.2.1 不得使用传染病死畜禽或腐烂变质的畜禽、鱼类及其下脚料作为饲料原料。

4.6.2.2 饲料在加工过程中，应通过热处理有效去除病原微生物。

4.6.2.3 饲料贮存库必须通风、阴凉、干燥。防止苍蝇、蟑螂等害虫和鼠、猫、鸟类的侵入。

4.7 药物污染控制

4.7.1 科学合理使用药物

4.7.1.1 饲料卫生符合 GB 13078。

4.7.1.2 饲料和添加剂严格执行《饲料和饲料添加剂管理条例》。

4.7.1.3 执行农业部文件农牧发〔2002〕1号《食品动物禁用的兽药及其它化合物清单》。

4.7.1.4 执行农业部公告〔2002〕第 176 号《禁止在饲料和动物饮水中使用的药物品种目录》。

4.7.2 畜禽粪尿中有毒有害物质污染控制技术

4.7.2.1 当粪尿中有毒物质（重金属等）含量超标时，要进行回收，集中处理。避免由于其累积造成对环境的污染。

4.7.3 选择适用性广泛、杀菌力和稳定性强、不易挥发、不易变质、不易失效且对人畜危害小、不易在畜产品中残留、对畜舍、器具无腐蚀性的消毒剂对场内环境、畜体表面以及设施、器具等进行消毒。

4.8 畜禽尸体污染控制

畜禽尸体严格按照 GB 16548 进行处理，不得随意丢弃，更不许作为商品出售。

4.9 环境监测

4.9.1 对畜禽场舍区、场区、缓冲区的生态环境、空气环境以及水环境和接受畜禽粪便和污水的土壤进行定期监测，对环境质量进行定期评价，以便采取相应的措施控制畜禽场环境污染事件的发生。

4.9.2 对畜禽场排放的污水进行监测，掌握污水中各种污染物的浓度、排放量等，为选取适当工艺、技术、设备对其进行处理提供数据依据。对已有污水处理设施的畜禽场，要对处理后的出水进行定期监测，以对设备的运行情况进行调节，确保出水达到 GB 18596 的要求。

4.9.3 在畜禽场排污口设置国家环境保护总局统一规定的排污口标志。

附录二　畜禽场环境质量及卫生控制规范

（NY/T 1167—2006，2006-07-10 发布，2006-10-01 实施）

1　范围

本标准规定了畜禽场生态环境质量及卫生指标、空气环境质量及卫生标准、土壤环境质量及卫生指标、饮用水质量及卫生指标和相应的畜禽场质量及卫生控制措施。

本标准适用于规模化畜禽场的环境质量管理及环境卫生控制。

2　引用标准

下列文件中的条款通过本标准的引用而成为本标准的条款。凡是注日期的引用文件，其后所有的修改单（不包括勘误的内容）或修订版均不适用于本标准，然而，鼓励根据本标准达成协议的各方研究是否可使用这些文件的最新版本。凡是不注日期的引用文件，其最新版本适用于本标准。

GB 18596　畜禽养殖业污染物排放标准　　GB/T 19525.2　畜禽场环境质量评价准则

NY/T 388　畜禽场环境质量标准　　　　　NY 5027　无公害食品 畜禽饮用水水质标准

3　术语和定义

下列术语和定义适用于本标准。

3.1　畜禽场　按养殖规模，本标准规定：鸡 5000 只，母猪存栏≥75 头，牛≥25 头为畜禽场，该场应设置有舍区、场区和缓冲区。

3.2　舍区　畜禽所处的半封闭的生活区域，即畜禽直接的生活环境区。

3.3　场区　畜禽场围栏或院墙以内、舍区以外的区域。

3.4　缓冲区　在畜禽场外周围，沿场院向外≤500m 范围内的保护区，该区具有保护畜禽场免受外界污染的功能。

3.5　土壤　指畜禽场陆地表面能够生长绿色植物的疏松层。

3.6　恶臭污染物　指一切刺激嗅觉器官，引起人们不愉快及损害生活环境的气体物质。

3.7　环境质量及卫生控制　指为达到环境质量及卫生要求所采取的作业技术和活动。

4　畜禽场场址的选择和场内区域布局

4.1　正确选址　按照国标 GB 19525.2 的要求对畜禽养殖场环境质量和环境影响进行评价，摸清当地环境质量现状以及畜禽养殖场、养殖小区建成后对当地环境质量将产生的影响。

4.2　合理布局　住宅区、生活管理区、生产区、隔离区分开，且依次处于场区常年主导风向的上风向。

5　畜禽场生态环境质量及卫生控制

5.1　畜禽场舍区生态环境质量及卫生指标参见 NY/T 388。

5.2　畜禽场舍区生态环境质量及卫生控制措施

5.2.1　温度、湿度　在建设畜禽饲养场时，必须保证畜禽舍的保温隔热性能，同时合理设计通风和采光设施，可采用天窗或导风管，使畜禽舍温度、湿度满足上述标准的要求，也可采用喷淋与喷雾等方式降温。

5.2.2　风速　畜禽舍采用机械通风或自然通风，通风时保证气流均匀分布，尽量减少通风死角，舍外运动场上设凉棚，使舍内风速满足畜禽场环境质量标准的要求。

5.2.3　照度　安装采光设施或设计天窗，并根据畜种、日龄和生产过程确定合理的光照时间和光照强度。

5.2.4　噪声

5.2.4.1　正确选址，避免外界干扰；

附

录

5.2.4.2 选择、使用性能优良，噪声小的机械设备；

5.2.4.3 在场区、缓冲区植树种草，降低噪声。

5.2.5 细菌、微生物的控制措施

5.2.5.1 正确选址，远离细菌污染源；

5.2.5.2 定时通风换气，破坏细菌生存条件；

5.2.5.3 在畜禽舍门口设置消毒池，工作人员进入畜禽舍时必须穿戴消毒过的工作服、鞋、帽等，并通过装有紫外线灯的通道；

5.2.5.4 对舍区、场区环境定期消毒；

5.2.5.5 在疾病传播时，采用隔离、淘汰病畜禽，并进行应急消毒措施，以控制病原的扩散。

6 畜禽场空气环境质量及卫生控制

6.1 畜禽场空气环境质量及卫生指标参见 NY/T 388。

6.2 畜禽场舍内环境质量及卫生控制措施

6.2.1 舍内氨气、硫化氢、二氧化碳、恶臭的控制措施

6.2.1.1 采取固液分离与干清粪工艺相结合的设施，使粪尿、污水及时排出，减少有害气体产生；

6.2.1.2 采取科学的通风换气方法，保证气流均匀，及时排除舍内的有害气体；

6.2.1.3 在粪便、垫料中添加各种具有吸附功能的添加剂，减少有害气体产生；

6.2.1.4 合理搭配日粮和在饲料中使用添加剂，减少有害气体产生。

6.2.2 舍内总悬浮颗粒物、可吸入颗粒物的控制措施

6.2.2.1 饲料车间、干草车间远离畜舍且处于畜舍的下风向；

6.2.2.2 提倡使用颗粒饲料或者拌湿饲料；

6.2.2.3 禁止带畜干扫畜舍或刷拭畜禽，翻动垫料要轻，减少尘粒的产生；

6.2.2.4 适当进行通风换气，并在通风口设置过滤帘，保证舍内湿度，及时排出、减少颗粒物及有害气体。

6.3 畜禽场场区、缓冲区空气环境质量及卫生控制措施

6.3.1 绿化：在畜禽场的场、缓冲区内种植环保型的树木、花草，减少尘粒的产生，净化空气。家畜养殖场绿化覆盖率应在 30% 以上。

6.3.2 消毒：在场门和舍门处设置消毒池，人员和车辆进入时经过消毒池以杀死病原微生物。对工作人员的衣、帽、鞋等经常性的消毒，对圈舍及设备用具进行定期消毒。

7 畜禽场土壤环境质量及卫生控制

7.1 畜禽场土壤环境质量及卫生指标见附表 2-1。

附表 2-1 畜禽场土壤环境质量及卫生指标

序号	项目	单位	缓冲区	场区	舍区
1	镉	mg/kg	0.3	0.3	0.6
2	砷	mg/kg	30	25	20
3	铜	mg/kg	50	100	100
4	铅	mg/kg	250	300	350
5	铬	mg/kg	250	300	350
6	锌	mg/kg	200	250	300
7	细菌总数	万个/g	1	5	—
8	大肠杆菌	g/L	2	50	—

7.2 畜禽场土壤环境质量及卫生控制措施

7.2.1 土壤中镉、砷、铜、铅、铬、锌的控制措施

7.2.1.1 正确选址，使土壤背景值满足畜禽场土壤环境质量标准的要求；

7.2.1.2 科学合理选择和使用兽药、饲料，降低土壤中重金属元素的残留。

7.2.2 土壤中细菌总数、总大肠杆菌的控制措施

7.2.2.1 避免粪尿、污水排放及运送过程中的跑、冒、滴、漏；

7.2.2.2 采用紫外线等方式对排放、运送前的粪尿进行杀菌消毒，避免运输过程微生物污染土壤；

7.2.2.3 粪尿作为有机肥施于场内草、树地前，对其进行无害化处理，且根据植物的不同品种合理掌握使用量；

7.2.2.4 畜禽粪便堆场建在畜禽饲养场内部的，要做好防渗、防漏工作，避免粪污中镉、砷、铜、铅、铬、锌以及各种病原微生物污染场内的土壤环境。

8 畜禽饮用水质量及卫生控制

8.1 畜禽饮用水质量及卫生指标参见 **NY 5027**。

8.2 畜禽饮用水质量及卫生控制措施

8.2.1 自来水　定期清洗畜禽饮用水传送管道，保证水质传送途中无污染。

8.2.2 自备井　应建在畜禽场粪便堆放场等污染源的上方和地下水位的上游，水量丰富，水质良好，取水方便，避免在低洼沼泽或容易积水的地方打井。水井附近 30m 范围内，不得建有渗水的厕所、渗水坑、粪坑、垃圾场等污染源。

8.2.3 地表水　地面水是暴露在地表面的水源，受污染的机会多，含有较多的悬浮物和细菌，如果作为畜禽的饮用水，必须进行净化和消毒，使之满足畜禽饮用水水质标准。净化的方法有混凝沉淀法和过滤法；消毒方法有物理消毒法（如煮沸消毒法）和化学消毒法（如氯化消毒法）。

9 监测与评价

9.1 对畜禽场的生态环境、空气环境以及接受畜禽粪便和污水的土壤环境和畜禽饮用水进行定期监测，对环境质量现状进行定期评价，及时了解畜禽场环境质量及卫生状况，以便采取相应的措施控制畜禽场环境质量和卫生。

9.2 对畜禽场排放的污水进行定期监测，确保出水满足 GB 18596 的要求。

9.3 环境质量、环境影响评价　按照 GB/T 19525.2 的要求，根据监测结果，对畜禽场的环境质量、环境影响进行定期评价。

9.4 在畜禽场排污口设置国家环境保护总局统一规定的排污口标志。

9.5 监测分析方法　本规范项目的监测分析方法按附表 2-2 执行。

附表 2-2　畜禽场环境卫生控制规范选配监测分析方法

序号	项　目	分析方法	方法来源
1	温度	温度计测定法	GB/T 13195—1991
2	相对湿度	湿度计测定法①	
3	风速	风速仪测定法①	
4	照度	照度计测定法①	
5	噪声	声级计测定法	GB/T 14623
6	粪便含水率	重量法	GB/T 3543.2—1995
7	NH_3	纳氏试剂比色法	GB/T 14668—1993
8	H_2S	碘量法	GB/T 11060.1—1998
9	CO_2	滴定法②	
10	PM_{10}	重量法	GB 6921—1986
11	TSP	重量法	GB 15432—1995
12	空气　细菌总数	沉降法	GB 5750—1985
13	恶臭	三点比较式臭袋法	GB/T 14675—1993
14	水质　细菌总数	平板法	GB 5750—1985
15	水质　大肠杆菌	多管发酵法	GB 5750—1985
16	pH	玻璃电极法	GB 6920—1986
17	总硬度	EDTA 滴定法	GB 7477—1987
18	溶解性总固体	重量法	GB 5750—1985

序号	项 目	分析方法	方法来源
19	铅	原子吸收分光光度法	GB 7475—1987
20	铬(六价)	二苯碳酰二肼分光光度法	GB 7467—1987
21	生化需氧量	稀释与接种法	GB 7488—1987
22	化学需氧量	重铬酸钾法	GB 11914—1989
23	溶解氧	碘量法	GB 7489—1987
24	蛔虫卵	堆肥蛔虫卵检查法	GB 7959—1987
25	氟化物	离子选择电极法	GB 7484—1987
26	总锌	原子吸收分光光度法	GB 7475—1987
27	土壤 镉	石墨炉原子吸收分光光度法	GB/T 17141—1997
28	土壤 砷	二乙基二硫代氨基甲酸银分光光度法	GB/T 17134—1997
29	土壤 铜	火焰原子吸收分光光度法	GB/T 17138—1997
30	土壤 铅	石墨炉原子吸收分光光度法	GB/T 17141—1997
31	土壤 铬	火焰原子吸收分光光度法	GB/T 17137—1997
32	土壤 锌	火焰原子吸收分光光度法	GB/T 17138—1997
33	土壤 细菌总数	与水的卫生检验方法相同[3]	
34	土壤 大肠杆菌	与水的卫生检验方法相同[3]	

①、②和③暂采用下列方法，待国家标准发布后，执行国家标准。

① 畜禽场相对湿度、照度、风速的监测分析方法，是结合畜禽场环境监测现状，对国家气象局《地面气象观测》（1979）中相关内容进行改进形成的，经过农业部批准并且备案。

② 暂采用国家环境保护总局《水和废水监测分析方法》（第三版）中国环境科学出版社，1989。

③ 土壤中细菌总数、大肠杆菌的检测分析方法与水的卫生检验方法相同，见中国环境科学出版社《环境工程微生物检验手册》，1990年出版。

附录三 无公害食品 畜禽饮用水水质（节选）

（NY 5027—2008，2008-05-16 发布，2008-07-01 实施）

1 范围

本标准规定了生产无公害畜禽产品过程中畜禽饮用水水质的要求、检验方法。

本标准适用于生产无公害食品的畜禽饮用水水质的要求。

2 规范性引用文件

下列文件中的条款通过本标准的引用而成为本标准的条款。凡是注日期的引用文件，其随后所有的修改单（不包括勘误的内容）或修订版均不适用于本标准，然而，鼓励根据本标准达成协议的各方研究是否可使用这些文件的最新本。凡是不注日期的引用文件，其最新版本适用于本标准。

GB/T 5750.2　生活饮用水标准检验方法　水样的采集与保存

GB/T 5750.4　生活饮用水标准检验方法　感官性状和物理指标

GB/T 5750.5　生活饮用水标准检验方法　无机非金属指标

GB/T 5750.6　生活饮用水标准检验方法　金属指标

GB/T 5750.12　生活饮用水标准检验方法　微生物指标

3 要求

畜禽饮用水水质应符合附表 3-1 的规定。

附表 3-1　畜禽饮用水水质安全指标

指标类型	项　　目	标准值	
		畜	禽
感官性状及一般化学指标	色	$\leqslant 30°$	
	浑浊度	$\leqslant 20°$	
	臭和味	不得有异臭、异味	
	总硬度（以 $CaCO_3$ 计）/（mg/L）	$\leqslant 1500$	
	pH	5.5～9.0	6.5～8.5
	溶解性总固体/（mg/L）	$\leqslant 4000$	$\leqslant 2000$
	硫酸盐（以 SO_4^{2-} 计）/（mg/L）	$\leqslant 500$	$\leqslant 250$
细菌学指标	总大肠菌群/（MPN/100mL）	成年畜 100，幼畜和禽 10	
毒理学指标	氟化物（以 F^- 计）/（mg/L）	$\leqslant 2.0$	$\leqslant 2.0$
	氰化物/（mg/L）	$\leqslant 0.20$	$\leqslant 0.05$
	砷/（mg/L）	$\leqslant 0.20$	$\leqslant 0.20$
	汞/（mg/L）	$\leqslant 0.01$	$\leqslant 0.001$
	铅/（mg/L）	$\leqslant 0.10$	$\leqslant 0.10$
	铬（六价）/（mg/L）	$\leqslant 0.10$	$\leqslant 0.05$
	镉/（mg/L）	$\leqslant 0.05$	$\leqslant 0.01$
	硝酸盐（以 N 计）/（mg/L）	$\leqslant 10.0$	$\leqslant 3.0$

附录四　全国部分地区建筑朝向表

地区	最佳朝向	适宜朝向	不宜朝向
北京	南偏东或西各30°以内	南偏东或西各45°以内	北偏西30°～60°
上海	南至南偏东15°	南偏东30°、南偏东15°	北、西北
石家庄	南偏东15°	南至南偏东30°	西
太原	南偏东15°	南偏东至东	西北
呼和浩特	南至南偏东、南至南偏西	东南、西南	北、西北
哈尔滨	南偏东15°～20°	南至南偏东或西各15°	西、北、西北
长春	南偏东30°、南偏西15°	南偏东或西各45°	北、东北、西北
沈阳	南、南偏东20°	南偏东至东、南偏西至西	东北东至西北西
济南	南、南偏东10°～15°	南偏东30°	西偏北5°～10°
南京	南偏东15°	南偏东20°、南偏东10°	西、北
合肥	南偏东5°～15°	南偏东15°、南偏西5°	西
杭州	南偏东10°～15°、北偏东6°	南、南偏东30°	西、北
福州	南、南偏东5°～15°	南偏东20°以内	西
郑州	南偏东15°	南偏东25°	西北
武汉	南偏西15°	南偏东15°	西、西北
长沙	南偏东9°	南	西、西北
广州	南偏西15°、南偏西5°	南偏东20°、南偏西5°至西	
南宁	南、南偏东15°	南、南偏东15°～25°、南偏西5°	东、西
西安	南偏东10°	南、南偏西	西、西北
银川	南至南偏东23°	南偏东34°、南偏西20°	西、北
西宁	南至南偏西30°	南偏东30°至南偏西30°	北、西北
乌鲁木齐	南偏东40°、南偏西30°	东南、东、西	北、西北
成都	南偏东45°至南偏西15°	南偏东45°至东偏北30°	西、北
昆明	南偏东25°～56°	东至南至西	北偏东或西各35°
拉萨	南偏东10°、南偏西5°	南偏东15°、南偏西10°	西、北
厦门	南偏东5°～10°	南偏东22°、南偏西10°	南偏西25°、西偏北30°
重庆	南、南偏东10°	南偏东15°、南偏西5°、北	东、西
青岛	南、南偏东5°～10°	南偏东15°至南偏西15°	西、北

178

附录五 畜禽规模养殖污染防治条例

中华人民共和国国务院令

第 643 号

《畜禽规模养殖污染防治条例》已经 2013 年 10 月 8 日国务院第 26 次常务会议通过，现予公布，自 2014 年 1 月 1 日起施行。

总理 李克强
2013 年 11 月 11 日

畜禽规模养殖污染防治条例

第一章 总 则

第一条 为了防治畜禽养殖污染，推进畜禽养殖废弃物的综合利用和无害化处理，保护和改善环境，保障公众身体健康，促进畜牧业持续健康发展，制定本条例。

第二条 本条例适用于畜禽养殖场、养殖小区的养殖污染防治。

畜禽养殖场、养殖小区的规模标准根据畜牧业发展状况和畜禽养殖污染防治要求确定。

牧区放牧养殖污染防治，不适用本条例。

第三条 畜禽养殖污染防治，应当统筹考虑保护环境与促进畜牧业发展的需要，坚持预防为主、防治结合的原则，实行统筹规划、合理布局、综合利用、激励引导。

第四条 各级人民政府应当加强对畜禽养殖污染防治工作的组织领导，采取有效措施，加大资金投入，扶持畜禽养殖污染防治以及畜禽养殖废弃物综合利用。

第五条 县级以上人民政府环境保护主管部门负责畜禽养殖污染防治的统一监督管理。

县级以上人民政府农牧主管部门负责畜禽养殖废弃物综合利用的指导和服务。

县级以上人民政府循环经济发展综合管理部门负责畜禽养殖循环经济工作的组织协调。

县级以上人民政府其他有关部门依照本条例规定和各自职责，负责畜禽养殖污染防治相关工作。

乡镇人民政府应当协助有关部门做好本行政区域的畜禽养殖污染防治工作。

第六条 从事畜禽养殖以及畜禽养殖废弃物综合利用和无害化处理活动，应当符合国家有关畜禽养殖污染防治的要求，并依法接受有关主管部门的监督检查。

第七条 国家鼓励和支持畜禽养殖污染防治以及畜禽养殖废弃物综合利用和无害化处理的科学技术研究和装备研发。各级人民政府应当支持先进适用技术的推广，促进畜禽养殖污染防治水平的提高。

第八条 任何单位和个人对违反本条例规定的行为，有权向县级以上人民政府环境保护等有关部门举报。接到举报的部门应当及时调查处理。

对在畜禽养殖污染防治中作出突出贡献的单位和个人，按照国家有关规定给予表彰和奖励。

第二章 预 防

第九条 县级以上人民政府农牧主管部门编制畜牧业发展规划，报本级人民政府或者其授权的部门批准实施。畜牧业发展规划应当统筹考虑环境承载能力以及畜禽养殖污染防治要求，合理布局，科学确定畜禽养殖的品种、规模、总量。

第十条 县级以上人民政府环境保护主管部门会同农牧主管部门编制畜禽养殖污染防治规划，报本级人民政府或者其授权的部门批准实施。畜禽养殖污染防治规划应当与畜牧业发展规划相衔接，统筹考虑畜禽养殖生产布局，明确畜禽养殖污染防治目标、任务、重点区域，明确污染治理重点设施建设，以及废弃物综合利用等污染防治措施。

第十一条 禁止在下列区域内建设畜禽养殖场、养殖小区：

（一）饮用水水源保护区，风景名胜区；

（二）自然保护区的核心区和缓冲区；

（三）城镇居民区、文化教育科学研究区等人口集中区域；

（四）法律、法规规定的其他禁止养殖区域。

第十二条 新建、改建、扩建畜禽养殖场、养殖小区，应当符合畜牧业发展规划、畜禽养殖污染防治规划，满足动物防疫条件，并进行环境影响评价。对环境可能造成重大影响的大型畜禽养殖场、养殖小区，应当编制环境影响报告书；其他畜禽养殖场、养殖小区应当填报环境影响登记表。大型畜禽养殖场、养殖小区的管理目录，由国务院环境保护主管部门商国务院农牧主管部门确定。

环境影响评价的重点应当包括：畜禽养殖产生的废弃物种类和数量，废弃物综合利用和无害化处理方案和措施，废弃物的消纳和处理情况以及向环境直接排放的情况，最终可能对水体、土壤等环境和人体健康产生的影响以及控制和减少影响的方案和措施等。

第十三条 畜禽养殖场、养殖小区应当根据养殖规模和污染防治需要，建设相应的畜禽粪便、污水与雨水分流设施，畜禽粪便、污水的贮存设施，粪污厌氧消化和堆沤、有机肥加工、制取沼气、沼渣沼液分离和输送、污水处理、畜禽尸体处理等综合利用和无害化处理设施。已经委托他人对畜禽养殖废弃物代为综合利用和无害化处理的，可以不自行建设综合利用和无害化处理设施。

未建设污染防治配套设施、自行建设的配套设施不合格，或者未委托他人对畜禽养殖废弃物进行综合利用和无害化处理的，畜禽养殖场、养殖小区不得投入生产或者使用。

畜禽养殖场、养殖小区自行建设污染防治配套设施的，应当确保其正常运行。

第十四条 从事畜禽养殖活动，应当采取科学的饲养方式和废弃物处理工艺等有效措施，减少畜禽养殖废弃物的产生量和向环境的排放量。

第三章　综合利用与治理

第十五条 国家鼓励和支持采取粪肥还田、制取沼气、制造有机肥等方法，对畜禽养殖废弃物进行综合利用。

第十六条 国家鼓励和支持采取种植和养殖相结合的方式消纳利用畜禽养殖废弃物，促进畜禽粪便、污水等废弃物就地就近利用。

第十七条 国家鼓励和支持沼气制取、有机肥生产等废弃物综合利用以及沼渣沼液输送和施用、沼气发电等相关配套设施建设。

第十八条 将畜禽粪便、污水、沼渣、沼液等用作肥料的，应当与土地的消纳能力相适应，并采取有效措施，消除可能引起传染病的微生物，防止污染环境和传播疫病。

第十九条 从事畜禽养殖活动和畜禽养殖废弃物处理活动，应当及时对畜禽粪便、畜禽尸体、污水等进行收集、贮存、清运，防止恶臭和畜禽养殖废弃物渗出、泄漏。

第二十条 向环境排放经过处理的畜禽养殖废弃物，应当符合国家和地方规定的污染物排放标准和总量控制指标。畜禽养殖废弃物未经处理，不得直接向环境排放。

第二十一条 染疫畜禽以及染疫畜禽排泄物、染疫畜禽产品、病死或者死因不明的畜禽尸体等病害畜禽养殖废弃物，应当按照有关法律、法规和国务院农牧主管部门的规定，进行深埋、化制、焚烧等无害化处理，不得随意处置。

第二十二条 畜禽养殖场、养殖小区应当定期将畜禽养殖品种、规模以及畜禽养殖废弃物的产生、排放和综合利用等情况，报县级人民政府环境保护主管部门备案。环境保护主管部门应当定期将备案情况抄送同级农牧主管部门。

第二十三条 县级以上人民政府环境保护主管部门应当依据职责对畜禽养殖污染防治情况进行监督检查，并加强对畜禽养殖环境污染的监测。

乡镇人民政府、基层群众自治组织发现畜禽养殖环境污染行为的，应当及时制止和报告。

第二十四条 对污染严重的畜禽养殖密集区域，市、县人民政府应当制定综合整治方案，采取组织建设畜禽养殖废弃物综合利用和无害化处理设施、有计划搬迁或者关闭畜禽养殖场所等措施，对畜禽养殖污染进行治理。

第二十五条 因畜牧业发展规划、土地利用总体规划、城乡规划调整以及划定禁止养殖区域，或者因对污染严重的畜禽养殖密集区域进行综合整治，确需关闭或者搬迁现有畜禽养殖场所，致使畜禽养殖者遭受经济损失的，由县级以上地方人民政府依法予以补偿。

第四章　激励措施

第二十六条　县级以上人民政府应当采取示范奖励等措施，扶持规模化、标准化畜禽养殖，支持畜禽养殖场、养殖小区进行标准化改造和污染防治设施建设与改造，鼓励分散饲养向集约饲养方式转变。

第二十七条　县级以上地方人民政府在组织编制土地利用总体规划过程中，应当统筹安排，将规模化畜禽养殖用地纳入规划，落实养殖用地。

国家鼓励利用废弃地和荒山、荒沟、荒丘、荒滩等未利用地开展规模化、标准化畜禽养殖。

畜禽养殖用地按农用地管理，并按照国家有关规定确定生产设施用地和必要的污染防治等附属设施用地。

第二十八条　建设和改造畜禽养殖污染防治设施，可以按照国家规定申请包括污染治理贷款贴息补助在内的环境保护等相关资金支持。

第二十九条　进行畜禽养殖污染防治，从事利用畜禽养殖废弃物进行有机肥产品生产经营等畜禽养殖废弃物综合利用活动的，享受国家规定的相关税收优惠政策。

第三十条　利用畜禽养殖废弃物生产有机肥产品的，享受国家关于化肥运力安排等支持政策；购买使用有机肥产品的，享受不低于国家关于化肥的使用补贴等优惠政策。

畜禽养殖场、养殖小区的畜禽养殖污染防治设施运行用电执行农业用电价格。

第三十一条　国家鼓励和支持利用畜禽养殖废弃物进行沼气发电，自发自用、多余电量接入电网。电网企业应当依照法律和国家有关规定为沼气发电提供无歧视的电网接入服务，并全额收购其电网覆盖范围内符合并网技术标准的多余电量。

利用畜禽养殖废弃物进行沼气发电的，依法享受国家规定的上网电价优惠政策。利用畜禽养殖废弃物制取沼气或进而制取天然气的，依法享受新能源优惠政策。

第三十二条　地方各级人民政府可以根据本地区实际，对畜禽养殖场、养殖小区支出的建设项目环境影响咨询费用给予补助。

第三十三条　国家鼓励和支持对染疫畜禽、病死或者死因不明畜禽尸体进行集中无害化处理，并按照国家有关规定对处理费用、养殖损失给予适当补助。

第三十四条　畜禽养殖场、养殖小区排放污染物符合国家和地方规定的污染物排放标准和总量控制指标，自愿与环境保护主管部门签订进一步削减污染物排放量协议的，由县级人民政府按照国家有关规定给予奖励，并优先列入县级以上人民政府安排的环境保护和畜禽养殖发展相关财政资金扶持范围。

第三十五条　畜禽养殖户自愿建设综合利用和无害化处理设施、采取措施减少污染物排放的，可以依照本条例规定享受相关激励和扶持政策。

第五章　法律责任

第三十六条　各级人民政府环境保护主管部门、农牧主管部门以及其他有关部门未依照本条例规定履行职责的，对直接负责的主管人员和其他直接责任人员依法给予处分；直接负责的主管人员和其他直接责任人员构成犯罪的，依法追究刑事责任。

第三十七条　违反本条例规定，在禁止养殖区域内建设畜禽养殖场、养殖小区的，由县级以上地方人民政府环境保护主管部门责令停止违法行为；拒不停止违法行为的，处3万元以上10万元以下的罚款，并报县级以上人民政府责令拆除或者关闭。在饮用水水源保护区建设畜禽养殖场、养殖小区的，由县级以上地方人民政府环境保护主管部门责令停止违法行为，处10万元以上50万元以下的罚款，并报经有批准权的人民政府批准，责令拆除或者关闭。

第三十八条　违反本条例规定，畜禽养殖场、养殖小区依法应当进行环境影响评价而未进行的，由有权审批该项目环境影响评价文件的环境保护主管部门责令停止建设，限期补办手续；逾期不补办手续的，处5万元以上20万元以下的罚款。

第三十九条　违反本条例规定，未建设污染防治配套设施或者自行建设的配套设施不合格，也未委托他人对畜禽养殖废弃物进行综合利用和无害化处理，畜禽养殖场、养殖小区即投入生产、使用，或者建设的污染防治配套设施未正常运行的，由县级以上人民政府环境保护主管部门责令停止生产或者使用，可以处10万元以下的罚款。

第四十条　违反本条例规定，有下列行为之一的，由县级以上地方人民政府环境保护主管部门责令停止违法行为，限期采取治理措施消除污染，依照《中华人民共和国水污染防治法》、《中华人民共和国固体废物污染环境防治法》的有关规定予以处罚：

（一）将畜禽养殖废弃物用作肥料，超出土地消纳能力，造成环境污染的；

（二）从事畜禽养殖活动或者畜禽养殖废弃物处理活动，未采取有效措施，导致畜禽养殖废弃物渗出、泄漏的。

第四十一条　排放畜禽养殖废弃物不符合国家或者地方规定的污染物排放标准或者总量控制指标，或者未经无害化处理直接向环境排放畜禽养殖废弃物的，由县级以上地方人民政府环境保护主管部门责令限期治理，可以处 5 万元以下的罚款。县级以上地方人民政府环境保护主管部门作出限期治理决定后，应当会同同级人民政府农牧等有关部门对整改措施的落实情况及时进行核查，并向社会公布核查结果。

第四十二条　未按照规定对染疫畜禽和病害畜禽养殖废弃物进行无害化处理的，由动物卫生监督机构责令无害化处理，所需处理费用由违法行为人承担，可以处 3000 元以下的罚款。

第六章　附　则

第四十三条　畜禽养殖场、养殖小区的具体规模标准由省级人民政府确定，并报国务院环境保护主管部门和国务院农牧主管部门备案。

第四十四条　本条例自 2014 年 1 月 1 日起施行。

注：

河南省畜禽养殖场备案规模标准：生猪出栏 500 头以上；奶牛存栏 100 头以上；肉牛出栏 100 头以上；羊出栏 100 只以上；蛋鸡存栏 2000 只以上；肉鸡出栏 10000 只以上；家兔存栏 1000 只以上。其他畜禽饲养规模参照上述标准执行。

养殖小区备案规模标准：每个小区内养殖户为 5 户以上。

参 考 文 献

[1] 赵希彦，郑翠芝. 畜禽环境卫生. 北京：化学工业出版社，2009.

[2] 刘继军，贾永全. 畜牧场规划设计. 北京：中国农业出版社，2008.

[3] 李如治. 家畜环境卫生学. 第3版. 北京：中国农业出版社，2011.

[4] 李震钟. 家畜环境卫生学附牧场设计. 北京：中国农业出版社，1993.

[5] 东北农学院. 家畜环境卫生学. 北京：农业出版社，1990.

[6] 安立龙. 家畜环境卫生学. 北京：高等教育出版社，2004.

[7] 姚端旦. 家畜环境卫生学. 上海：上海科学技术文献出版社，1988.

[8] 杨秀平，肖向红. 动物生理学. 第2版. 北京：高等教育出版社，2009.

[9] 冀行键. 家畜环境卫生. 2版. 北京：中国农业出版社，2001.

[10] 冯春霞. 家畜环境卫生. 北京：中国农业出版社，2001.

[11] 常明雪，刘卫东. 畜禽环境卫生. 第2版. 北京：中国农业大学出版社，2011.

[12] 冯春霞. 家畜环境卫生学. 北京：中国农业出版社，2004.

[13] 赵云焕，刘卫东. 畜禽环境卫生与牧场设计. 郑州：河南科学技术出版社，2007.

[14] 刘凤华. 家畜环境卫生学. 北京：中国农业大学出版社，2004.

[15] 李蕴玉. 养殖场环境卫生与控制. 北京：高等教育出版社，2002.

[16] 蔡长霞等. 畜禽环境卫生. 北京：中国农业出版社，2006.

[17] 赵化民. 畜禽养殖场消毒指南. 北京：金盾出版社，2004.

[18] 段诚中. 规模化养猪新技术. 北京：中国农业出版社，2000.

[19] 李震钟. 畜牧场生产工艺与畜舍设计. 北京：中国农业出版社，2000.

[20] 王伟国. 规模猪场的设计与管理. 北京：中国农业科学技术出版社，2006.

[21] 张金宝. 生态环保饲料的开发和利用. 养殖与饲料，2007，(6)：63-64.

[22] 胡延晨. 畜禽养殖业污染状况及综合治理对策浅析. 山东畜牧兽医，2008，(12)：41, 44.

[23] 田宁宁，王凯军，李宝林等. 畜禽养殖场粪污的治理技术. 中国给水排水，2002，18 (2)：71-73.

[24] 杨冉，陈佳铭，林荣海等. 我国实现低碳畜牧业的基本思路. 中国畜牧兽医报，2010-6-13 (3).

[25] 金灉，曹元军. 封闭式蛋鸡舍环境控制系统的设计. 农机化研究，2003，(9)：143-146, 156.

[26] 王庆镐. 家畜环境卫生学. 第2版. 北京：农业出版社，1996.

[27] 赵云焕. 畜禽环境卫生. 南京：江苏教育出版社. 2012.

畜牧场规划与设计

学生实践技能训练工作手册

化学工业出版社

·北京·

子任务 1-1　确定畜牧场规模和性质资讯单

班　级		姓　名		组　别	
小组成员					

资讯：

1. 养鸡场的性质分为哪几种？

2. 蛋鸡场按繁育体系分哪几种？都有哪些任务？

3. 鸡场的饲养方式有几种？请分析各自的优缺点。

4. 用什么方式描述鸡场的规模和饲养密度？

5. 简述畜牧场规划与设计时应调查的内容和应考虑的问题。

6. 如何描述猪场和牛场的规模？

7. 奶牛和肉牛的饲养方式有何不同？

学习任务：

1. 今年鸡蛋价格稳步上升,张某想建设一个规模为 20 万只成年蛋鸡的综合养鸡场,请你设计出其规模、性质及饲养方式。

2. 养猪生产在畜牧业生产中占有重要地位,请结合市场行情和地区特点,设计出年上市 8000 头肉猪的综合性商品猪场的规模、性质及饲养方式。

完成时间：____年__月__日   成绩：____分

子任务 1-1　确定畜牧场规模和性质记录单

时　间		地　点	
班　级		小组成员	
需要物品			
相关知识资讯			
操作流程设计			
讨论建议			

注意事项	
实施结果报告	
操作情况评价(由第三方填写)	
现场操作评价: (指导教师)	
操作过程评价: (其他小组成员)	
完成效果综合评价: (指导教师)	

子任务 1-1 确定畜牧场规模和性质考核单

任务名称		地点		时间	
实训班级		小组成员		具体任务分工	

考核项目及标准分

个人考核						小组考核	
工作过程		工作质量		现场答辩		小组协作	
过程考核项目	标准分	考核项目	标准分	考核项目	标准分	考核项目	标准分
确定畜牧场性质	10分	设计正确	10分	能熟练回答课前要求预习的相关知识	20分	组内成员团结协作,工作有序,工作效率高,工作效果好	10分
确定畜牧场生产规模	10分	动作迅速	5分				
确定饲养方式	10分	效果好	5分				
确定生产技术指标	10分						
确定牧场小气候指标	10分						

考核成绩

姓名	个人得分			小组得分 (总10分)	最终成绩	评价教师	学生签字
	工作过程 (总50分)	工作质量 (总20分)	现场答辩 (总20分)				
组长							
组员							

子任务 1-2　确定畜牧场生产工艺流程资讯单

班　级		姓　名		组　别	
小组成员					

资讯：

1. 简述鸡场工艺设计基本原则。

2. 简述蛋鸡场生产工艺流程，并分析影响一栋鸡舍规格的因素。

3. 简述奶牛场生产工艺流程。

4. 写出鸡群在各饲养阶段中的成活率和选留率，并根据饲养阶段的划分说明其饲养天数。

5. 简述猪场生产工艺流程并写出各阶段成活率。

6. 简述肉牛场生产工艺流程,并设计出牛群组成和周转情况。

学习任务:

1. 李某想建设一个规模为 20 万只成年蛋鸡的综合养鸡场,请你帮他设计鸡群组成和周转情况。假设 9 月 1 日开始饲养第一批雏鸡,请你推算出每栋舍的转群日期和消毒空置时间。

2. 王某想建设一个年上市 8000 头肉猪的综合性商品猪场,请你帮他设计出猪群组成和周转情况。

完成时间:____年__月__日   成绩:____分

子任务 1-2　确定畜牧场生产工艺流程记录单

时　间		地　点	
班　级		小组成员	
需要物品			
相关知识资讯			
操作流程设计			
讨论建议			

注意事项	
实施结果报告	
操作情况评价(由第三方填写)	
现场操作评价： (指导教师)	
操作过程评价： (其他小组成员)	
完成效果综合评价： (指导教师)	

子任务 1-2　确定畜牧场生产工艺流程考核单

任务名称		地点		时间	
实训班级		小组成员		具体任务分工	

<table>
<tr><td colspan="8" align="center">考核项目及标准分</td></tr>
<tr><td colspan="6" align="center">个人考核</td><td colspan="2" align="center">小组考核</td></tr>
<tr><td colspan="2" align="center">工作过程</td><td colspan="2" align="center">工作质量</td><td colspan="2" align="center">现场答辩</td><td colspan="2" align="center">小组协作</td></tr>
<tr><td align="center">过程考核项目</td><td align="center">标准分</td><td align="center">考核项目</td><td align="center">标准分</td><td align="center">考核项目</td><td align="center">标准分</td><td align="center">考核项目</td><td align="center">标准分</td></tr>
<tr><td>工艺设计基本原则</td><td>10 分</td><td>设计正确</td><td>10 分</td><td rowspan="5">能熟练回答课前要求预习的相关知识</td><td rowspan="5">20 分</td><td rowspan="5">组内成员团结协作,工作有序,工作效率高,工作效果好</td><td rowspan="5">10 分</td></tr>
<tr><td>确定猪场生产工艺流程</td><td>10 分</td><td>动作迅速</td><td>5 分</td></tr>
<tr><td>确定鸡场生产工艺流程</td><td>10 分</td><td>效果好</td><td>5 分</td></tr>
<tr><td>确定奶牛场生产工艺流程</td><td>10 分</td><td></td><td></td></tr>
<tr><td>确定肉牛场生产工艺流程</td><td>10 分</td><td></td><td></td></tr>
</table>

<table>
<tr><td colspan="8" align="center">考核成绩</td></tr>
<tr><td rowspan="2" align="center">姓名</td><td colspan="3" align="center">个人得分</td><td rowspan="2" align="center">小组得分
(总 10 分)</td><td rowspan="2" align="center">最终
成绩</td><td rowspan="2" align="center">评价教师</td><td rowspan="2" align="center">学生签字</td></tr>
<tr><td align="center">工作过程
(总 50 分)</td><td align="center">工作质量
(总 20 分)</td><td align="center">现场答辩
(总 20 分)</td></tr>
<tr><td>组长</td><td></td><td></td><td></td><td></td><td></td><td></td><td></td></tr>
<tr><td rowspan="6">组员</td><td></td><td></td><td></td><td></td><td></td><td></td><td></td></tr>
<tr><td></td><td></td><td></td><td></td><td></td><td></td><td></td></tr>
<tr><td></td><td></td><td></td><td></td><td></td><td></td><td></td></tr>
<tr><td></td><td></td><td></td><td></td><td></td><td></td><td></td></tr>
<tr><td></td><td></td><td></td><td></td><td></td><td></td><td></td></tr>
<tr><td></td><td></td><td></td><td></td><td></td><td></td><td></td></tr>
</table>

子任务 1-3 选择畜牧场场址资讯单

班 级		姓 名		组 别	
小组成员					

资讯:

1. 分析建设鸡场时应考虑的自然因素和社会环境条件。

2. 分析自己家乡的自然条件和社会环境条件。

3. 在自己家乡选择鸡场场址后,分析其优点和缺点。

4. 畜牧场场址选择时与居民点的距离应保持多少?为什么?

5. 简述选择猪场和牛场场址时应注意的问题。

6. 简述畜牧场场址选择时水源条件的重要性,并分析不同水源的特点。

7. 简述地势和地形对畜牧生产的影响。

学习任务:

1. 李某想建设一个规模为 20 万只成年蛋鸡的综合养鸡场,请根据鸡群组成情况确定鸡舍栋数后,估计整个养鸡场的占地面积。并结合自己家乡自然条件和社会环境条件,选出适合该鸡场的场址。

2. 王某想建设一个年上市 8000 头肉猪的综合性商品猪场,请你根据猪群组成和周转情况确定猪舍栋数后,估计整个猪场占地面积,并选出适合该猪场的场址。

完成时间:＿＿年＿月＿日   成绩:＿＿分

子任务 1-3　选择畜牧场场址记录单

时　间		地　点	
班　级		小组成员	

需要物品	
相关知识资讯	
操作流程设计	
讨论建议	

注意事项	
实施结果报告	

操作情况评价(由第三方填写)

现场操作评价： （指导教师）	
操作过程评价： （其他小组成员）	
完成效果综合评价： （指导教师）	

子任务 1-3 选择畜牧场场址考核单

任务名称		地点		时间	
实训班级		小组成员		具体任务分工	

考核项目及标准分

个人考核						小组考核	
工作过程		工作质量		现场答辩		小组协作	
过程考核项目	标准分	考核项目	标准分	考核项目	标准分	考核项目	标准分
选择地形、地势	10分	选址正确	10分	能熟练回答课前要求预习的相关知识	20分	组内成员团结协作,工作有序,工作效率高,工作效果好	10分
选择水源、土壤	10分	动作迅速	5分				
确定与居民点的距离	10分	效果好	5分				
确定与饲料供应点的距离	10分						
交通条件符合标准	10分						

考核成绩

姓名		个人得分			小组得分(总10分)	最终成绩	评价教师	学生签字
		工作过程(总50分)	工作质量(总20分)	现场答辩(总20分)				
组长								
组员								

17

子任务 2-1　畜牧场总平面规划资讯单

班　级		姓　名		组　别	
小组成员					

资讯：

1. 鸡场规划布局时如何确定舍间距？

2. 鸡场分功能区的原则是什么？生活区都有哪些设施？生产区都有哪些设施？

3. 隔离区应安排哪些设施？选择隔离区的位置时应考虑哪几个方面？

4. 畜牧场的公共卫生设施包括哪些？

5. 为减轻劳动强度和提高生产效率应采取哪些措施?

6. 设计养殖场时如何确定粪池的位置?

7. 设计养殖场时,绿化是不可缺少的一项。请制定出绿化方案。

学习任务:

1. 有一养鸡场,经调查成年鸡舍和育成鸡舍相邻且鸡舍间距为 3m,请分析该舍间距是否合理。如果该场新建孵化室,那么应该考虑哪些因素安排其位置。

2. 绘制出年上市 8000 头肉猪的综合性商品猪场的布局示意图。

完成时间:___年__月__日   成绩:___分

子任务 2-1　畜牧场总平面规划记录单

时　间		地　点	
班　级		小组成员	
需要物品			
相关知识资讯			
操作流程设计			
讨论建议			

注意事项	
实施结果报告	
操作情况评价（由第三方填写）	
现场操作评价： （指导教师）	
操作过程评价： （其他小组成员）	
完成效果综合评价： （指导教师）	

<h2 style="text-align:center">子任务 2-1　畜牧场总平面规划考核单</h2>

任务名称		地点		时间	
实训班级		小组成员		具体任务分工	

考核项目及标准分							
个人考核						小组考核	
工作过程		工作质量		现场答辩		小组协作	
过程考核项目	标准分	考核项目	标准分	考核项目	标准分	考核项目	标准分
制定畜牧场规划原则	10分	正确规划布局	10分	能熟练回答课前要求预习的相关知识	20分	组内成员团结协作，工作有序，工作效率高，工作效果好	10分
畜牧场功能区分区	10分	动作迅速	5分				
确定建筑物的位置	10分	效果好	5分				
确定建筑物之间间距	10分						
设计公共卫生设施	10分						

考核成绩								
姓名	个人得分			小组得分（总10分）	最终成绩	评价教师	学生签字	
	工作过程（总50分）	工作质量（总20分）	现场答辩（总20分）					
组长								
组员								

子任务 2-2　畜牧场总平面图绘制资讯单

班　级		姓　名		组　别	
小组成员					

资讯：

1. 绘制总平面图应准备哪些材料？

2. 总平面图包括哪些主要内容？

3. 简述绘制总平面图的步骤。

4. 简述绘制总平面图时应注意的问题。

5. 根据所学知识,请分析其他同学绘制的总平面图。

6. 描述指北针的绘制方法,并指出绘制的位置。

7. 简述标题栏和会签栏的主要内容。

学习任务:

1. 根据前面任务中设计出的规模为 20 万只成年蛋鸡的综合养鸡场的具体布局情况,绘制出该场的总平面图。

2. 绘制出年上市 8000 头肉猪的综合性商品猪场的总平面图。

完成时间:____年__月__日   成绩:____分

子任务 2-2　畜牧场总平面图绘制记录单

时　间		地　点	
班　级		小组成员	
需要物品			
相关知识资讯			
操作流程设计			
讨论建议			

注意事项	
实施结果报告	
操作情况评价(由第三方填写)	
现场操作评价: (指导教师)	
操作过程评价: (其他小组成员)	
完成效果综合评价: (指导教师)	

子任务 2-2　畜牧场总平面图绘制考核单

任务名称		地点		时间	
实训班级		小组成员		具体任务分工	

<table>
<tr><td colspan="8" align="center">考核项目及标准分</td></tr>
<tr><td colspan="6" align="center">个人考核</td><td colspan="2" align="center">小组考核</td></tr>
<tr><td colspan="2" align="center">工作过程</td><td colspan="2" align="center">工作质量</td><td colspan="2" align="center">现场答辩</td><td colspan="2" align="center">小组协作</td></tr>
<tr><td>过程考核项目</td><td>标准分</td><td>考核项目</td><td>标准分</td><td>考核项目</td><td>标准分</td><td>考核项目</td><td>标准分</td></tr>
<tr><td>图纸种类和用途</td><td>10分</td><td>绘制出总平面图</td><td>10分</td><td rowspan="3">能熟练回答课前要求预习的相关知识</td><td rowspan="3">20分</td><td rowspan="3">组内成员团结协作,工作有序,工作效率高,工作效果好</td><td rowspan="3">10分</td></tr>
<tr><td>阅读不同种类图纸</td><td>10分</td><td>动作迅速</td><td>5分</td></tr>
<tr><td>确认名称,选择图幅和制图比例</td><td>10分</td><td>效果好</td><td>5分</td></tr>
<tr><td>绘制畜牧场规划草图</td><td>10分</td><td></td><td></td><td></td><td></td><td></td><td></td></tr>
<tr><td>绘制畜牧场总平面图</td><td>10分</td><td></td><td></td><td></td><td></td><td></td><td></td></tr>
</table>

<table>
<tr><td colspan="8" align="center">考核成绩</td></tr>
<tr><td rowspan="2" align="center">姓名</td><td colspan="3" align="center">个人得分</td><td rowspan="2">小组得分
(总10分)</td><td rowspan="2">最终成绩</td><td rowspan="2">评价教师</td><td rowspan="2">学生签字</td></tr>
<tr><td>工作过程
(总50分)</td><td>工作质量
(总20分)</td><td>现场答辩
(总20分)</td></tr>
<tr><td>组长</td><td></td><td></td><td></td><td></td><td></td><td></td><td></td></tr>
<tr><td rowspan="6">组员</td><td></td><td></td><td></td><td></td><td></td><td></td><td></td></tr>
<tr><td></td><td></td><td></td><td></td><td></td><td></td><td></td></tr>
<tr><td></td><td></td><td></td><td></td><td></td><td></td><td></td></tr>
<tr><td></td><td></td><td></td><td></td><td></td><td></td><td></td></tr>
<tr><td></td><td></td><td></td><td></td><td></td><td></td><td></td></tr>
<tr><td></td><td></td><td></td><td></td><td></td><td></td><td></td></tr>
</table>

子任务 2-3　畜牧场仿真设计资讯单

班　级		姓　名		组　别	
小组成员					

资讯：

1. 简述畜牧场规划与设计仿真软件的设计步骤。

2. 在畜牧场规划与设计仿真软件中如何移动建筑物的位置？

3. 在畜牧场规划与设计仿真软件中如何选择场景？

4. 在畜牧场规划与设计仿真软件设计过程中如何打开已存文件？

5. 畜牧场规划与设计仿真软件设计结束后如何保存打印效果图?

6. 用沙盘模型设计仿真畜牧场要点有哪些?

学习任务:

1. 请用畜牧场规划与设计仿真软件或沙盘模型设计出规模化养猪场的总体布局效果图。

2. 请用畜牧场规划与设计仿真软件或沙盘模型设计出规模为 20 万只成年蛋鸡的综合养鸡场的总体布局效果图。

完成时间:____年__月__日　　　成绩:____分

子任务 2-3　畜牧场仿真设计记录单

时　间		地　点	
班　级		小组成员	
需要物品			
相关知识资讯			
操作流程设计			
讨论建议			

注意事项	
实施结果报告	
操作情况评价(由第三方填写)	
现场操作评价： （指导教师）	
操作过程评价： （其他小组成员）	
完成效果综合评价： （指导教师）	

子任务 2-3　畜牧场仿真设计考核单

任务名称		地点		时间	
实训班级		小组成员		具体任务分工	

<table>
<tr><td colspan="8">考核项目及标准分</td></tr>
<tr><td colspan="6">个人考核</td><td colspan="2">小组考核</td></tr>
<tr><td colspan="2">工作过程</td><td colspan="2">工作质量</td><td colspan="2">现场答辩</td><td colspan="2">小组协作</td></tr>
<tr><td>过程考核项目</td><td>标准分</td><td>考核项目</td><td>标准分</td><td>考核项目</td><td>标准分</td><td>考核项目</td><td>标准分</td></tr>
<tr><td>会使用沙盘模型或仿真软件</td><td>10分</td><td>设计出仿真畜牧场</td><td>10分</td><td rowspan="5">能熟练回答课前要求预习的相关知识</td><td rowspan="5">20分</td><td rowspan="5">组内成员团结协作,工作有序,工作效率高,工作效果好</td><td rowspan="5">10分</td></tr>
<tr><td>功能区设计</td><td>10分</td><td>动作迅速</td><td>5分</td></tr>
<tr><td>分区规划</td><td>10分</td><td>效果好</td><td>5分</td></tr>
<tr><td>公共卫生设施</td><td>10分</td><td></td><td></td></tr>
<tr><td>畜牧场整体设计</td><td>10分</td><td></td><td></td></tr>
</table>

<table>
<tr><td colspan="8">考核成绩</td></tr>
<tr><td rowspan="2">姓名</td><td colspan="3">个人得分</td><td rowspan="2">小组得分
(总 10 分)</td><td rowspan="2">最终
成绩</td><td rowspan="2">评价教师</td><td rowspan="2">学生签字</td></tr>
<tr><td>工作过程
(总 50 分)</td><td>工作质量
(总 20 分)</td><td>现场答辩
(总 20 分)</td></tr>
<tr><td>组长</td><td></td><td></td><td></td><td></td><td></td><td></td><td></td></tr>
<tr><td rowspan="5">组员</td><td></td><td></td><td></td><td></td><td></td><td></td><td></td></tr>
<tr><td></td><td></td><td></td><td></td><td></td><td></td><td></td></tr>
<tr><td></td><td></td><td></td><td></td><td></td><td></td><td></td></tr>
<tr><td></td><td></td><td></td><td></td><td></td><td></td><td></td></tr>
<tr><td></td><td></td><td></td><td></td><td></td><td></td><td></td></tr>
</table>

子任务 3-1 畜禽舍初步设计资讯单

班　级		姓　名		组　别	
小组成员					

资讯：

1. 简述商品蛋鸡的饲养阶段。

2. 根据成年蛋鸡饲养密度,计算一组鸡笼能饲养多少成年蛋鸡？容纳 2 万只成年蛋鸡的鸡舍需要多少组鸡笼？

3. 根据鸡笼、值班室和过道的常规尺寸,设计出其鸡舍的规格并标注平面尺寸。

4. 写出不同饲养阶段的猪栏尺寸和饲养密度。

5. 根据育肥猪的饲养密度,设计出容纳 200 头育肥猪的猪舍。

6. 简述平面图的主要内容及绘制步骤。

学习任务:

1. 想建设单栋饲养 2 万只成年蛋鸡的鸡舍,请你设计出该鸡舍的规格并绘制平面图。

2. 想建设存栏 120 头哺乳母猪的产房,请你设计出该猪舍的规格并绘制平面图。

完成时间:＿＿年＿月＿日   成绩:＿＿分

子任务 3-1　畜禽舍初步设计记录单

时　间		地　点	
班　级		小组成员	
需要物品			
相关知识资讯			
操作流程设计			
讨论建议			

注意事项	
实施结果报告	
操作情况评价（由第三方填写）	
现场操作评价： （指导教师）	
操作过程评价： （其他小组成员）	
完成效果综合评价： （指导教师）	

子任务 3-1　畜禽舍初步设计考核单

任务名称		地点		时间	
实训班级		小组成员		具体任务分工	

考核项目及标准分							
个人考核						小组考核	
工作过程		工作质量		现场答辩		小组协作	
过程考核项目	标准分	考核项目	标准分	考核项目	标准分	考核项目	标准分
畜禽舍设计原则	10分	设计正确	10分	能熟练回答课前要求预习的相关知识	20分	组内成员团结协作,工作有序,工作效率高,工作效果好	10分
猪舍平面设计	10分	动作迅速	5分				
鸡舍平面设计	10分	效果好	5分				
牛舍平面设计	10分						
畜禽舍立面设计	10分						

考核成绩								
姓名	个人得分			小组得分(总10分)	最终成绩	评价教师	学生签字	
	工作过程(总50分)	工作质量(总20分)	现场答辩(总20分)					
组长								
组员								

子任务 3-2　畜禽舍基本结构设计资讯单

班　级		姓　名		组　别	
小组成员					

资讯：

1. 简述家乡的气候特点和建筑习惯。

2. 猪舍包括哪些基本结构？

3. 作为猪舍地面应满足哪些要求？育肥猪舍应采用什么地面材料？

4. 畜舍的屋顶形式有很多种，请问育肥猪舍的屋顶选择什么形式？为什么？

5. 建设鸡舍和牛舍应选择哪些建筑材料？

学习任务：

1. 想建设一栋育肥猪舍,应该准备哪些建筑材料？请根据家乡的气候特点和建筑习惯,设计出该舍基本结构的形式和材料需求单。

2. 想建设一栋乳牛舍,应该准备哪些建筑材料？请根据家乡的气候特点和建筑习惯,设计出该舍基本结构的形式和材料需求单。

完成时间：___年__月__日　　　成绩：___分

子任务 3-2　畜禽舍基本结构设计记录单

时　间		地　点	
班　级		小组成员	
需要物品			
相关知识资讯			
操作流程设计			
讨论建议			

45

注意事项	
实施结果报告	
操作情况评价(由第三方填写)	
现场操作评价： （指导教师）	
操作过程评价： （其他小组成员）	
完成效果综合评价： （指导教师）	

子任务 3-2　畜禽舍基本结构设计考核单

任务名称		地点		时间	
实训班级		小组成员		具体任务分工	

<table>
<tr><td colspan="6" align="center">考核项目及标准分</td></tr>
<tr><td colspan="4" align="center">个人考核</td><td colspan="2" align="center">小组考核</td></tr>
<tr><td colspan="2" align="center">工作过程</td><td colspan="2" align="center">工作质量</td><td align="center">现场答辩</td><td align="center">小组协作</td></tr>
</table>

过程考核项目	标准分	考核项目	标准分	考核项目	标准分	考核项目	标准分
畜禽舍基本结构设计原则	10分	设计正确	10分	能熟练回答课前要求预习的相关知识	20分	组内成员团结协作,工作有序,工作效率高,工作效果好	10分
选择基础地基材料并设计	10分	动作迅速	5分				
选择地面材料并设计	10分	效果好	5分				
选择屋顶材料并设计	10分						
其他基本结构设计	10分						

<table>
<tr><td colspan="9" align="center">考核成绩</td></tr>
<tr><td rowspan="2" align="center">姓名</td><td colspan="3" align="center">个人得分</td><td rowspan="2" align="center">小组得分
(总10分)</td><td rowspan="2" align="center">最终成绩</td><td rowspan="2" align="center">评价教师</td><td rowspan="2" align="center">学生签字</td></tr>
<tr><td align="center">工作过程
(总50分)</td><td align="center">工作质量
(总20分)</td><td align="center">现场答辩
(总20分)</td></tr>
<tr><td align="center">组长</td><td></td><td></td><td></td><td></td><td></td><td></td><td></td></tr>
<tr><td rowspan="5" align="center">组员</td><td></td><td></td><td></td><td></td><td></td><td></td><td></td></tr>
<tr><td></td><td></td><td></td><td></td><td></td><td></td><td></td></tr>
<tr><td></td><td></td><td></td><td></td><td></td><td></td><td></td></tr>
<tr><td></td><td></td><td></td><td></td><td></td><td></td><td></td></tr>
<tr><td></td><td></td><td></td><td></td><td></td><td></td><td></td></tr>
</table>

子任务 3-3　畜禽舍效果图制作资讯单

班　级		姓　名		组　别	
小组成员					

资讯：

1. 常用制图软件都有哪些？比较分析它们的优劣势。

2. 分别熟悉 3DS MAX、Photoshop、AutoCAD 等软件的操作程序,记录制图主要步骤。

3. 畜禽舍效果图制作的要点都有哪些?

学习任务:
用相关制图软件,制作各种不同类型的畜禽舍效果图。

完成时间:____年__月__日   成绩:____分

子任务 3-3　畜禽舍效果图制作记录单

时　间		地　点	
班　级		小组成员	
需要物品			
相关知识资讯			
操作流程设计			
讨论建议			

注意事项	
实施结果报告	

操作情况评价（由第三方填写）

现场操作评价： （指导教师）	
操作过程评价： （其他小组成员）	
完成效果综合评价： （指导教师）	

子任务 3-3 畜禽舍效果图制作考核单

任务名称			地点		时间	
实训班级			小组成员		具体任务分工	

<table>
<tr><td colspan="8" align="center">考核项目及标准分</td></tr>
<tr><td colspan="6" align="center">个人考核</td><td colspan="2" align="center">小组考核</td></tr>
<tr><td colspan="2" align="center">工作过程</td><td colspan="2" align="center">工作质量</td><td colspan="2" align="center">现场答辩</td><td colspan="2" align="center">小组协作</td></tr>
<tr><td>过程考核项目</td><td>标准分</td><td>考核项目</td><td>标准分</td><td>考核项目</td><td>标准分</td><td>考核项目</td><td>标准分</td></tr>
<tr><td>会用相关效果图制作软件</td><td>10分</td><td>制作效果图</td><td>10分</td><td rowspan="3">能熟练回答课前要求预习的相关知识</td><td rowspan="3">20分</td><td rowspan="3">组内成员团结协作,工作有序,工作效率高,工作效果好</td><td rowspan="3">10分</td></tr>
<tr><td>设计畜禽舍工作间</td><td>10分</td><td>动作迅速</td><td>5分</td></tr>
<tr><td>设计畜禽舍饲养区</td><td>10分</td><td>效果好</td><td>5分</td></tr>
<tr><td>制作禽舍效果图</td><td>10分</td><td></td><td></td></tr>
<tr><td>制作猪舍效果图</td><td>10分</td><td></td><td></td></tr>
</table>

<table>
<tr><td colspan="8" align="center">考核成绩</td></tr>
<tr><td rowspan="2" align="center">姓名</td><td colspan="3" align="center">个人得分</td><td rowspan="2">小组得分
(总10分)</td><td rowspan="2">最终成绩</td><td rowspan="2">评价教师</td><td rowspan="2">学生签字</td></tr>
<tr><td>工作过程
(总50分)</td><td>工作质量
(总20分)</td><td>现场答辩
(总20分)</td></tr>
<tr><td>组长</td><td></td><td></td><td></td><td></td><td></td><td></td><td></td></tr>
<tr><td rowspan="7">组员</td><td></td><td></td><td></td><td></td><td></td><td></td><td></td></tr>
<tr><td></td><td></td><td></td><td></td><td></td><td></td><td></td></tr>
<tr><td></td><td></td><td></td><td></td><td></td><td></td><td></td></tr>
<tr><td></td><td></td><td></td><td></td><td></td><td></td><td></td></tr>
<tr><td></td><td></td><td></td><td></td><td></td><td></td><td></td></tr>
<tr><td></td><td></td><td></td><td></td><td></td><td></td><td></td></tr>
<tr><td></td><td></td><td></td><td></td><td></td><td></td><td></td></tr>
</table>

子任务 4-1 采光设计资讯单

班　级		姓　名		组　别	
小组成员					

资讯：

1. 简述猪舍自然采光的影响因素。

2. 什么叫采光系数？列出不同饲养阶段的各种猪舍采光系数。

3. 如何确定 12m×60m 育肥猪舍的窗户面积？南北窗的大小是否一致？

4. 如何确定窗台的高度？如何确定窗户之间的间距？

5. 白炽灯和荧光灯都有哪些特点?

6. 8m×75m 育肥猪舍选择灯具时应选择多少功率? 安装时离地面的距离高度应选择多高?

7. 简述肉鸡和蛋鸡的光照制度。

学习任务:

1. 现有一栋 12m×60m 的育肥猪舍,采光利用自然采光和人工照明相结合的方式。请你设计出需要的窗户数量,安装窗户的位置并确定安装灯时灯具的位置和高度。

2. 现有一栋 8m×75m 的肉种鸡舍,请设计人工照明。

完成时间:___年__月__日　　　成绩:___分

子任务 4-1　采光设计记录单

时　间		地　点	
班　级		小组成员	
需要物品			
相关知识资讯			
操作流程设计			
讨论建议			

注意事项	
实施结果报告	
操作情况评价(由第三方填写)	
现场操作评价： （指导教师）	
操作过程评价： （其他小组成员）	
完成效果综合评价： （指导教师）	

子任务 4-1 采光设计考核单

任务名称		地点		时间	
实训班级		小组成员		具体任务分工	

<table>
<tr><td colspan="10">考核项目及标准分</td></tr>
<tr><td colspan="8">个人考核</td><td colspan="2">小组考核</td></tr>
<tr><td colspan="2">工作过程</td><td colspan="2">工作质量</td><td colspan="2">现场答辩</td><td colspan="2">小组协作</td></tr>
<tr><td>过程考核项目</td><td>标准分</td><td>考核项目</td><td>标准分</td><td>考核项目</td><td>标准分</td><td>考核项目</td><td>标准分</td></tr>
<tr><td>选择采光方式</td><td>10分</td><td>设计正确</td><td>10分</td><td rowspan="3">能熟练回答课前要求预习的相关知识</td><td rowspan="3">20分</td><td rowspan="3">组内成员团结协作，工作有序，工作效率高，工作效果好</td><td rowspan="3">10分</td></tr>
<tr><td>设计畜禽舍窗户</td><td>10分</td><td>动作迅速</td><td>5分</td></tr>
<tr><td>设计畜禽舍人工照明</td><td>10分</td><td>效果好</td><td>5分</td></tr>
<tr><td>检验光照</td><td>10分</td><td></td><td></td><td></td><td></td><td></td><td></td></tr>
<tr><td>会运用光照制度</td><td>10分</td><td></td><td></td><td></td><td></td><td></td><td></td></tr>
</table>

<table>
<tr><td colspan="8">考核成绩</td></tr>
<tr><td rowspan="2">姓名</td><td colspan="3">个人得分</td><td rowspan="2">小组得分
（总 10 分）</td><td rowspan="2">最终成绩</td><td rowspan="2">评价教师</td><td rowspan="2">学生签字</td></tr>
<tr><td>工作过程
（总 50 分）</td><td>工作质量
（总 20 分）</td><td>现场答辩
（总 20 分）</td></tr>
<tr><td>组长</td><td></td><td></td><td></td><td></td><td></td><td></td><td></td></tr>
<tr><td rowspan="4">组员</td><td></td><td></td><td></td><td></td><td></td><td></td><td></td></tr>
<tr><td></td><td></td><td></td><td></td><td></td><td></td><td></td></tr>
<tr><td></td><td></td><td></td><td></td><td></td><td></td><td></td></tr>
<tr><td></td><td></td><td></td><td></td><td></td><td></td><td></td></tr>
</table>

子任务 4-2　通风系统设计资讯单

班　级		姓　名		组　别	
小组成员					

资讯:

1. 简述确定通风量的方法。现有一栋 14m×100m 的肉鸡舍,应利用哪种方法确定通风量?

2. 简述自然通风方式并说明自然通风设计都由哪些组成部分?

3. 风机的种类有几种? 如何安装风机? 给肉鸡舍安装风机时应注意哪些问题?

4. 如何确定水帘的面积? 安装水帘时应注意哪些问题?

5. 简述机械通风方式。

6. 简述冬季鸡舍通风的注意事项。

7. 简述夏季牛舍通风的注意事项。

学习任务：

1. 现有一栋 14m×100m 的肉鸡舍,主要采用风机和水帘相结合的通风方式,请你设计出水帘的位置、面积和风机的数量、功率。

2. 现有一栋 10m×90m 的育肥猪舍,主要采用机械通风方式,请设计出风机的数量、功率及安装的位置。

完成时间:_____年___月___日   成绩:____分

子任务 4-2　通风系统设计记录单

时　间		地　点	
班　级		小组成员	
需要物品			
相关知识资讯			
操作流程设计			
讨论建议			

注意事项	
实施结果报告	
操作情况评价（由第三方填写）	
现场操作评价： （指导教师）	
操作过程评价： （其他小组成员）	
完成效果综合评价： （指导教师）	

子任务 4-2 畜禽舍通风设计考核单

任务名称		地点		时间	
实训班级		小组成员		具体任务分工	

考核项目及标准分							
个人考核						小组考核	
工作过程		工作质量		现场答辩		小组协作	
过程考核项目	标准分	考核项目	标准分	考核项目	标准分	考核项目	标准分
确定畜禽舍通风换气量	10分	设计正确	10分	能熟练回答课前要求预习的相关知识	20分	组内成员团结协作,工作有序,工作效率高,工作效果好	10分
选择畜禽舍通风方式	10分	动作迅速	5分				
设计畜禽舍自然通风	10分	效果好	5分				
选择并安装风机	10分						
检验畜禽舍空气质量	10分						

考核成绩								
姓名	个人得分			小组得分(总10分)	最终成绩	评价教师	学生签字	
	工作过程(总50分)	工作质量(总20分)	现场答辩(总20分)					
组长								
组员								

65

子任务 4-3　保温隔热设计资讯单

班　级		姓　名		组　别	
小组成员					

资讯：

1. 写出不同饲养阶段的猪、鸡、牛的等热区范围。

2. 简述不同类型畜舍的温热特点。

3. 32℃的舍温是否符合肉种鸡环境要求？高温对肉鸡有哪些不良影响？

4. 请分析舍内热量的来源，并说明温度过高时应采取的措施。

5. 给猪舍安装滴水降温设施时应注意哪些问题?

6. 低温对畜禽有哪些不良影响?

7. 建筑材料的空气特性指标都有哪些? 如何利用其特性控制舍内温度?

学习任务:

1. 某一肉种鸡舍夏季舍温高达 32℃,请你分析舍内热量的来源并提出有效地降温措施。

2. 冬季,我国北方部分地区气温下降至 -30℃,现有 11m×85m 肉牛棚舍,请分析入冬前准备事项。

完成时间:___年___月___日　　　成绩:___分

子任务 4-3 保温隔热设计记录单

时　间		地　点	
班　级		小组成员	
需要物品			
相关知识资讯			
操作流程设计			
讨论建议			

注意事项	
实施结果报告	
操作情况评价（由第三方填写）	
现场操作评价： （指导教师）	
操作过程评价： （其他小组成员）	
完成效果综合评价： （指导教师）	

子任务 4-3　保温隔热设计考核单

任务名称		地点		时间	
实训班级		小组成员		具体任务分工	

<table>
<tr><td colspan="8" align="center">考核项目及标准分</td></tr>
<tr><td colspan="6" align="center">个人考核</td><td colspan="2" align="center">小组考核</td></tr>
<tr><td colspan="2" align="center">工作过程</td><td colspan="2" align="center">工作质量</td><td colspan="2" align="center">现场答辩</td><td colspan="2" align="center">小组协作</td></tr>
<tr><td>过程考核项目</td><td>标准分</td><td>考核项目</td><td>标准分</td><td>考核项目</td><td>标准分</td><td>考核项目</td><td>标准分</td></tr>
<tr><td>不同隔热材料的特性</td><td>10分</td><td>设计正确</td><td>10分</td><td rowspan="3">能熟练回答课前要求预习的相关知识</td><td rowspan="3">20分</td><td rowspan="3">组内成员团结协作,工作有序,工作效率高,工作效果好</td><td rowspan="3">10分</td></tr>
<tr><td>检验温度是否符合标准</td><td>10分</td><td>动作迅速</td><td>5分</td></tr>
<tr><td>提出降温措施</td><td>10分</td><td>效果好</td><td>5分</td></tr>
<tr><td>提出保温措施</td><td>10分</td><td></td><td></td><td></td><td></td><td></td><td></td></tr>
<tr><td>提出饲养管理注意事项</td><td>10分</td><td></td><td></td><td></td><td></td><td></td><td></td></tr>
</table>

<table>
<tr><td colspan="8" align="center">考核成绩</td></tr>
<tr><td rowspan="2" align="center">姓名</td><td colspan="3" align="center">个人得分</td><td rowspan="2" align="center">小组得分
(总 10 分)</td><td rowspan="2" align="center">最终成绩</td><td rowspan="2" align="center">评价教师</td><td rowspan="2" align="center">学生签字</td></tr>
<tr><td>工作过程
(总 50 分)</td><td>工作质量
(总 20 分)</td><td>现场答辩
(总 20 分)</td></tr>
<tr><td>组长</td><td></td><td></td><td></td><td></td><td></td><td></td><td></td></tr>
<tr><td rowspan="6">组员</td><td></td><td></td><td></td><td rowspan="6"></td><td></td><td></td><td></td></tr>
<tr><td></td><td></td><td></td><td></td><td></td><td></td></tr>
<tr><td></td><td></td><td></td><td></td><td></td><td></td></tr>
<tr><td></td><td></td><td></td><td></td><td></td><td></td></tr>
<tr><td></td><td></td><td></td><td></td><td></td><td></td></tr>
<tr><td></td><td></td><td></td><td></td><td></td><td></td></tr>
</table>

子任务 4-4　自动控制系统设计资讯单

班　级		姓　名		组　别	
小组成员					

资讯：

1. 笼养肉鸡舍的环境自动控制系统由哪些部分组成？

2. 笼养肉鸡舍环境自动控制系统的基本工作原理如何？

3. 记录畜舍环境自动控制系统操作程序。

4. 总结畜舍环境自动控制系统操作时应注意的问题。

学习任务：

1. 现有一栋 $12m\times120m$ 的笼养肉鸡舍要安装自动控制系统,请列出自动控制系统的组成部分并提出使用方法及注意事项。

2. 为 $7.5m\times90m$ 的仔猪舍设计并安装自动控制系统。

完成时间：____年__月__日　　　成绩：____分

子任务 4-4　自动控制系统设计记录单

时　间		地　点	
班　级		小组成员	
需要物品			
相关知识资讯			
操作流程设计			
讨论建议			

注意事项	
实施结果报告	
操作情况评价（由第三方填写）	
现场操作评价： （指导教师）	
操作过程评价： （其他小组成员）	
完成效果综合评价： （指导教师）	

任务名称		地点		时间	
实训班级		小组成员		具体任务分工	

<table>
<tr><td colspan="8" align="center">考核项目及标准分</td></tr>
<tr><td colspan="6" align="center">个人考核</td><td colspan="2" align="center">小组考核</td></tr>
<tr><td colspan="2" align="center">工作过程</td><td colspan="2" align="center">工作质量</td><td colspan="2" align="center">现场答辩</td><td colspan="2" align="center">小组协作</td></tr>
<tr><td>过程考核项目</td><td>标准分</td><td>考核项目</td><td>标准分</td><td>考核项目</td><td>标准分</td><td>考核项目</td><td>标准分</td></tr>
<tr><td>畜舍环境自动控制系统的组成</td><td>10分</td><td>操作正确</td><td>10分</td><td rowspan="3">能熟练回答课前要求预习的相关知识</td><td rowspan="3">20分</td><td rowspan="3">组内成员团结协作，工作有序，工作效率高，工作效果好</td><td rowspan="3">10分</td></tr>
<tr><td>了解环境自动控制系统的工作原理</td><td>10分</td><td>动作迅速</td><td>5分</td></tr>
<tr><td>环境自动控制系统的操作程序</td><td>10分</td><td>效果好</td><td>5分</td></tr>
<tr><td>环境自动控制系统应用的注意事项</td><td>10分</td><td></td><td></td><td></td><td></td><td></td><td></td></tr>
<tr><td>会简单设计畜舍环境自动控制系统</td><td>10分</td><td></td><td></td><td></td><td></td><td></td><td></td></tr>
</table>

<table>
<tr><td colspan="8" align="center">考核成绩</td></tr>
<tr><td rowspan="2" align="center">姓名</td><td colspan="3" align="center">个人得分</td><td rowspan="2" align="center">小组得分
（总10分）</td><td rowspan="2" align="center">最终成绩</td><td rowspan="2" align="center">评价教师</td><td rowspan="2" align="center">学生签字</td></tr>
<tr><td>工作过程
（总50分）</td><td>工作质量
（总20分）</td><td>现场答辩
（总20分）</td></tr>
<tr><td>组长</td><td></td><td></td><td></td><td></td><td></td><td></td><td></td></tr>
<tr><td rowspan="5">组员</td><td></td><td></td><td></td><td></td><td></td><td></td><td></td></tr>
<tr><td></td><td></td><td></td><td></td><td></td><td></td><td></td></tr>
<tr><td></td><td></td><td></td><td></td><td></td><td></td><td></td></tr>
<tr><td></td><td></td><td></td><td></td><td></td><td></td><td></td></tr>
<tr><td></td><td></td><td></td><td></td><td></td><td></td><td></td></tr>
</table>

子任务 4-5　畜禽舍配套设备维护资讯单

班　级		姓　名		组　别	
小组成员					

资讯：

1. 鸡(猪)舍的环境控制设备都有哪些？

2. 鸡(猪)舍的其他配套设备都有哪些？数量是多少？

3. 熟悉各种设备的使用方法。

4. 查找各种设备的操作说明书,记录其维护指南。

5. 总结各种设备使用中常出现的问题及操作注意事项。

学习任务:

现有规模化鸡(猪)舍一栋,熟悉其配套设备基本情况,学会这些设备的使用方法并能进行简单维护。

完成时间:____年__月__日　　　成绩:____分

子任务 4-5　畜禽舍配套设备维护记录单

时　间		地　点	
班　级		小组成员	

需要物品	
相关知识资讯	
操作流程设计	
讨论建议	

注意事项	
实施结果报告	
操作情况评价（由第三方填写）	
现场操作评价： （指导教师）	
操作过程评价： （其他小组成员）	
完成效果综合评价： （指导教师）	

子任务 4-5 畜禽舍配套设备维护考核单

任务名称		地点		时间	
实训班级		小组成员		具体任务分工	

<table>
<tr><td colspan="8" align="center">考核项目及标准分</td></tr>
<tr><td colspan="6" align="center">个人考核</td><td colspan="2" align="center">小组考核</td></tr>
<tr><td colspan="2" align="center">工作过程</td><td colspan="2" align="center">工作质量</td><td colspan="2" align="center">现场答辩</td><td colspan="2" align="center">小组协作</td></tr>
<tr><td>过程考核项目</td><td>标准分</td><td>考核项目</td><td>标准分</td><td>考核项目</td><td>标准分</td><td>考核项目</td><td>标准分</td></tr>
<tr><td>畜舍基本信息</td><td>10分</td><td>操作正确</td><td>10分</td><td rowspan="5">能熟练回答课前要求预习的相关知识</td><td rowspan="5">20分</td><td rowspan="5">组内成员团结协作,工作有序,工作效率高,工作效果好</td><td rowspan="5">10分</td></tr>
<tr><td>查明畜舍各种设备的种类与数量</td><td>10分</td><td>动作迅速</td><td>5分</td></tr>
<tr><td>各种设备的使用方法</td><td>10分</td><td>效果好</td><td>5分</td></tr>
<tr><td>记录各种设备的维护指南</td><td>10分</td><td></td><td></td></tr>
<tr><td>总结各种设备的常发故障及使用注意问题</td><td>10分</td><td></td><td></td></tr>
</table>

<table>
<tr><td colspan="8" align="center">考核成绩</td></tr>
<tr><td rowspan="2" align="center">姓名</td><td colspan="3" align="center">个人得分</td><td rowspan="2" align="center">小组得分
(总 10 分)</td><td rowspan="2" align="center">最终成绩</td><td rowspan="2" align="center">评价教师</td><td rowspan="2" align="center">学生签字</td></tr>
<tr><td align="center">工作过程
(总 50 分)</td><td align="center">工作质量
(总 20 分)</td><td align="center">现场答辩
(总 20 分)</td></tr>
<tr><td>组长</td><td></td><td></td><td></td><td></td><td></td><td></td><td></td></tr>
<tr><td rowspan="5">组员</td><td></td><td></td><td></td><td></td><td></td><td></td><td></td></tr>
<tr><td></td><td></td><td></td><td></td><td></td><td></td><td></td></tr>
<tr><td></td><td></td><td></td><td></td><td></td><td></td><td></td></tr>
<tr><td></td><td></td><td></td><td></td><td></td><td></td><td></td></tr>
<tr><td></td><td></td><td></td><td></td><td></td><td></td><td></td></tr>
</table>

子任务 5-1　畜牧场环境监测资讯单

班　级		姓　名		组　别	
小组成员					

资讯：

1. 请列出应测定的环境监测项目及其所需仪器和药品。

2. 请设计出鸡舍内有害气体的测定方案及环境指标的标准。

3. 结合有害气体浓度标准提出消除有害气体的有效方法。

4. 对某一养殖场进行全面环境监测时应测定哪些项目？

5. 简述空气环境监测仪器的使用方法。

6. 列出水质卫生评定时必须要测定的指标。

7. 简述水样采集方法。

学习任务：

1. 现有一栋鸡舍，舍内空气浑浊且气味刺鼻，部分鸡群出现呼吸困难且急促，全身无力，步态不稳，甚至有的肢体瘫痪，死前出现痉挛或惊厥，有的突然跳起的现象，怀疑是氨中毒。请你设计出鸡舍内有害气体的测定方案，并结合有害气体浓度标准提出消除有害气体的有效方法。

2. 请你为某一养猪场制定水质监测方案（时间、次数、评定指标、评定方法）。

完成时间：____年__月__日　　　　成绩：____分

子任务 5-1　畜牧场环境监测记录单

时　间		地　点	
班　级		小组成员	
需要物品			
相关知识资讯			
操作流程设计			
讨论建议			

注意事项	
实施结果报告	
操作情况评价（由第三方填写）	
现场操作评价： （指导教师）	
操作过程评价： （其他小组成员）	
完成效果综合评价： （指导教师）	

子任务 5-1　畜牧场环境监测考核单

任务名称		地点		时间	
实训班级		小组成员		具体任务分工	

<table>
<tr><td colspan="8" align="center">考核项目及标准分</td></tr>
<tr><td colspan="6" align="center">个人考核</td><td colspan="2" align="center">小组考核</td></tr>
<tr><td colspan="2" align="center">工作过程</td><td colspan="2" align="center">工作质量</td><td colspan="2" align="center">现场答辩</td><td colspan="2" align="center">小组协作</td></tr>
<tr><td>过程考核项目</td><td>标准分</td><td>考核项目</td><td>标准分</td><td>考核项目</td><td>标准分</td><td>考核项目</td><td>标准分</td></tr>
<tr><td>会选择测定点</td><td>10分</td><td>正确测定各项环境指标</td><td>10分</td><td rowspan="3">能熟练回答课前要求预习的相关知识</td><td rowspan="3">20分</td><td rowspan="3">组内成员团结协作,工作有序,工作效率高,工作效果好</td><td rowspan="3">10分</td></tr>
<tr><td>会正确使用环境指标测定仪器</td><td>10分</td><td>动作迅速</td><td>5分</td></tr>
<tr><td>监测空气环境指标</td><td>10分</td><td>效果好</td><td>5分</td></tr>
<tr><td>监测空气环境质量</td><td>10分</td><td></td><td></td><td></td><td></td><td></td><td></td></tr>
<tr><td>进行水质卫生评定</td><td>10分</td><td></td><td></td><td></td><td></td><td></td><td></td></tr>
</table>

<table>
<tr><td colspan="9" align="center">考核成绩</td></tr>
<tr><td rowspan="2" align="center">姓名</td><td colspan="3" align="center">个人得分</td><td rowspan="2">小组得分
(总10分)</td><td rowspan="2">最终成绩</td><td rowspan="2">评价教师</td><td rowspan="2">学生签字</td></tr>
<tr><td>工作过程
(总50分)</td><td>工作质量
(总20分)</td><td>现场答辩
(总20分)</td></tr>
<tr><td>组长</td><td></td><td></td><td></td><td></td><td></td><td></td><td></td></tr>
<tr><td rowspan="6">组员</td><td></td><td></td><td></td><td></td><td></td><td></td><td></td></tr>
<tr><td></td><td></td><td></td><td></td><td></td><td></td><td></td></tr>
<tr><td></td><td></td><td></td><td></td><td></td><td></td><td></td></tr>
<tr><td></td><td></td><td></td><td></td><td></td><td></td><td></td></tr>
<tr><td></td><td></td><td></td><td></td><td></td><td></td><td></td></tr>
<tr><td></td><td></td><td></td><td></td><td></td><td></td><td></td></tr>
</table>

子任务 5-2　畜牧场总体评价资讯单

班　级		姓　名		组　别	
小组成员					

资讯：

1. 请制定畜牧场总体评价方案及步骤。

2. 现场测量时应准备哪些材料？应注意哪些问题？

3. 作出卫生评价时主要考虑哪些因素?

学习任务:

    以本校畜牧场作为实习现场,对畜牧场场址选择、畜牧场建筑物布局、畜牧场环境卫生设施以及畜舍卫生状况等方面进行现场观察、测量和访问,运用课堂学过的理论知识进行综合分析,作出卫生评价报告。

完成时间:____年__月__日　　　成绩:____分

子任务 5-2　畜牧场总体评价记录单

时　间		地　点	
班　级		小组成员	
需要物品			
相关知识资讯			
操作流程设计			
讨论建议			

注意事项	
实施结果报告	
操作情况评价(由第三方填写)	
现场操作评价: (指导教师)	
操作过程评价: (其他小组成员)	
完成效果综合评价: (指导教师)	

子任务 5-2 畜牧场总体评价考核单

任务名称		地点		时间	
实训班级		小组成员		具体任务分工	

考核项目及标准分					
个人考核				小组考核	
工作过程		工作质量		现场答辩		小组协作	

过程考核项目	标准分	考核项目	标准分	考核项目	标准分	考核项目	标准分
准确制定评价方案与步骤,分工合理	10分	评价正确	10分	能熟练回答课前要求预习的相关知识	20分	组内成员团结协作,工作有序,工作效率高,工作效果好	10分
畜牧场基本情况调查	10分	动作迅速	5分				
畜牧场环境状况分析	10分	效果好	5分				
改进意见或措施	10分						
评价报告	10分						

考核成绩

姓名	个人得分			小组得分（总10分）	最终成绩	评价教师	学生签字
	工作过程（总50分）	工作质量（总20分）	现场答辩（总20分）				
组长							
组员							

子任务 5-3　畜牧场环境保护资讯单

班　级		姓　名		组　别	
小组成员					

资讯：

1. 处理畜禽粪便的方法都有哪些？

2. 可以利用沼气池处理粪便，请问生产沼气应满足哪些条件？

3. 粪便用作肥料时应注意哪些问题？

4. 简述畜牧场消毒的方法和选择消毒剂的原则。

5. 设计一个生态养殖模式。

学习任务：

1. 某地新建一个规模化养鸡场,需处理大量的粪便。请你设计出粪便的综合利用方案。

2. 为某一养鸡场制定消毒方案(种类、时间、药品、用具、所需时间)。

完成时间:____年__月__日   成绩:____分

子任务 5-3　畜牧场环境保护记录单

时　间		地　点	
班　级		小组成员	
需要物品			
相关知识资讯			
操作流程设计			
讨论建议			

注意事项	
实施结果报告	
操作情况评价（由第三方填写）	
现场操作评价： （指导教师）	
操作过程评价： （其他小组成员）	
完成效果综合评价： （指导教师）	

子任务 5-3 畜牧场环境保护考核单

任务名称		地点		时间	
实训班级		小组成员		具体任务分工	

<table>
<tr><td colspan="8" style="text-align:center">考核项目及标准分</td></tr>
<tr><td colspan="6" style="text-align:center">个人考核</td><td colspan="2" style="text-align:center">小组考核</td></tr>
<tr><td colspan="2" style="text-align:center">工作过程</td><td colspan="2" style="text-align:center">工作质量</td><td colspan="2" style="text-align:center">现场答辩</td><td colspan="2" style="text-align:center">小组协作</td></tr>
<tr><td>过程考核项目</td><td>标准分</td><td>考核项目</td><td>标准分</td><td>考核项目</td><td>标准分</td><td>考核项目</td><td>标准分</td></tr>
<tr><td>环境消毒种类</td><td>10分</td><td>设计正确</td><td>10分</td><td rowspan="5">能熟练回答课前要求预习的相关知识</td><td rowspan="5">20分</td><td rowspan="5">组内成员团结协作,工作有序,工作效率高,工作效果好</td><td rowspan="5">10分</td></tr>
<tr><td>会进行畜牧场环境消毒</td><td>10分</td><td>动作迅速</td><td>5分</td></tr>
<tr><td>制定粪便处理方案</td><td>10分</td><td>效果好</td><td>5分</td></tr>
<tr><td>制定污水处理方案</td><td>10分</td><td></td><td></td></tr>
<tr><td>合理运用生态养殖模式</td><td>10分</td><td></td><td></td></tr>
</table>

<table>
<tr><td colspan="9" style="text-align:center">考核成绩</td></tr>
<tr><td rowspan="2" style="text-align:center">姓名</td><td colspan="3" style="text-align:center">个人得分</td><td rowspan="2">小组得分
(总10分)</td><td rowspan="2">最终
成绩</td><td rowspan="2">评价教师</td><td rowspan="2">学生签字</td></tr>
<tr><td>工作过程
(总50分)</td><td>工作质量
(总20分)</td><td>现场答辩
(总20分)</td></tr>
<tr><td>组长</td><td></td><td></td><td></td><td></td><td></td><td></td><td></td></tr>
<tr><td rowspan="6">组员</td><td></td><td></td><td></td><td></td><td></td><td></td><td></td></tr>
<tr><td></td><td></td><td></td><td></td><td></td><td></td><td></td></tr>
<tr><td></td><td></td><td></td><td></td><td></td><td></td><td></td></tr>
<tr><td></td><td></td><td></td><td></td><td></td><td></td><td></td></tr>
<tr><td></td><td></td><td></td><td></td><td></td><td></td><td></td></tr>
<tr><td></td><td></td><td></td><td></td><td></td><td></td><td></td></tr>
</table>

ISBN 978-7-122-27860-9

定 价：38.00元